龙鳞金属屋盖空间钢结构抗风理论与建造技术

王静峰　李贝贝　王建军　著

中国建筑工业出版社

图书在版编目（CIP）数据

龙鳞金属屋盖空间钢结构抗风理论与建造技术/王静峰，李贝贝，王建军著．—北京：中国建筑工业出版社，2021.12

ISBN 978-7-112-26836-8

Ⅰ．①龙… Ⅱ．①王…②李…③王… Ⅲ．①体育场-大跨度结构-屋盖结构-抗风结构-结构设计-蚌埠 Ⅳ．①TU245.1

中国版本图书馆 CIP 数据核字（2021）第 240255 号

大跨度空间钢结构具有自重轻、跨度大、柔度大、振型密集等特点，属于风敏感性结构。本书依托第 14 届安徽省运动会主场馆——蚌埠体育中心项目，开展了一系列科学研究，主要内容包括：蚌埠体育中心钢结构屋盖风场与风压系数，体育场大悬挑部分预应力钢结构屋盖风振响应与 MTMD 减振控制，龙鳞金属屋面板模块化设计方法与建造技术，龙鳞金属屋面板抗风揭/风压机理与强化构造，体育场、体育馆和景观塔钢结构施工新技术等。

本书可作为从事大跨度空间钢结构及金属屋面系统科学研究、工程设计、生产施工的技术和管理人员的参考书，亦可供高等院校土木类教师、本科生和研究生参考。

责任编辑：刘婷婷
责任校对：姜小莲

龙鳞金属屋盖空间钢结构抗风理论与建造技术
王静峰　李贝贝　王建军　著
*
中国建筑工业出版社出版、发行（北京海淀三里河路 9 号）
各地新华书店、建筑书店经销
霸州市顺浩图文科技发展有限公司制版
北京建筑工业印刷厂印刷
*
开本：787 毫米×1092 毫米　1/16　印张：11¼　字数：279 千字
2021 年 12 月第一版　2021 年 12 月第一次印刷
定价：**48.00** 元
ISBN 978-7-112-26836-8
（38499）

前　言

随着我国经济和科技的发展，智能设计和先进建造水平大幅提升，空间结构的复杂建筑形式层出不穷，如大型体育场馆和机场航站楼等。大跨度空间钢结构具有自重轻、跨度大、柔度大、振型密集等特点，属于风敏感性结构，风荷载成为其主要控制荷载之一。目前国内外对大跨度复杂空间钢结构的风振及减振研究尚不够系统、深入。此外，随着我国城市化进程的快速发展，空间结构的建筑美学要求不断提高，复杂金属屋盖被广泛应用于大跨度空间钢结构。然而，大跨度复杂金属屋盖的悬挑、屋脊、转角和弧度较大区域等位置易出现破坏，尚缺乏龙鳞金属屋面板抗风计算方法和先进构造措施。

作者的研究团队结合多年科学研究和工程实践，围绕第 14 届安徽省运动会主场馆——蚌埠体育中心项目，开展了一系列科学研究，主要包括：1）蚌埠体育中心钢结构屋盖风场与风压系数；2）体育场大悬挑部分预应力钢结构屋盖风振响应与 MTMD 减振控制；3）龙鳞金属屋面板模块化设计方法与建造技术；4）龙鳞金属屋面板抗风揭/风压机理与强化构造；5）体育场、体育馆和景观塔钢结构施工新技术。本研究成果获 2020 年安徽省科学技术奖一等奖；蚌埠体育场项目获 2018 年鲁班奖。

本书共 8 章，第 1 章主要介绍了国内外大跨度空间钢结构的风振响应与减振控制、金属屋面系统抗风设计与建造技术、大跨度空间钢结构施工技术等研究现状；第 2 章介绍了蚌埠体育中心钢结构屋盖风场模型；第 3、4 章介绍了体育场大悬挑部分预应力钢结构屋盖风振响应与 MTMD 减振技术；第 5、6 章介绍了龙鳞金属屋面系统的抗风设计与建造技术；第 7、8 章介绍了体育场、体育馆和景观塔的施工新技术、监测以及仿真模拟。

全书大纲由王静峰教授拟定，其中第 1～3 章由李贝贝执笔，第 4～6 章由王静峰执笔，第 7、8 章由王建军执笔。各章修改和全书统稿由王静峰完成。

本书的研究工作得到了国家自然科学基金、教育部新世纪优秀人才支持计划等的支持，也得到清华大学潘鹏教授、华东交通大学黄宏教授、合肥工业大学浦玉学副教授的大力支持，研究生王新乐、高翔、毛怀生、胡舜、黄星海、卫晓晓等参与了相关试验与计算工作。此外，还得到土木工程结构与材料安徽省重点实验室、安徽省先进钢结构技术与产业化协同创新中心、蚌埠市重点工程建设管理局、中国建筑科学研究院风洞实验室、华东交通大学多功能抗风揭联合实验室、中国建筑第八工程局有限公司、浙江江南工程管理股份有限公司等科研基地和单位的大力支持。希望本书对结构工程师了解龙鳞金属屋盖空间钢结构抗风理论与建造技术以及在工程中的应用有所帮助，并为科研人员和高校本科生、研究生学习大跨度空间钢结构理论与技术提供参考。

由于作者水平所限，本书难免存在疏漏之处，敬请专家和读者批评指正。

王静峰

2021 年 8 月　合肥斛兵塘

目　　录

第1章 绪 论

1.1 研究背景及意义

大跨度空间钢结构的建造技术水平是衡量一个国家或地区建筑技术水平的重要标志，也是国家综合国力的体现。随着全球经济的不断发展，国家之间的文化交流、经济交流和竞技赛事等交流愈发密切[1]，大型公共建筑的建设为这些交流提供了必要的条件和有效的保证。

大跨度空间钢结构因其受力合理、自重轻、经济性好以及建筑外观优美、新颖、活泼等优点一直备受国内外建筑界瞩目[2]。改革开放以来，我国大跨度空间钢结构的设计和建造水平有显著提升。我国大跨度空间钢结构的发展大致分为三个时期，分别是成长发展期、壮大发展期和成熟发展期[3]。

成长发展期：二十世纪八九十年代，大跨度空间钢结构主要局限于体育场馆，如1990年为举办亚运会兴建了13个大中型体育馆，50%采用了空间网架结构。由于当时我国技术水平和经济实力比较薄弱，该时期建设的体育馆跨度一般较小。

壮大发展：1995～2005年，体育场馆建设发展迅速，跨度和规模越来越大。1995年天津市体育馆、1996年哈尔滨速滑馆、1997年长春体育馆采用了网壳结构，跨度超过了100m；1996年上海八万人体育场、2000年青岛颐中体育馆采用了新型膜结构。此外，大跨度空间钢结构还应用于机场航站楼、煤炭厂棚等。

成熟发展期：2005年至今，空间钢结构形式趋于多样化，应用更加广泛。我国先后承办了2008年北京奥运会（图1-1a和图1-1b）、2010年广州亚运会、2011年深圳大运会、2014年南京青奥会（图1-1c）、2019年武汉军运会等大型国际性体育盛会以及各省级运动会，为大跨度空间钢结构的发展带来了巨大机遇。这些赛事作为集体育、政治、经济、文化、环境等要素于一体的体育盛会，具有鲜明的多维性和综合性。为了迎接这一系列大型体育盛会，全国各地纷纷兴建了许多大型体育场馆。此外，大跨度空间钢结构还应用于机场航站楼（图1-1d）、高铁站候车厅、影剧院（图1-1e）、大型商场、会展中心（图1-1f）等大型公共建筑。

蚌埠体育中心作为第14届安徽省运会的主场馆，获得2018～2019年度中国建设工程鲁班奖（中国建筑行业工程质量最高荣誉）。它的建设不仅影响我国体育文化产品和服务

(a) 国家体育场“鸟巢”

(b) 国家游泳中心“水立方”

(c) 南京奥体中心

(d) 北京大兴国际机场

(e) 国家大剧院

(f) 国家会展中心（上海）

图 1-1　我国典型大跨度空间钢结构建筑

产业的发展，对提高安徽地区体育建筑水平具有极大推动作用，对蚌埠城市的经济、建设、科技进步起到促进作用，也对文化的传播与传承起到深远影响。

风灾是自然界中影响人类活动的主要灾害之一，每年因风灾造成的人员伤亡和经济损失位居各种自然灾害前列[4,5]。1961～1980 年，德国因风灾造成的损失在各类自然灾害中占比高达 40.5%[6]。1992～2010 年，风灾对中国沿海地区造成的经济损失接近 1900 亿元[7]。风灾的破坏力强、频率高、持续时间长，因而结构抗风研究引起国内外学者高度重视。大跨度空间钢结构具有自重轻、跨度大、柔度大、振型密集等特点，属于风敏感性结构，风荷载成为其主要控制荷载之一，因此有必要对复杂金属屋盖空间钢结构抗风理论与建造技术进行系统、深入的研究。

1.2　蚌埠体育中心

蚌埠体育中心项目是为了迎接 2018 年第 14 届安徽省运会田径、射击、足球、篮球等一系列赛事而建设的大型体育类建筑，由体育场、体育馆、多功能综合馆、体育运动学校、连廊和景观塔等多个单体项目组成[8-14]，如图 1-2 所示。蚌埠体育中心项目的设计融入了“龙”的元素，体育场馆外立面采用龙鳞板，结合徽州瓦当搭接手法，创造出独特的表皮肌理，并以“中国红”为主题色，构成一条龙形；承载了中华民族的精神与文化，又体现了“龙行天下，龙腾戏珠”的设计理念，项目占地总面积为 304019m^2，总建筑面积为 144751m^2。

图 1-2　蚌埠体育中心

体育场平面形状呈圆形，直径为 258m，建筑面积为 41400m^2，由下部混凝土看台和上部钢结构罩棚组成，如图 1-3 所示。钢筋混凝土看台划分为东、西、南、北四个区域，

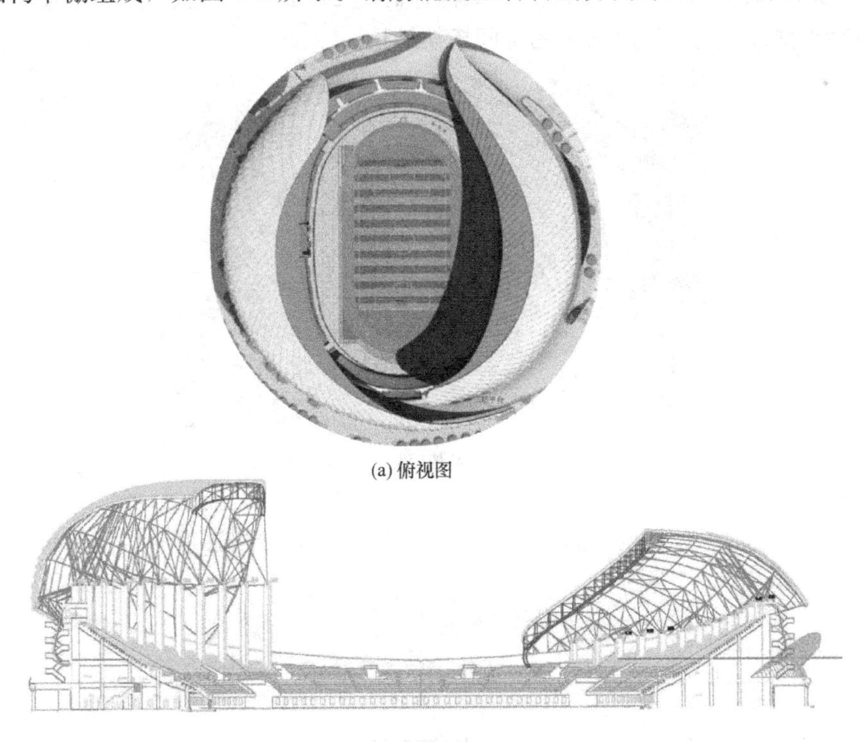

(a) 俯视图

(b) 东西方向剖面图

图 1-3　体育场（一）

(c) 立面图

图 1-3 体育场（二）

东、西看台由池座和楼座看台组成，南、北看台由池座看台组成，整体二层外围设置环形高架平台，用于整个体育场观众的水平交通和疏散。体育场空间钢结构划分为大罩棚钢结构和小罩棚钢结构两部分，呈蛟龙形态。龙头建筑高度约 55m，龙尾建筑高度约 10m，龙身起伏变化，并铺设铝锰镁金属板，从而实现蛟龙层层鳞片的建筑美学形态。

体育场的大、小罩棚钢结构之间相互独立，通过型钢混凝土柱与混凝土看台进行连接。大罩棚钢结构最大高度为 51m，南北向长度为 256.5m；小罩棚钢结构最大高度为 40m，南北向长度为 259m。罩棚钢结构采用“大悬挑预应力实腹型钢梁—三向多点圆管支撑”的结构体系，主要由径向钢梁、环向连系杆和斜向支撑杆组成。

体育馆平面形状呈圆形，直径约为 140m。主要由地下停车库、钢筋混凝土看台、附属用房和钢屋盖等组成，如图 1-4 所示。体育馆屋盖呈球形，中间高、四周低，屋顶周边柱顶标高 16.7～18.9m，钢屋盖最高点结构标高为 27.4m。看台、主体结构、室外台阶为钢筋混凝土框架结构，钢屋盖采用空间桁架结构。

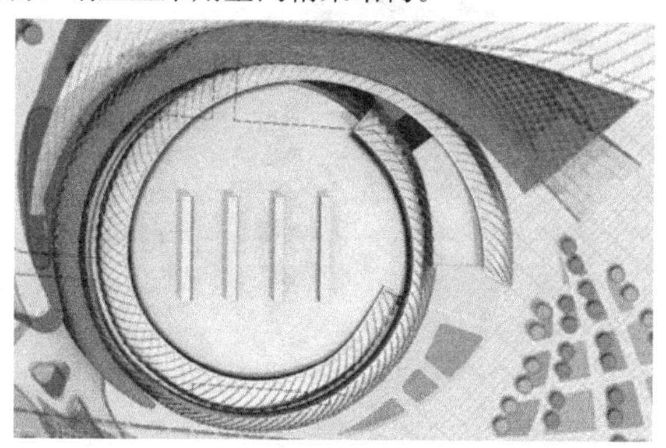

(a) 俯视图

(b) 南北方向剖面图

图 1-4 体育馆（一）

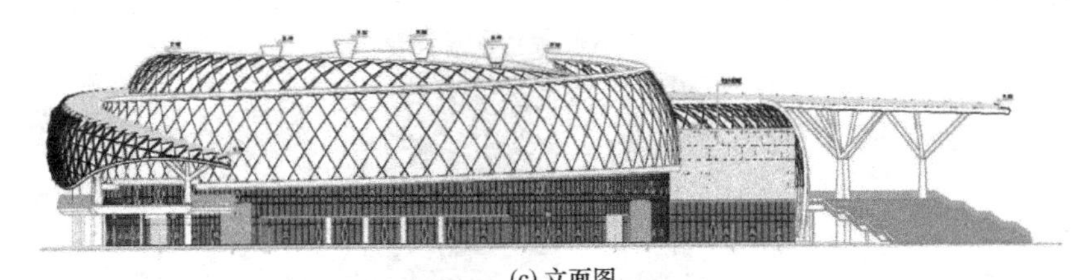

(c) 立面图

图 1-4　体育馆（二）

多功能综合馆位于体育馆北侧，平面形状呈一字形，长为 182m，宽为 75m，总建筑面积约为 42000m^2，主要由地下射击场、体育赛事用房、附属用房和钢屋盖组成，如图 1-5 所示。地下 2 层，地上 3 层，局部 4 层，建筑屋盖最高点高度为 23.7m。看台、主体结构、室外台阶为钢筋混凝土框架结构，钢屋盖采用空间桁架结构。

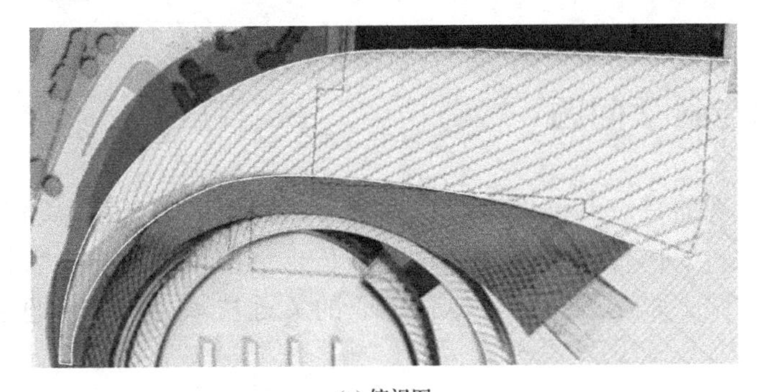

(a) 俯视图

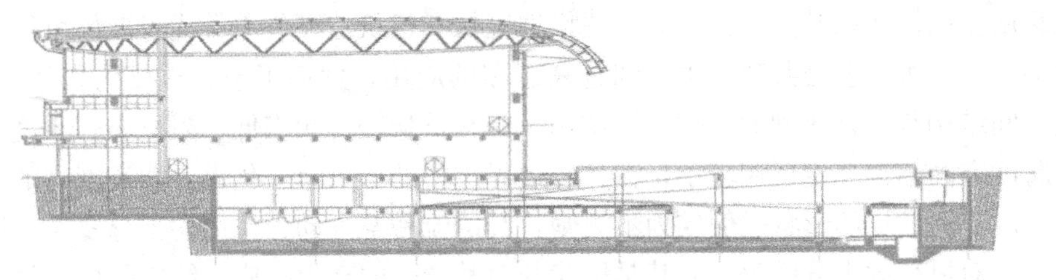

(b) 南北方向剖面图

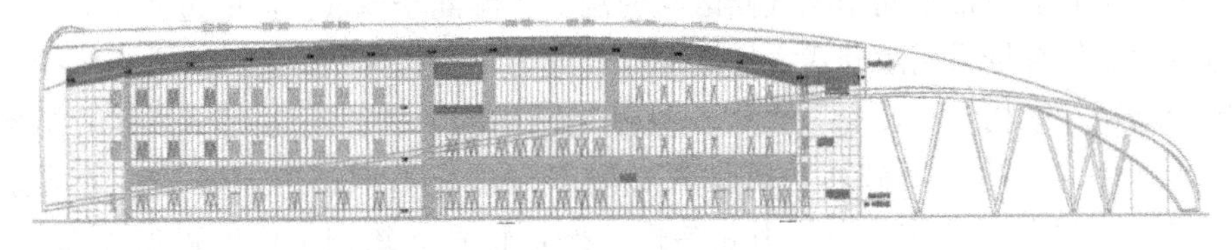

(c) 立面图

图 1-5　多功能综合馆

景观塔由地下 1 层和地上 15 层构成。主要承担观光和电子火炬的作用。景观塔采用筏板基础，上部结构为筒中筒结构，如图 1-6 所示。此外，连桥起着连接体育场和体育馆的作用，采用独立柱基础，结构为框架结构。

图 1-6　景观塔

1.3　关键技术与科学问题

蚌埠体育中心呈现的特点：①为实现蛟龙形态，建筑造型复杂；②钢结构形式多样，构件多、体量大；③体育场馆跨度大，悬挑长，结构风振影响显著；④双曲金属屋面龙鳞构造复杂，施工难度大。蚌埠体育中心的关键技术与科学问题主要体现在如下方面。

1.3.1　大悬挑部分预应力钢结构屋盖 MTMD 减振技术

大跨度空间结构以其使用空间大、建设速度快和建筑造型优美等优势在体育场馆、机场以及会展中心等大型公共建筑中得到越来越多的应用，发挥了至关重要的作用。但是，大跨度空间结构是一种典型的风敏感性结构，具有重量轻、频率低、阻尼小、柔度大等特点；大跨度空间结构高度往往较小，在大气边界层中处于风速变化大、湍流度高的复杂区域；大跨度空间结构的形状一般较为不规则，其绕流和空气动力作用均十分复杂，所以大跨空间结构对风荷载十分敏感，尤其是风荷载对其产生的动力响应。结构的风致效应是影响结构安全性、稳定性和鲁棒性的重要因素之一。

蚌埠市处于北亚热带湿润季风气候区与南温带半湿润季风气候区的过渡带，风场环境复杂。体育中心体育场采用敞开式大悬挑部分预应力钢结构体系，屋面附着龙鳞金属屋面系统，造型新颖，结构形式复杂，大、小罩棚钢结构的悬挑长度达 30m。尽管结构的强度满足要求，不会发生强度破坏，但是大悬挑部分预应力钢结构屋盖是一种典型的风敏感性结构，在风荷载的作用下易引起结构共振，轻者导致钢结构屋盖振动振幅过大，超过人体舒适度耐受极限，造成使用者心理上的恐慌；重者导致钢结构屋盖的整体掀毁和倒塌。

因此，有必要研究大悬挑部分预应力钢结构屋盖体系在风荷载作用下的破坏机理和减振控制措施；此外，体育场钢结构屋盖的现场动力响应试验与减振效果评价对于我国大跨度空间钢结构的建设和运营都具有十分重要的科学意义。

1.3.2 龙鳞金属屋面板抗风性能

目前，金属屋面系统广泛应用于我国大跨度空间钢结构，如机场航站楼、体育场馆、影剧院等公共建筑，然而抗风理论与应用问题有待解决，尚缺乏大跨空间敞开式金属屋面系统的屋面板抗风设计方法[15,16]，相应设计和施工规范条文不完备[17-21]。风荷载作用时，屋面同时承受下部强大的压力和上部的吸力，使得大跨度敞开式金属屋面系统在恶劣气候条件下频频遭遇风揭破坏，我国每年因强风造成的屋面受损直接和间接经济损失达数亿元，阻碍了金属屋面系统在我国的应用和发展。这些事故进一步说明开展大跨度敞开式金属屋面系统抗风揭/风压试验和理论研究的迫切性和必要性。

蚌埠体育中心为了体现“龙行天下，龙腾戏珠”的宏伟设计理念，体育场馆首次采用龙鳞金属屋面系统，而龙鳞板施工体量大、造型复杂、安装精度要求高，须对每块板进行单独精确定位，才能完美展现出整体蛟龙的建筑造型。此外，龙鳞板安装于直立锁边屋面板之外，龙鳞板相互交错，风易灌入龙鳞板内部。现行国家标准[17-19] 对大跨度敞开式龙鳞金属屋面板抗风揭/风压性能没有明确的规定。因此，龙鳞金属屋面板的建造技术以及屋面板与主体结构连接构造措施是本项目的关键科学问题之一。

1.3.3 大跨度空间钢结构整体性能分析与施工精度控制

体育场为大悬挑部分预应力钢结构体系，建筑设计新颖、结构复杂、人群荷载密集，受风荷载和地震作用影响显著，质量和安全尤为重要。由于一些设计、施工不合理等因素，近年来大跨度空间钢结构事故频频发生，造成了严重的人员伤亡和财产损失。例如，1960 年罗马尼亚布加勒斯特的一座直径 90m 圆球面单层网壳因失稳发生倒塌事故；1978 年美国哈特福特城的体育馆网架突然破坏而倒塌；1979 年美国肯帕体育馆屋盖中心由于高强度螺栓长期在风荷载作用下而发生疲劳破坏，突然垮塌；2007 年南京某库房钢结构在施工期间，因突发局部达 8 级的阵风以及钢梁间剪刀撑和柱间剪刀撑严重不足，引发了钢屋盖结构整体坍塌事故。这些大跨度空间钢结构事故值得反思和借鉴。

为了确保体育场大悬挑部分预应力钢结构体系在施工和使用时的安全性，有必要深入研究体育场钢结构在风荷载下的整体受力性能，获取其整体防灾控制能力。

1.4 大跨度空间钢结构风场模型

结构风工程是研究自然界中大气尺度的风以及风与地面上的建（构）筑物之间相互作用的科学。经过几十年的发展，结构风工程的研究已渐成系统。目前，现场实测法、风洞试验法和数值分析法是结构风工程研究中最主要的三种方法[22]。

1.4.1 现场实测法

现场实测法是利用风荷载采集仪对建筑表面的实际风荷载值及风荷载响应进行采集整理，是结构风工程研究中最直接的方法。风荷载采集仪包括风向风速仪、加速度传感器和采集装置等，如图 1-7 所示。

现场实测数据能够获得结构风荷载特性最真实的数据，可为现有试验方法和理论模型

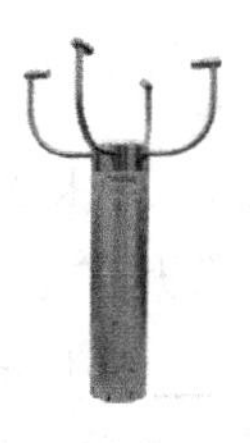
(a) 风向风速仪

(b) 加速度传感器

(c) 采集装置

图 1-7　风荷载采集仪

提供依据[23]。由于实际风荷载一直处于变化状态，结构性能在风荷载作用下的现场实测难度较大，因此基于现场实测的结构风场特性研究仍缺乏系统性。

目前，现场实测研究主要集中于近地边界层、低矮建筑、高层（超高层）建筑和桥梁的风速风压研究，但测试费用和难度是制约大跨度空间钢结构现场实测研究的最主要因素，因此其现场实测研究较少[24]。

1986 年，Apperley 等[25] 对悉尼的 Belmore 建筑进行了风压实测工作，将实测结果与风洞试验结果对比发现，实测数据较风洞试验明显偏小，设置在屋盖顶部的所有风压测试点均发生了气流分离。

1991 年，Pitsis 等[26] 对悉尼 Caltex 体育馆屋盖进行了现场实测，深入比较了实测结果和 1：150 风洞试验测压结果的差异，发现 1：150 的模型与足尺之间的差异出现在边缘附近，但距离边缘大于 100cm 的位置，现场实测和风洞试验结果高度吻合。

1992 年，Yoshida 等[27] 提出一种利用 PCV 管和多管系统对多点压力平均的方法，结果表明，FFT 数字滤波方法消除了 PCV 管的畸变，多管系统具有多点均压的特点。将多管系统应用于矩形棱柱顶棚的现场实测和风洞试验，得到了压力的有效结果。

2010 年，傅继阳等[28] 基于刚性模型风洞试验对广州国际会展中心屋盖的风振响应和竖向风致振动开展了实测研究，结果表明，基阶振型是影响广州国际会展中心屋盖风致振动的最主要因素，其次才是风荷载；增大阻尼比能够抑制结构的位移响应。

2011 年，Chen 等[29] 利用网络化技术对广州国际会展中心部分大跨度空间钢结构屋盖进行了有限元模态分析和现场模态测试，对比了有限元结果和现场实测的前两阶竖向自振频率和阵型，结果表明，钢结构屋盖的竖向刚度较弱，自振频率较小；此外，利用风速仪传感器采集了会展中心区域在常风状态下的风致效应特性。Kim 等[30] 对韩国济州岛世界杯体育场屋盖结构的风加速度响应进行了长期监测，研究了模态特性随温度和振幅（风速）变化的规律；根据风洞试验结果，分析了固有频率和振型对结构风致响应的影响。蔡朋程[31] 基于无线传感网络系统对国家体育场大跨度屋盖风场实测进行了研究，分别从湍流度与阵风因子、脉动风速、平均风速、湍流相关性和脉动风功率谱密度等方面进行了分析，结果表明，国家体育场大跨度屋盖风场与自然来流存在较大差别，非高斯特性明显，湍流度较大。

2013 年，张志宏等[32] 基于现场风压和风振实测数据研究了乐清“弯月”体育场（空间索结构）在真实建筑风环境下的风场情况，实测结果有助于确保我国东南沿海地区大跨预应力柔性体系的抗风安全性。

2016 年，李伟杭[33] 以浙江工业大学的膜结构雨篷为研究对象，测量了该膜结构的上、下表面的风压值以及风致效应，使用HHT方法对结构响应进行参数识别，获得了膜结构的振动频率和阻尼比，发现各测点振动频率基本一致，但阻尼比结果差异较大。周峰等[34] 利用实测数据对大跨度空间结构屋盖的风场特性进行了细致研究。基于实测数据，对其风荷载的风速、风向和湍流强度等指标进行了细致分析，获得了屋盖上方的风场特征。

2018年，王煜成[35] 采用自主研发的实测系统，对杭州火车东站主站房的柱面网架结构屋盖的风荷载特性进行了现场实测，验证了系统在大型屋盖表面的应用效果，提出了预测屋盖结构风荷载的建议。

2021年，Wan等[36] 提出了一种无线传感器系统用于大跨度屋盖风荷载特性的实测方法，信号可以通过随机采样进行压缩，通过杭州东站和浙江大学体育馆的现场实测验证了该系统的可靠性。

1.4.2 风洞试验法

风洞试验法是基于相似性原理的风场模拟，将全尺寸模型或缩尺模型放置在风洞实验室中，通过模拟风作用以获得结构表面风荷载的分布规律。风洞试验法能够获得相关设计参数，为结构稳定性及安全性问题的研究提供指导，是一种较为有效的方法。

目前，根据试验目的将建筑结构的风洞试验分为两种：刚性模型试验和气动弹性模型试验[37]。两种试验最主要的区别在于是否在风洞试验中模拟结构物的振动，气动弹性模型试验在模型制作、测量手段上均较刚性模型试验复杂，桥梁、高耸细长结构的试验中运用较多。对于薄膜、薄壳、柔性大跨结构，气动弹性模拟试验技术在风工程研究中还有较多问题需要解决。

风洞试验法可以有效避免风荷载难以控制的因素，能够较好地保证测试数据的准确性，但也存在不足：①几何模型、边界条件和雷诺数等参数条件无法保证与实际情况完全相同；②试验投入资金较大，周期较长，性价比不高。

1997年，Uematsu等[38] 通过风洞试验测量了不同矢跨比的9个网壳模型的风压值，采用时域分析法研究了网壳在脉动风荷载下的动力响应。

2001年，陆峰[39] 对大跨度平屋面结构进行了风洞试验和理论研究，获得了大跨度平屋面结构在四周封闭、四周敞开和有无女儿墙等工况下的屋面风压分布规律和加速度风振响应规律。2002年，Gavanski等[40] 基于风洞试验，研究了风荷载分布和屋面坡度的关系。

2003年，傅继阳[41] 对某一大跨悬挑平屋盖进行了风洞试验分析，研究了均匀流场和B类流场对大跨悬挑平屋盖风荷载分布特性的影响，明晰了大跨悬挑平屋盖的平均局部体型系数和极值局部体型系数的分布特性。

2005年，楼文娟等[42] 提出了一种基于刚性模型风洞试验确定大跨度屋盖风振响应和风振系数的多阶模态方法，并将多阶模态方法与直接时程分析法以及气动弹性模型风洞试验结果进行了对比，发现该方法计算简单、方便和高效。

2007年，吴海洋等[43] 基于风洞试验结果，分析了振型、频率、平均风压系数以及脉动风荷载谱密度等多个因素对有拱和无拱两种大跨悬挑屋盖结构抗风性能的影响。结果表明，屋盖悬挑前沿拱可以明显提高结构的抗风性能。

2010年，叶继红等[44]分别对五种不同的大跨度屋盖结构开展风洞试验，研究了屋盖表面风压的高斯特性。结果表明，非高斯区域往往集中在来流前缘、后部尾流区及高点角区附近；对于大跨屋盖结构，应适当提高我国荷载规范中的峰值因子并按结构分区取值。钱雪松等[45]为了保证某大跨屋盖结构的稳定性，对其开展了结构风压分布特性研究，分析了墙体对结构体形系数的影响，并将试验测得的屋盖体型系数与现行国家标准《建筑结构荷载规范》GB 50009[18]进行了对比。

2012年，张明亮等[46]以吉林火车站为研究对象，对其进行了刚性模型风洞试验研究，分析了周边建筑群对屋盖结构表面的干扰情况，对其风压分布特性作了对比分析研究。

2013年，林拥军等[47]对某站房单层网壳结构进行了风洞试验，风在屋盖表面发生局部扰流和紊流并形成回旋涡流，建筑结构表面构造不均匀会导致风对结构整体影响的不对称性。张同亿等[48]对厦门国际会展中心三期大跨度屋盖张弦桁架结构的A、B区女儿墙、屋面进行了风洞试验，获取了屋面风压系数分布规律，为结构设计提供了可靠数据。

2017年，张腾飞等[49]基于南通兴东新建航站楼结构的风洞试验，对该航站楼大跨屋盖结构的整体风压分布以及重要分区的风压分布特性进行了研究。结果表明，屋盖挑檐区域的最大风振系数明显大于屋盖中间区域，通过各阶模态应变能贡献量确定主要贡献模态的方法是可行的。李正良等[50]对某机场航站楼屋盖结构进行了风洞试验，分析了屋盖各区域的最不利风向角，上游周边建筑对屋盖有遮挡效应，会减小屋盖表面的平均风压，屋盖开洞周边的风振响应较大。

2018年，林拥军等[51]对某大跨翘曲屋盖结构进行了风洞试验和计算流体动力学数值模拟，分析了屋盖表面风压分布情况及门窗开启状态对风压分布的影响。贾红英等[52]通过圆形扁壳型大跨屋面的刚性模型风洞试验合数值模拟，分析了不同风向角下结构的平均脉动风压体型系数变化规律。

2020年，徐晓明等[53]对跨度211m的轮辐式张弦结构（上海浦东足球场）开展了刚性模型风动试验，获得了屋盖上、下表面的风平均内压和风压系数，计算了用于承载力极限状态设计的等效静力风荷载。周家俊[54]以2022年杭州亚运会的东部湾体育公园—亚运会轮滑馆为研究对象，对其开展了风洞试验，分析了24个风向角下平均风压和极值风压的分布规律，进行了屋盖不同部位的测点风压概率分布特点分析，计算了屋盖结构各节点的位移风振系数。

1.4.3 数值分析法

数值分析法是一种基于计算流体动力学理论建立的分析方法，依托计算机技术和多种学科的发展优势建立数值风洞技术对处在大气边界层风场环境中的建筑结构进行数值模拟。与现场实测法和风洞试验法相比，数值分析法具有以下优点[55]：①数值模拟法受建筑尺寸的限制较小，足尺模型的建立可以最大限度地规避尺寸效应对计算结果的影响；②数值模拟法可以获得建筑结构所有位置的响应，方便分析结构中不易关注的细微部分，得到详实的模拟数据；③数值模拟法可以有针对性地探讨各种参数对结构响应的影响，能够对结构进行全方位的监控；④数值模拟法可以基于可视化工具对计算结果进行观察，便于了解绕流流场在建筑物表面的变化；⑤数值模拟法节约人力、财力和物力，能够在较短的计算周期内获得大量数据。

1996年和2008年，Uematsu等[56,57]分别针对平板梁、连续体平板（方形和圆形平面），用正弦波函数假设其模态形式，结合风洞试验数据进行频域分析，得到了平屋盖结构的共振等效风荷载。1999年，Yasui等人[58]结合时域分析法和蒙特卡洛法，基于风洞试验数据，对某大跨结构进行了时程分析。

2004年，顾明等[59]利用RSM湍流模型研究了几何参数变化对屋盖平均风荷载的影响，结果表明，降低悬挑高度可以有效减小悬挑部分的平均风荷载。汪丛军等[60]对越南国家体育场屋盖表面的平均风压进行了数值模拟，并将60°风向角下的计算结果与风洞试验数据进行了对比分析。

2005年，刘继生等[61]基于稳态的Reynolds时均Navier-Stokes方程对井冈山机场航站楼屋盖结构在近地风作用下的平均风压进行了模拟计算，将计算得到的平均风压系数值与风洞试验值作了比较。刘辉志等[62]对城市高大建筑群进行数值模拟，验证了数值模拟计算结果的可靠性。

2006年，陈波等[63]综合POD法和Ritz向量法提出了Ritz-POD法，结果表明，采用少量的基于风荷载分布的Ritz模态便可达到较高的精度。

2009年，顾磊等[64]对北京奥运会网球比赛场进行了数值模拟，分别研究了看台的开洞与封闭、罩棚仰角等因素对风场的影响，模拟和评价了赛场内的风速比和流场特性对比赛的影响。卢旦等[65]通过对上海世博会日本馆的数值模拟，从稳态与非稳态两个方面总结了类似建筑物的抗风设计规律，提出了非稳态计算下获得阵风系数的方法。田玉基和杨庆山[66]开展了北京奥林匹克公园网球中心赛场悬挑钢屋盖结构的风振响应分析研究，结果表明，脉动位移响应的重要性大于平均风，背景位移响应在脉动位移响应中占主导地位。

2010年，卢春玲等[67]采用大涡模拟LES的亚格子模型对长沙机场扩建航站楼屋盖结构进行了计算，给出了航站楼屋面在不同风向角作用下的风压分布规律，为其改造设计奠定了基础。Rossi等[68]通过AR法和ARMA法模拟与试验结果比较，评估了不同数值模拟方法的有效性，为AR法和ARMA法参数选取提供了指导意见。

2011年，卢春玲等[69]以深圳新火车站屋盖为计算模型，深入比较了平均风压、脉动风压与风洞试验结果的差异，较好地验证了数值模拟法在大跨度屋盖表面风压计算中的可靠性。杨庆山等[70]给出了大跨屋盖结构的Ritz-POD法，解决了大跨屋盖结构主导振型的选取问题，建议了背景响应与共振响应相关性的计算方法。

2013年，陈波等[71]针对大跨空间结构多振型参与风振响应的特点，提出了相应多个风向下的多目标等效静风荷载计算方法，结合某科技新馆的风动试验结果，验证了该方法的有效性。

2015年，Wu等[72]研究了风荷载作用下网架结构覆层支撑构件的整体和局部行为对内力的贡献。结果表明，覆层支撑构件的弯矩和剪力主要由作用在相应支路上的局部风荷载控制，轴力主要由主框架的整体位移引起。

2016年，聂少锋等[73]基于Reynolds时均的RNG k-ε湍流模型对弧形内凹大跨度钢结构屋盖航站楼的风荷载特性进行了研究，通过FLUENT软件对结构在部分风向角下的三维定常风场进行了数值模拟。Chen等[74]对大跨度悬索屋盖的风振效应进行了全尺寸测量，基于小波变换对风振响应数据进行时频域分析，采用随机减量法识别模态频率和与振幅相关的阻尼比。

2017年，张虎跃[75]以某高速公路收费站钢结构罩棚为研究对象，运用流体分析模块建立了足尺模型罩棚，进行了风荷载数值模拟，获得了屋盖结构在不同风向角下的风压分布和平均风压系数，得出了最不利风向角下的罩棚表面分区的局部体型系数。于敬海等[76]模拟计算了烟台“海之泉”屋面的风压分布，探讨了SST k-ω 湍流模型在数值计算中的可靠性。利用CFD数值模拟技术对天津中医药大学新建体育馆屋面进行模拟分析，研究了风向角因素对体育馆屋面风荷载体型系数的影响。Liu等[77]研究了张拉正交各向异性膜结构的驰振性能，结果表明，结构振动主要表现为散度不稳定的单模态，矢跨比和跨度比为设计此类鞍形膜结构的主要参数。

2018年，李正良等[78]以成都某超大跨度多肢屋盖形式的航站楼为例，采用刚性模型风洞试验和数值模拟相结合的方法，研究了该超大跨度屋盖在24个风向角下的风荷载分布规律，对比验证了现有计算流体动力学方法对复杂大跨屋盖风荷载模拟的有效性和准确性。Su等[79]提出了一种风振响应频域快速计算方法，通过与时域法结果对比，验证了所提方法的准确性和高效性。Su等[80]定义基本响应为在完全相干风荷载作用下的准静态响应，在此基础上，对背景和共振效应进行了概念分析；通过18336个典型的平屋顶、悬臂屋顶、柱面屋顶、球面屋顶和马鞍形屋顶的风洞试验数据，进行了23940例参数风致响应分析；总结了大跨度屋盖结构风振背景和共振因子的计算原理和经验公式，为大跨度屋盖结构的风振效应提供了依据。Liu等[81]采用风洞试验和大涡模拟相结合的方法对大跨度可伸缩屋盖体育场的风效应进行了研究。通过与模型试验结果的详细比较，验证了大涡模拟技术的有效性和可靠性；还尝试用大涡模拟方法来估算可伸缩屋盖原型体育场的风效应，既可以考虑雷诺数效应，又可以克服风洞试验的模型空间限制。

2020年，石俊阳等[82]基于荷载效应等效原则，结合风洞试验数据，提出了一种求解各类空间结构静力等效风荷载的通用方法，适用于简单和复杂特殊的空间结构风荷载的计算。Sun和Zhang[83]针对空间结构提出了一种新的补偿通用等效静风荷载的脉动风荷载的计算方法，通过补偿结构频率和模态来消除或减小无补偿时的误差，将这两种方法应用于线性复杂大跨度屋盖。

2021年，李玉学等[84]提出了一种可高效精确计算大跨屋盖结构脉动风振响应的预测方法，以国家网球中心莲花球场屋盖结构为对象，进行了脉动风振响应的数值模拟，计算结果与实测结果吻合较好。Sun和Zhang[85]针对预应力锚索大跨度屋盖结构，给出了结构几何非线性风致响应的三种计算方法，通过对比分析表明，结构具有不同的非线性程度和风敏感性，结构的风致响应对预应力更为敏感。

综上所述，国内外学者通过现场实测法、风洞试验法或数值分析法对大跨度空间钢结构的风场响应进行了较多的研究，但目前仍缺乏体育场大悬挑部分预应力钢结构体系的风场模型研究。

1.5 大跨度空间钢结构风振响应与减振控制

1.5.1 大跨度空间钢结构风振控制的特点

大跨度空间钢结构的自振频率、阻尼和质量均较小，风荷载作用下产生的动力响应比高耸结构更加显著，风振的严重性和敏感性亦很高，主要表现为：①由于水平和竖向风荷载对大跨度空间钢结构的影响相近，风振控制须同时考虑两个方向的风荷载作用；②大跨度空间钢结构只能建立三维空间模型进行风振响应计算，无法对模型进行简化；③大跨度空间钢结构中任意两点的风场需要考虑空间相关性，不能简单进行叠加计算；④由于大跨度空间钢结构的造型对表面风压分布的影响较大，风振控制计算前需进行大量的风速时程模拟，以保证数据的可靠性；⑤由于大跨度空间钢结构的自振频率低而密集，风振影响可能涉及前几十阶模态。

1.5.2 调谐质量阻尼器（TMD）的原理及应用

调谐质量阻尼器（Tunned Mass Damper，TMD）是一种附加在主体结构上的子结构，由弹簧、阻尼器和质量块组成，质量块一般通过弹簧和阻尼器支撑或者悬挂在主体结构上。当主体结构因外部荷载激励而产生振动时，子结构会对主体结构产生相应的反作用力，反作用力能够消耗传递在主体结构上的大部分能量，从而达到减振效果[86]。

从安装数量上可以将调谐质量阻尼器分为单个调谐质量阻尼器（STMD）和多重调谐质量阻尼器（MTMD）[87]；从工作原理上可以将其减振模型分为不考虑主体结构阻尼的STMD模型、考虑主体结构阻尼的STMD模型和考虑主体结构的MTMD模型。

1. 不考虑主体结构阻尼的STMD模型

假设主体结构受到外部简谐荷载激励。主体结构的质量为m_s，刚度为k_s，阻尼为c_s，位移反应为x_s，速度为x_s'，加速度为x_s''。单个TMD的质量为m_d，刚度为k_d，阻尼为c_d，位移反应为x_d，速度为x_d'，外激励荷载为$F(t)$。

主体结构的阻尼c_s一般很小，研究TMD参数影响规律时，可忽略不计。无阻尼主体结构受外部激励的计算模型如图1-8所示。

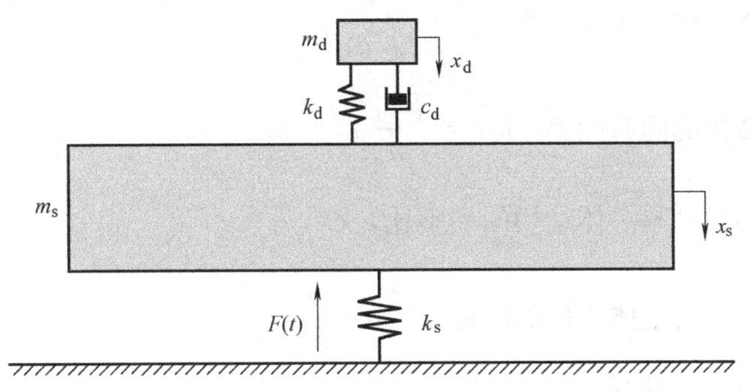

图1-8 不考虑主体结构阻尼的STMD简化模型

$$\begin{aligned} m_s x_s'' + c_d(x_s' - x_d') + (k_s + k_d)x_s - k_d x_d = F(t) \\ m_d x_d'' + c_d(x_d' - x_s') + k_d(x_d - x_s)x_s = 0 \end{aligned} \tag{1-1}$$

矩阵形式为：

$$\begin{bmatrix} m_s & \\ & m_d \end{bmatrix} \begin{Bmatrix} x_s'' \\ x_d'' \end{Bmatrix} + \begin{bmatrix} c_d & -c_d \\ -c_d & c_d \end{bmatrix} \begin{Bmatrix} x_s' \\ x_d' \end{Bmatrix} + \begin{bmatrix} k_s + k_d & -k_d \\ -k_d & k_s \end{bmatrix} \begin{Bmatrix} x_s \\ x_d \end{Bmatrix} = \begin{Bmatrix} F(t) \\ 0 \end{Bmatrix} \tag{1-2}$$

采用传递函数解法，求得主结构和单个TMD的位移x_s和x_d，设外部荷载为简谐荷载，即$F(t) = F_0 e^{j\omega t}$，则主体结构和单个TMD的振动反应传递函数$H_s(\omega)$和

$H_d(\omega)$ 为：

$$H_s(\omega)=\frac{x_s(t)}{F(t)} \tag{1-3}$$

$$H_d(\omega)=\frac{x_d(t)}{F(t)} \tag{1-4}$$

主体结构和单个 TMD 的位移为：

$$x_s(t)=H_s(\omega)F(t)=H_s(\omega)F_0e^{j\omega t} \tag{1-5}$$

$$x_d(t)=H_d(\omega)F(t)=H_d(\omega)F_0e^{j\omega t} \tag{1-6}$$

将 x_s 和 x_d 的传递函数表达式代入，得：

$$H_s(\omega)=\frac{(k_d+jc_d\omega-m_d\omega^2)}{(k_s-m_s\omega^2)(k_d-m_d\omega^2)-m_dk_d\omega^2-jc_d\omega(k_s-(m_s+m_d)\omega^2)} \tag{1-7}$$

$$H_2(\omega)=\frac{(k_d+jc_d\omega)}{(k_s-m_s\omega^2)(k_d-m_d\omega^2)-m_dk_d\omega^2-jc_d\omega(k_s-(m_s+m_d)\omega^2)} \tag{1-8}$$

令 $x_{st}=\frac{F_0}{k_s}$，则主结构的最大位移为：

$$x_s=H_s(\omega)F_0=\frac{F_0}{k_s}\left[\frac{(2\lambda\zeta)^2+(\gamma^2-\lambda^2)^2}{(2\lambda\zeta)^2(\lambda-1+\mu\lambda^2)^2+[\mu\gamma^2\lambda^2-(\lambda^2-1)(\lambda^2-\gamma^2)]^2}\right]^{\frac{1}{2}} \tag{1-9}$$

式中：x_{st}——主体结构在外部激励下的最大静力位移；

ω——外部激励的频率；

γ——子结构与主体结构的频率比，$\gamma=\frac{\omega_d}{\omega_s}$；

ω_s——主体结构的固有频率，$\omega_s=\sqrt{\frac{k_s}{m_s}}$；

ω_d——子结构的固有频率，$\omega_d=\sqrt{\frac{k_d}{m_d}}$；

λ——外部激励与主体结构的频率比，$\lambda=\frac{\omega}{\omega_s}$；

μ——子结构与主体结构的质量比，$\mu=\frac{m_d}{m_s}$；

ζ——TMD 系统阻尼比。

2. 考虑主体结构阻尼的 STMD 模型

有阻尼主体结构受外激励的简化力学模型如图 1-9 所示。

$$\begin{aligned}m_sx_s''+(c_s+c_d)x_s'+(k_s+k_d)x_s-c_dx_d'-k_dx_d=F(t)\\ m_dx_d''+c_d(x_d'-x_s')+k_d(x_d-x_s)x_s=0\end{aligned} \tag{1-10}$$

化简得：

$$\left|\frac{x_s}{x_{st}}\right|=\frac{k_s}{(-m_s\omega^2+j\omega c_s+k_s)-\frac{m_d\omega^2(j\omega c_d+k_d)}{-m_d\omega^2+j\omega c_d+k_d}} \tag{1-11}$$

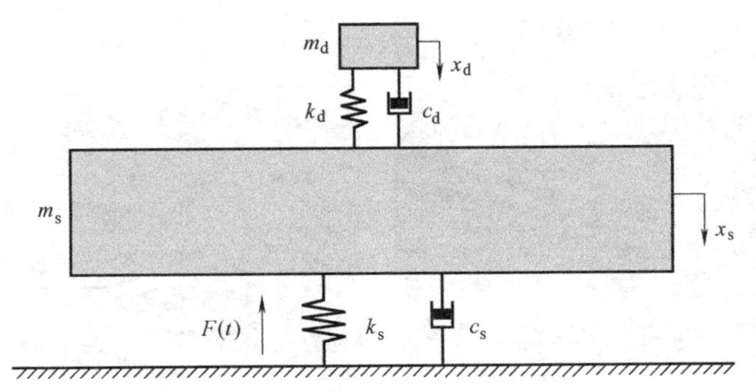

图 1-9 考虑主体结构阻尼的 STMD 简化模型

3. 考虑主体结构阻尼的 MTMD 模型

考虑主体结构阻尼的多重调谐质量阻尼器（MTMD）的简化力学模型如图 1-10 所示，m_s、k_s 和 c_s 分别表示主体结构的质量、刚度和阻尼，主体结构受外部激励 $F(t)$ 的作用。在主体结构上安装 n 个 STMD 系统以控制其动力响应，第 i 个 STMD 系统的参数分别用 m_{di}、c_{di} 和 k_{di}（$i=1，2，3\cdots n$）表示。

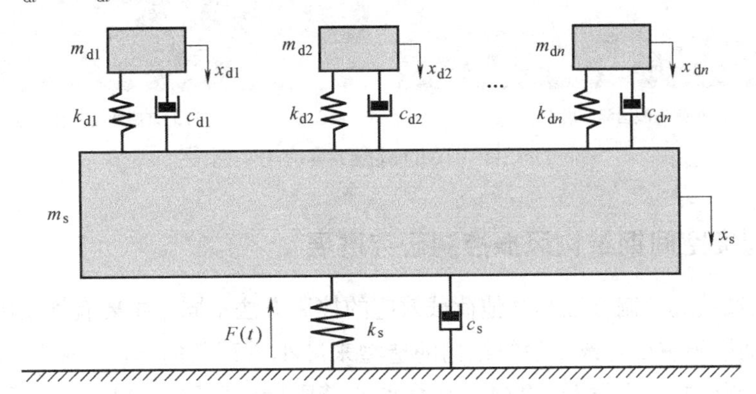

图 1-10 考虑主体结构阻尼的 MTMD 简化模型

基于结构动力学，力学模型为：

$$\begin{aligned} &m_s x_s'' + c_s x_s' + k_s x_s = F(t) + \sum_{i=1}^{n} f_i \\ &m_{di} x_{di}'' + c_{di}(x_{di}' - x_s') + k_{di}(x_{di} - x_s) = 0 \\ &f_i + k_{di}(x_{di} - x_s) - c_{di}(x_{di}' - x_s') = 0 \end{aligned} \tag{1-12}$$

为了简化计算，定义

$$F(t)=F_0 e^{j\omega t} \quad x(t)=x_0 e^{j\omega t} \quad x_{di}(t)=x_{di} e^{j\omega t}$$

经求解得出的主体结构动力放大系数公式为：

$$x_s = \frac{F}{(-m_s\omega^2 + j\omega c_s + k_s) - \sum_{i=1}^{n} \frac{m_{di}\omega^2(j\omega c_{di} + k_{di})}{-m_{di}\omega^2 + j\omega c_{di} + k_{di}}} \tag{1-13}$$

目前，国内外已有大跨度空间钢结构采用 TMD 进行风致减振控制的报道，如迪拜迈丹赛马场、郑州国际会展中心、福州海峡国际会展中心、北京雁栖湖会展中心等，如图 1-11 所示。

(a) 迪拜迈丹赛马场

(b) 郑州国际会展中心

(c) 福州海峡国际会展中心

(d) 北京雁栖湖会展中心

图 1-11　TMD 减振工程应用实例

1.5.3　大跨度空间钢结构风振控制研究进展

结构的风致效应控制方法与其他荷载效应的控制方法不同，主要有气动措施和阻尼器措施[88]。气动措施主要是改变建筑结构的造型来减小风荷载的作用，阻尼器措施是在建筑结构中设置调谐质量阻尼器（TMD）、多重调谐质量阻尼器（MTMD）、黏滞阻尼器等来控制结构的振动响应。

1. 调谐质量阻尼器（TMD）风振控制

2001 年，胡继军等[89] 对设置的 TMD 网壳结构风振控制作了较为系统的探讨，给出了 TMD 在网壳结构风振控制中的完整计算模型和计算方法，提出了 TMD 影响函数概念，并验证了该函数在 TMD 参数优化应用中的可行性。

2009 年，黄瑞新等[90] 以北京奥林匹克中心演播塔为工程背景，研究了 TMD 对高耸电视塔在强风作用下风振响应的振动控制，并对 TMD 的参数进行了优化分析；设置 TMD 后，演播塔的风振响应明显减小。

2012 年，孙文彬等[91] 基于主动调谐质量阻尼器（ATMD）对大跨度屋盖的遗传算法风振控制进行了研究；ATMD 遗传算法控制器准确、高效，有效地控制了屋盖结构的风振响应，为工程实践提供了参考。

2. 多重调谐质量阻尼器（MTMD）风振控制

2012 年，陈永祁等[92] 为了保证迪拜迈丹赛马场大悬挑钢结构屋盖在使用中的舒适度，在整个屋盖系统的水平和垂直方向分别设置了 18 套 TMD 减振系统。计算验证了屋盖中设置的36套减振系统能够保证结构在100年重现期内满足风荷载的作用要求。

2013年，陈宇峰等[93] 在结构中设置双重调频质量阻尼器（MTMD）以抑制结构的风振响应，对MTMD的频带宽度、个数和阻尼比等基本参数进行了研究，给出了MT-MD最优基本参数。林勇建[94] 提出了一种MTMD的设计方法，对大跨度空间屋盖结构的MTMD振动控制进行了系统研究。

2015年，周晅毅等[95] 研究了大跨度屋盖结构在风荷载作用下MTMD控制系统的最优性能，基于遗传基因算法对MTMD控制系统进行了最优参数分析；优化的MTMD控制系统具有良好的减振性和鲁棒性。

3. 黏滞阻尼器风振控制

2002年，梁海彤等[96] 使用黏滞阻尼器替换结构原有的杆件，并对黏滞阻尼器的最佳替换位置和替换数量进行了探讨。2003年，梁海彤等[97] 通过振动台试验对理论研究进行了验证；采用阻尼器替换原有杆件具有较好的减振效果。

2005年，李楠[98] 利用黏滞阻尼器分别对沈阳北站无站台柱雨棚改造工程（图1-12a）和天津市奥林匹克中心体育场（图1-12b）进行了风振控制研究；设置黏滞阻尼器适用于沈阳北站无站台柱雨棚和天津市奥林匹克中心体育场的风振控制，阻尼器对节点位移及单元应力均有一定控制作用。

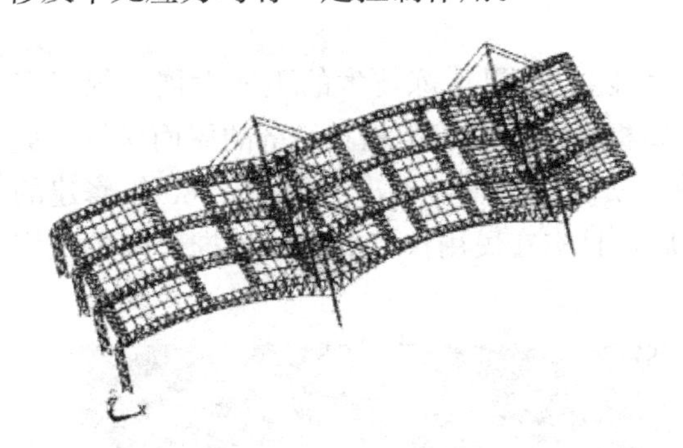
(a) 沈阳北站无站台柱雨棚改造工程

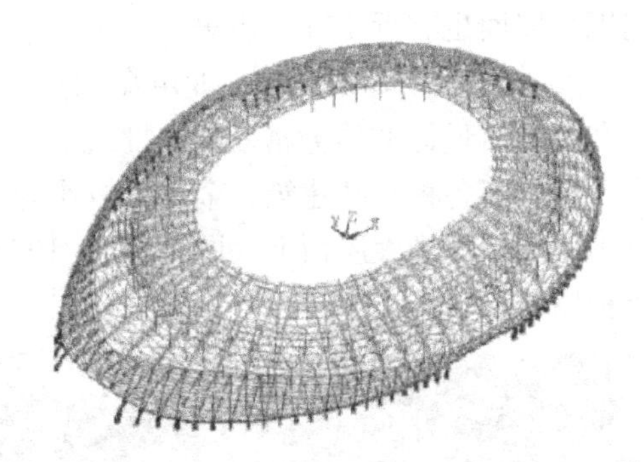
(b) 天津市奥林匹克中心体育场

图1-12 黏滞阻尼器风振控制案例

2006年，丁阳等[99] 为了获得大跨度空间钢管桁架结构在风荷载作用下的实时受力、变形状态和风振系数，通过计算验证了黏滞阻尼器可以有效抑制结构的风振响应，给出了可供设计参考的结构风振系数。

2007年，宋延杰[100] 在某体育场大悬挑钢结构屋盖中设置了黏滞阻尼器以控制结构在风荷载作用下的动力响应；设置黏滞阻尼器后，节点位移和加速度以及杆件轴力均得到了明显控制。

2009年，刘纯等[101] 以广东科学中心典型区域为研究对象，对采用黏滞阻尼器的六种风振控制方案进行了对比研究；减振方案对结构的风振响应均有很好的减振效果，结构顶点位移和加速度响应的最大降幅达18%和84.9%；将阻尼器安装在此类不规则大跨度空间钢结构能够取得较好的减振效果。

2016年，邵辉[102] 对拱支网壳杂交空间结构进行了风振控制研究，对比分析了黏滞阻尼器、调谐质量阻尼器和多重调谐质量阻尼器控制下的结构响应；黏滞阻尼器和多重调谐质量阻尼器优于调谐质量阻尼器，均能有效降低风荷载作用下的结构动力响应。

2020年，韩森等[103]对下弦杆设置黏滞阻尼器的某空间网架结构进行了风致振动数值分析；非线性阻尼器减振效果优于线性阻尼器，减振效果与阻尼器的布置位置和数量有关。

综上所述，针对大跨度空间钢结构受风荷载作用开展的研究主要集中在抗风设计方法、非线性时程分析和风荷载模拟技术等方面，缺乏大悬挑部分预应力钢结构体系的风振控制研究。

1.6 金属屋面系统抗风设计与建造技术

1.6.1 金属屋面系统

1. 金属屋面系统发展历程

金属屋面是指采用金属板材作为屋盖材料，将结构层和防水层合二为一的屋盖形式。金属屋面在建筑结构工程中有着悠久的历史，最早可以追溯到15世纪建造的耶路撒冷大教堂（图1-13），其屋顶采用了金属铜板；法国著名的Chare教堂建于19世纪中期，其金属铜板屋面也有近150年历史。

20世纪中期，第二次工业革命如火如荼，伴随着世界冶炼技术的飞速发展，规格多样和各种质量标准的金属板材被批量生产，金属板材也逐渐成为相对经济的屋面材料，被广泛应用于各种公共建筑。金属铝板作为一种轻质高强材料，首次应用于1950年修建的日本甲子园球场大屋顶上（图1-14）；1951年后，日本在民用住宅上也开始推广使用压型铝板屋面。

图1-13　耶路撒冷大教堂

图1-14　日本甲子园球场

20世纪70年代，冷弯成型技术的出现使金属冶炼加工技术出现了质的飞越，金属屋面系统进入高速发展阶段。目前，国外对于金属屋面的研究已趋于成熟，欧洲、美国、日本等发达国家或地区已形成了完整的技术应用体系。

金属屋面系统在我国建筑工程上的应用大致可分为起步、发展和完善三个阶段[104]。

（1）起步阶段（1980～1990年）

20世纪80年代初，为了完成上海水厂路仓库项目及上海宝钢一期工程项目的建筑维护系统，我国从日本学习并引进了压型钢板整套技术。随着我国经济的飞速发展，国家开始大力推广建筑工业化，轻型钢结构建筑在国内快速发展，金属屋面系统得到了广泛应用，相继研发了规格多样的各类金属板材。

（2）发展阶段（1990～2000年）

随着改革开放的不断深入，经济水平不断提高，金属屋面系统和轻钢结构建筑在国内发展迅速。引入美国巴特勒公司、上海美建钢结构有限公司等国际公司，给我国轻钢工业带来了许多新材料、新技术和新的市场经营模式。同时，我国轻钢企业也如雨后春笋一般发展起来。由于当时金属屋面系统及相关的设计和标准尚未健全，企业技术水平良莠不齐，金属板材质量参差，市场缺乏相应的技术指导和管理，严重制约了金属屋面系统在我国建筑工程的发展。

（3）完善阶段（2000年至今）

进入21世纪后，国家大力推广建筑工业化，出台了系列标准图集，制定了金属屋面系统的相关标准，促进了金属屋面系统发展（图1-15），包括：

(a) 鄂尔多斯博物馆

(b) 杭州大剧院

(c) 合肥新桥国际机场

(d) 香港会议展览中心

图1-15　金属屋面系统工程应用实例

1）大跨度公共展示建筑，如鄂尔多斯博物馆（图1-15a）、深圳国际会展中心等；

2）大跨度公共演艺中心，如杭州大剧院（图1-15b）、国家大剧院等；

3）大型交通枢纽中心，如北京大兴国际机场、合肥新桥国际机场（图1-15c）等；

4）大型体育建筑，如首都体育馆、澳门东亚运动会体育馆等；

5）大跨度工业建筑，如天津空客A320总装线厂房、江苏电炉炼钢厂等；

6）大型民用及商用建筑，如香港会议展览中心（图 1-15d）、太湖游客中心等。

2. 金属屋面系统的分类

（1）金属屋面系统按系统构造分为：

① 单层金属屋面系统。主要由单层压型板通过自攻螺钉与檩条连接组成；压型板与檩条之间铺设构造层，整体性较差。

② 双层金属屋面系统。相较于单层金属屋面系统，在底部铺设了压型底板，整体性显著增强。

③ 压型板—柔性卷材屋面系统。以压型板作为底板，利用柔性防水卷材代替上层压型板，是一种杂交系统，具有自重轻、施工安装快捷等特点。

④ 夹芯复合型屋面系统。采用高品质的金属压型板材作为面板，使用强力粘结剂将保温材料等与金属板材进行粘结，形成建筑板材系统，具有整体性强、施工方便、安装精准等优点。

构造分类如图 1-16 所示。

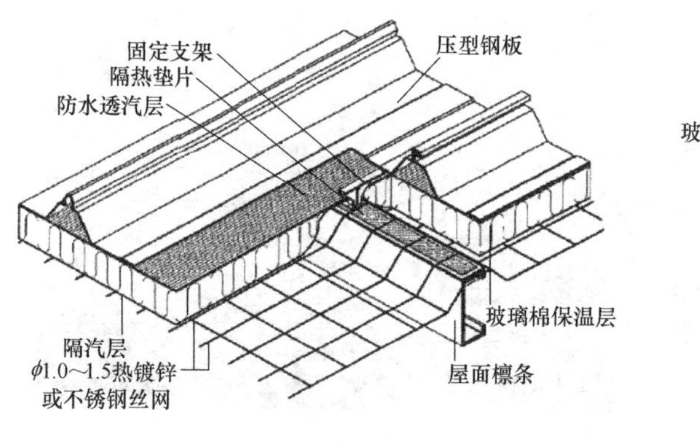

(a) 单层金属屋面系统

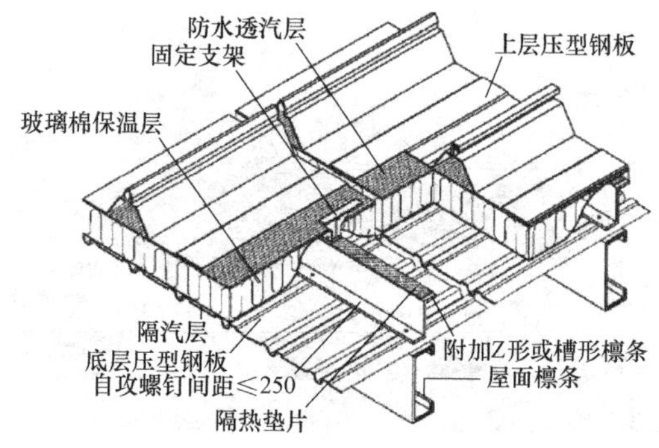

(b) 双层金属屋面系统

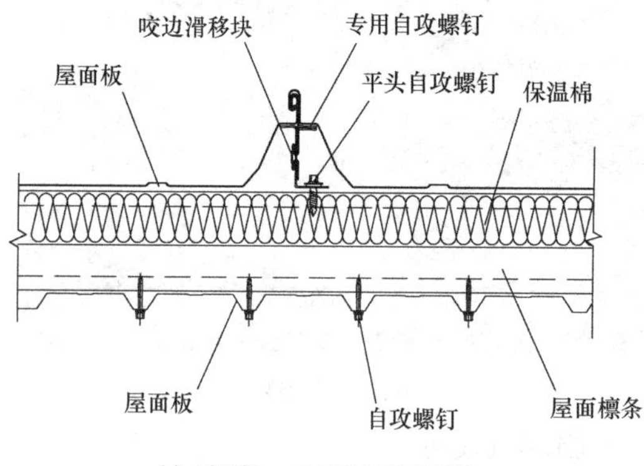

(c) 压型板—柔性卷材屋面系统

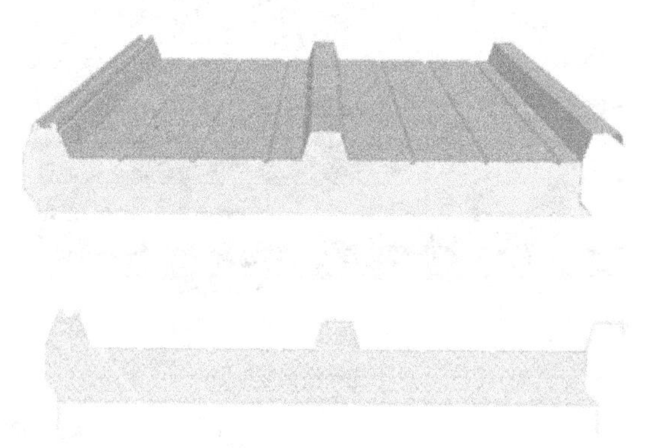
(d) 夹芯复合型屋面系统

图 1-16　金属屋面系统构造分类

（2）金属屋面系统按连接方式分为：

① 搭接式金属屋面系统。金属板材之间可相互搭扣连接，然后通过自攻螺钉直接穿透金属板材将其固定于檩条或固定支架上。这种连接方式的优点是施工便捷、连接性能

好；缺点是金属屋面板材有穿孔，易出现屋面漏水现象。

② 扣合式金属屋面系统。金属屋面板材通过扣压结合的方式与支撑扣件连接，支撑扣件通过自攻螺钉固定在檩条上。

③ 咬合式金属屋面系统。金属屋面板材通过卷边方式与固定支座连接，固定支座通过自攻螺钉固定在檩条上。咬合式金属屋面系统还分为卷边咬合式和直立锁边支座咬合式。采用卷边咬合时，利用专用锁边机具将金属板材沿长边方向卷边咬合，并利用固定支架连接到下部结构，其屋面板和屋面板、屋面板和固定支座之间不能相对滑动；直立锁边支座咬合式允许屋面板与屋面板、屋面板和固定支座之间相对滑动。

④ 不锈钢连续焊接屋面系统。采用专用焊接设备将扣合搭接完成的不锈钢屋面板进行焊接，使其连接牢固，主焊缝位于金属屋面板立边位置。

连接方式分类如图 1-17 所示。

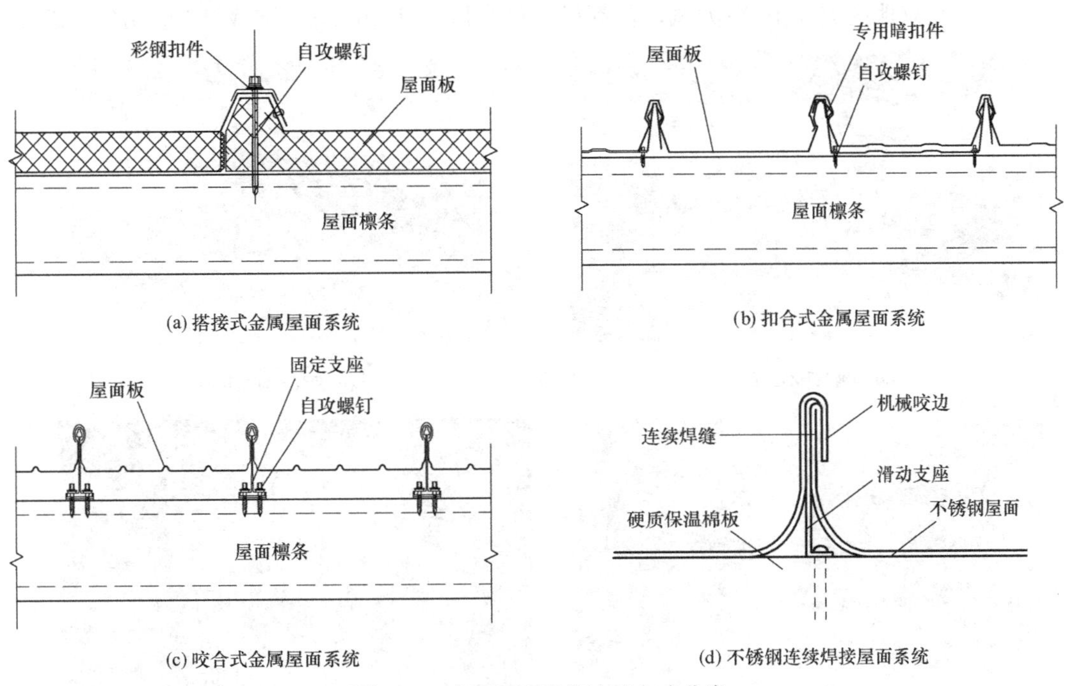

图 1-17 金属屋面系统连接方式分类

(3) 金属屋面系统按金属面板材料分为：

① 压型钢板。采用涂层钢板或钢带冷弯成型而成，具有加工制作简单、易取材、用料省等优点，在工业建筑中应用广泛。

② 压型铝合金板。采用涂层铝合金板或板带冷弯成型。压型铝合金板具有轻质高强、塑性变形能力强的优点，可满足复杂屋面的造型需要，在复杂造型的公共建筑中应用比较广泛。

③ 钛锌板。由高纯度锌和少量钛和铜熔炼而成，具有良好的耐腐蚀性和自洁性。

④ 铜板。

(4) 金属屋面系统按保温材料分为：岩棉保温材料、聚氨酯保温材料、玻璃棉保温材料、碳酸钙/铝保温材料、橡胶保温材料等。

1.6.2 金属屋面系统风灾事故

金属屋面系统作为建筑结构的外围护系统，起到了围护结构安全的作用，其安全性主要涉及系统的防水、防火、抗风、耐久性等。由于金属屋面系统的板面连接部位通常采用机械咬合连接，其抗风揭性能弱于抗风压性能，屋面板被大风掀起的事故时有发生，严重影响了各类大型公共建筑尤其交通枢纽的正常运营，造成了严重灾害和经济损失，甚至人员伤亡。

2005年，拥有10Mt核弹能量的飓风“卡特里娜”登陆新奥尔良，使美国的“超级穹顶”遭受严重损坏（图1-18a）。2007年，突发大风造成武汉天河机场二期主候机楼金属屋面严重破坏[105]，屋顶板几乎全部被掀起或吹落，破坏严重（图1-18b），主要破坏原因是屋面破坏处直立边锁扣抗负风压强度不够，致使直立边锁扣脱扣，引起屋面连锁破坏。2010年，北京地区突发10级大风，首都机场最高风速达26m/s，造成T3航站楼东北角

(a) 美国“超级穹顶”

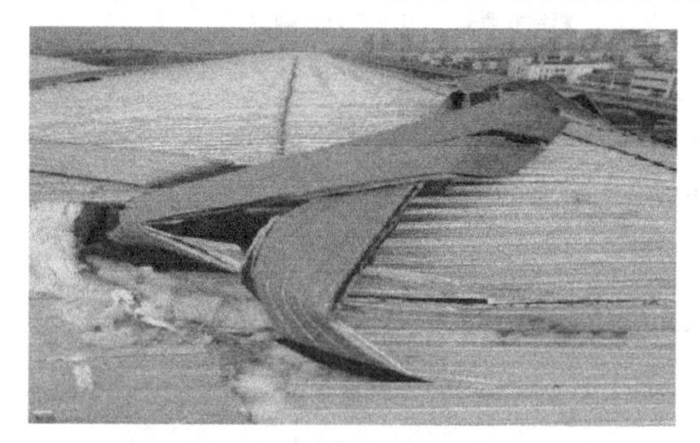

(b) 武汉天河机场

(c) 首都机场T3航站楼

(d) 泉州火车站

(e) 河南体育馆

(f) 南昌昌北机场

图1-18 金属屋面系统风灾事故

屋面被掀开[106]（图 1-18c）；2011 年和 2013 年，T3 航站楼再次被强风掀开。多次破坏原因是金属屋面破坏部位大多位于 T3 航站楼楼顶弧形较大区域如檐口、悬挑端，受阵风效应及屋面特殊区域造型影响，该区域的瞬间风力超过建筑的设计标准以致破坏。2010 年，厦门理工学院体育馆屋面遭到台风袭击，超过 35.7m/s 的持续强风和间接阵风导致屋面压型钢板被掀开，主要破坏原因是风力超过建筑抗风设计标准。2010 年，泉州火车站受强台风影响，金属屋面被撕开巨大缺口，钢屋盖及其配件散落一地（图 1-18d），造成多条行车轨道封闭，大量人员滞留，主要破坏原因是金属屋面板在持续强风作用下，构件疲劳导致松动。2012 年，苏州园区火车站金属屋面在强台风持续作用下出现严重破坏，15 块 1.0mm 厚直立锁边屋面板被掀起，屋面部分区域损毁严重，主要破坏原因是直立边锁扣抗负风压强度不足，锁扣脱扣所致。2012 年，河南体育馆金属屋面突遭 9 级大风袭击，屋面中心最高处的屋面板和固定槽钢连接系统被撕裂，三副大型采光天窗被整体吹落（图 1-18e），雨棚吊顶严重损坏[105]，主要破坏原因是屋面局部区域负风压较大。2018 年，南昌昌北机场突遇大风，阵风风速超过 30m/s，T2 航站楼屋檐区域屋面板被掀开，呈撕裂状掉落（图 1-18f），引起多条航班停运[107]，主要破坏原因是结构设计时存在一定安全隐患，未考虑到屋檐部分的风载体形系数较大，且装饰材料与主体结构之间连接不牢靠，大面积连接也未设置多个承力和分段受力保护措施。

通过对多起金属屋面系统风灾事故的调查和分析，事故原因总结如下：

（1）外部环境影响

①金属屋面板材防腐层破坏。在长期日晒雨淋的恶劣环境下，金属屋面受到腐蚀破坏，承载力下降，易被风掀开。②温度应力影响。反复收缩膨胀的温度应力致使金属屋面产生反复的伸缩变形，导致金属屋面结构之间连接松动而破坏。③持续强风或阵风影响。持续风荷载作用下，金属屋面结构会出现疲劳损伤，结构之间连接松动，以致破坏。

（2）设计与计算不合理

①未考虑建筑风荷载体型系数。许多金属屋面为追求造型优美而使得形状特殊、体型不规则，易导致部分区域如屋檐、长悬挑等局部区域风压过大，而设计时未充分考虑此不利因素。②材料强度不足。设计时仅考虑主体结构的承载力，未考虑螺钉连接强度、面板咬合刚度等对结构抗风揭承载力的影响。③金属屋面设计计算不规范。关于金属屋面系统设计的标准尚不完全，施工图不规范，计算书内容不完整，致使金属屋面设计计算不规范。

（3）构造措施及施工管理问题

①构造措施不足。部分应加强区域如屋檐部分、山墙部分构造措施不足，自攻螺钉数量偏少，未采取有效的抗风加密措施。②施工管理不规范。施工人员技术水平参差不齐，施工质量较差，施工管理不规范，致使施工质量难以达到设计标准。③后期维护不规范。金属屋面未按设计要求进行定期检修与维护，结构构件出现腐蚀、松动等现象，以致破坏。

1.6.3 金属屋面系统研究进展

为了减少风灾事故发生，完善金属屋面系统设计，推动金属屋面系统应用，国内外学者对金属屋面系统抗风性能开展了大量研究，研究内容主要分为三类：金属屋面系统抗风性能试验研究、金属屋面系统抗风性能数值模拟、金属屋面系统建造技术和设计方法。

1. 金属屋面系统抗风性能试验研究

2001 年，Gene 等[108] 采用多种试验方法进行了金属屋面抗风性能试验。试验表明，采用传统方法预测金属屋面抗风压承载力和抗风吸承载力存在一定误差，指出以金属屋面板极限承载力确定屋面板破坏形态的不准确性，提出应以金属屋面板几何变形限制其破坏形态。

2003 年，陈以一等[109] 进行了 CLP 屋面板抗风吸试验，通过均匀加载铁块模拟风荷载作用，分析了 CLP 板的抗风吸承载力、连接机理及其破坏模式。试验表明，CLP 屋面板的抗风吸极限承载力取决于屋面板与连接卡扣的连接强度，应考虑一定安全系数。

2005 年，Farquhar 等[110] 进行了直立锁边金属屋面系统的风洞试验，研究了在风洞模拟风压力作用下的压力分布和破坏模式，对金属屋面风洞试验和均布风吸试验提出了相关建议。程明等[111] 进行了国家大剧院直立锁边金属屋面系统承载能力试验，为国家大剧院的屋面系统提供了设计依据。

2006 年，Baskaran 等[112] 对多种常用金属屋面系统进行了抗风性能试验，研究了金属屋面板内部咬合时空气孔隙率对金属屋面抗风吸承载力的影响。试验表明，屋面板咬合时，空气空隙率越低，金属屋面板抗风吸承载力越高。

2007 年，Surry 等[113] 进行了金属屋面抗风吸试验。试验表明，由于抗风夹设置不当，规范对于金属屋面抗风承载力计算过于保守，尤其会出现不保守现象的特殊区域。如屋面板转角处，规范设计值比试验值高约 50%。

2008 年，董震等[114,115] 通过沙袋模拟堆载法对铝镁锰合金直立锁边屋面板进行了抗风性能试验，提出了直立锁边金属屋面板设计方法。试验表明，在不同方向风荷载作用下，直立锁边金属屋面板承载能力与破坏模式相差较大，抗风压承载力大于抗风吸承载力；风压荷载作用下，屋面板主要破坏模式为弯剪破坏；风吸荷载作用下，屋面板主要破坏模式为固定支座与屋面板连接破坏。

2009 年，刘浩等[116] 采用气囊法模拟风吸荷载，进行了 MR24 直立锁边金属屋面板在风吸作用下的足尺试验，提供了 MR24 板抗风吸承载力设计的合理建议。

2010 年，Morrison 等[117] 对美国荷载规范 ASCE 7-2005 中提出的风吸作用下风荷载在结构的特殊区域存在不保守现象进行了试验验证。结果表明，风荷载的不保守现象会出现在金属屋面的边缘、转角和弧度较大区域，且金属屋面板临界荷载出现时，风荷载并不处于空气动力学中的最不利点。魏云波等[118,119] 设计了空气压力机产生的压力来替代风吸力的试验方法和试验装置，对直立锁边铝锰镁屋面板进行了抗风性能试验，试验得到的金属屋面抗风吸能力曲线为金属屋面系统抗风吸能力提供了参考，并提出了金属屋面抗风吸能力判断方法和准则。邵峰[120] 通过试验研究了压型钢板和拉条对檩条稳定性的影响，分析了采用自攻螺钉、固定支座对檩条与金属屋面板连接性能的影响。尹军等[121] 对直立锁边金属屋面板进行了抗风性能试验，对屋面板在重力荷载和风吸荷载作用下的承载力进行了研究。

2011 年，朱晓华等[122] 在美国 FM 实验室和中国苏州实验室分别进行了 3 种卷材屋面系统和 3 种连接方式的金属屋面系统的抗风性能对比试验。结果表明，中美不同实验室之间的试验测试数据结果具有良好的相关性和统一性，对中美规范中风速、风压的换算关系进行了说明。宋晓辉等[123] 对新型压型钢板 HV-156 屋面系统进行了足尺抗风承载性能试验。结果表明，相同板型的抗风吸承载力低于抗风压承载力，抗风压承载力是该压型钢板设计的控制因素。徐春丽[124] 对实际加固工程中采用的铝锌金属面板的抗风承载力进行了试验研究，分析了该类屋面板在风荷载作用下的破坏模式和破坏机理，研究了在 T 形连接件上施加抗风夹对屋面板抗风性能的影响。邵雷[125] 对蜂窝铝屋面系统进行了足尺抗风性能试验，得到了屋面系统的抗风吸承载力和失效模式。结果表明，该屋面系统具有较高的抗风吸承载力，主要破坏模式为铝板边框与铝板连接失效。

2012 年，Baskaran 等[126] 研究了 SNAP-IT 和 MR-24 两种金属屋面板在动态风吸荷载下的受力性能，得到了两种板型的抗风吸承载力和连接性能；复合金属屋面抗风吸承载力高于普通金属屋面；采取一定措施增加金属屋面空气阻力有助于减小风压分布，减少金属屋面板变形，提高金属屋面抗风吸承载力。

2013 年，马福宪等[127] 采用气囊法对金属屋面板进行抗风性能试验，得到了屋面板的抗风承载力，找出了屋面板在风荷载作用下的薄弱位置，提出了相关的加固措施。Murray[128] 在对 Farquhar[129] 的试验研究内容进行验证和分析的基础上，提出了关于抗风夹布置规则的新构造。

2015 年，王静峰等[130] 为了探究杭州东站直立锁边金属屋面系统的抗风承载力，采用沙袋堆载法对 760 型金属屋面板进行了抗风吸试验。结果表明，加密自攻螺钉、采用抗风夹等加固措施可以有效提高金属屋面板的抗风吸承载力。于敬海等[131] 采用沙袋模拟堆载法对直立锁边金属屋面系统进行了抗风承载力试验。结果表明，直立锁边金属屋面系统后期阶段的抗风承载力主要取决于屋面板大小耳的咬合紧密程度，该部位为薄弱区域，应采取适当的加固措施。Habte[132] 对两种不同咬合方式的足尺直立锁边金属屋面进行了动态加载试验，结果表明，屋面板与下部支座间的脱开是造成屋面系统破坏的主要因素；屋面峰值压力系数可以采用局部湍流模拟法进行估算。

2016 年，秦国鹏等[133] 采用气囊法对金属屋面系统进行了抗风吸性能试验。结果表明，在风吸荷载作用下，屋面板的薄弱位置为固定支座与屋面板锁边处；设置抗风夹可有效提高屋面板抗风性能，且夹具越密，屋面板抗风承载力越高。陶照堂等[134] 以实际工程为背景，提出了一种新型的机械连接加固方式，并对其进行了超大负风压下的受力性能试验。结果表明，该加固方式安全可靠，可满足超大风压下结构的安全性要求。

2017 年，Myuran[135,136] 开展了金属屋面板的循环风荷载试验，提出了屋面板疲劳贯穿失效设计方法以及冷弯型钢的静疲劳拉拔承载力计算方法。

2018 年，王宏斌等[137] 对 YX6/400 铝镁锰板无风夹和 YX65/400 铝镁锰板带风夹的直立锁边屋面系统抗风揭性能进行了试验研究，对比分析了有无风夹试件的破坏过程和机理。

2019 年，余志敏[138] 对 3004H24 型铝镁锰合金的直立锁边金属屋面系统进行了动态加载试验，分析了不同荷载工况下的受力性能及破坏模式；建议了锁边外的构造要求和抗风夹具的布置。任志宽等[139] 总结了加拿大标准 CAN/CSA-A 123.21-14、欧盟标准 ETAG 006、澳大利亚标准 AS 4040.3、日本标准 SSR 2007、美国标准 UL 580 的抗风性能试验方法。

2021 年，王明明等[140] 对直立锁边铝合金屋面系统在温度场下的变形和应力分布进

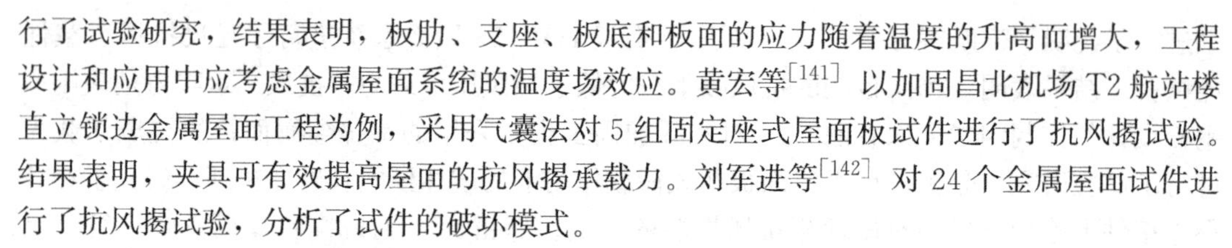

行了试验研究，结果表明，板肋、支座、板底和板面的应力随着温度的升高而增大，工程设计和应用中应考虑金属屋面系统的温度场效应。黄宏等[141]以加固昌北机场T2航站楼直立锁边金属屋面工程为例，采用气囊法对5组固定座式屋面板试件进行了抗风揭试验。结果表明，夹具可有效提高屋面的抗风揭承载力。刘军进等[142]对24个金属屋面试件进行了抗风揭试验，分析了试件的破坏模式。

2. 金属屋面系统抗风性能数值模拟

2002年，舒新玲等[143]详细阐述了建筑结构风荷载的作用特点和风特性，讨论了风荷载时程的各种数值模拟计算，并提出了相关建议。

2003年，Damatty等[144]利用ANSYS软件建立了直立锁边金属屋面抗风吸计算模型，通过试验确定连接构件的弹性刚度，分析了直立锁边金属屋面系统在风荷载作用下的受力分布和破坏模式。Hosam等[145]使用ABAQUS软件建立了直立锁边金属屋面板计算模型，采用数值模拟方法评估了屋面在风暴下的损失，探讨了模型单元的几何尺寸、单元选取、网格划分和边界条件等。

2006年，罗永峰等[146]利用有限元程序对常用金属屋面板及其连接件进行了抗风承载力计算分析。结果表明，实际工程中采用的屋面板材及连接件在风荷载作用下可以满足工作状态下的各种要求，指出在设计悬挑区域屋面板时须考虑风吸力的作用。

2007年，梁炜宇等[147]分析了暗扣式屋面板在风荷载作用下的破坏机理，对扣件连接进行了数值模拟分析，研究了连接扣件厚度、金属板材突肋高度和螺栓孔开口位置等参数对扣件承载力的影响。

2008年，石景等[148]建立了直立锁边金属屋面板模型，通过对比试验结果，验证了模型的准确性，提出了用弹簧代替支座的简化方法。

2010年，周文元[149]对大跨度Z形檩条在风吸荷载作用下的稳定性能进行了模拟，研究了不同规范计算方法对檩条承载力计算的差异性和适用性，提出了大跨度Z形檩条在风吸力作用稳定承载力的计算公式。Morrison[117]模拟了带抗风夹的直立锁边金属屋面系统在风荷载作用下的动力响应。

2011年，慕光波等[150]对三种荷载形式作用下的大跨度金属拱形波纹板屋盖的受力过程进行了全过程数值模拟，确定了屋盖受力的薄弱部位，讨论了大跨度金属拱形波纹屋盖倒塌事故原因，并提出了改进建议。

2012年，叶志雄和邱剑[151]对檩条及T形支托进行了非线性稳定分析，结果表明，直立锁边金属屋面系统的T形支托连接可以有效阻止C型钢檩条的侧向失稳。郑祥杰[152]以合肥新桥国际机场直立锁边金属屋面工程为研究对象，对该金属屋面进行了抗风承载力研究，提出了加固改进措施。吴春华等[153]开展了大型公共建筑金属屋面系统数值风洞模拟研究，分析了金属屋面系统的受力分布与薄弱位置。结果表明，在屋顶合适位置开设泄压孔可改善金属屋面风压分布，并对风压较大区域设置檩条加密可有效提高金属屋面系统的抗风性能；建筑物悬挑、檐口、顶部屋面风压较大，应采取适当的加固措施。

2015年，陈玉[154]采用弹簧单元代替直立锁边金属屋面系统中的连接性能，研究了屋面系统的静力承载性能，明晰了屋面板的跨度、厚度和宽度等参数对抗风揭能力的影响规律。

2016年，范亚娟[155] 基于断裂力学的随机疲劳损伤模型，建立了金属屋面系统的简化模型，分析了金属屋面的风致疲劳损伤性能，结果表明，锁边位置更易出现疲劳破坏。

2017年，Zhang[156] 开展了大跨度建筑的直立锁边金属屋面系统抗风揭的数值模拟分析，获得了大跨度屋盖的荷载—位移曲线，给出了大跨度建筑应用该屋面系统的建议。

2018年，李颖[157] 开展了直立T形支座及自攻螺钉的精细化有限元分析，研究了支座的力学性能和破坏模式，结果表明，支座与金属卷边之间T形连接构件承载性能主要与自攻螺钉抗拉拔性能有关。

2019年，关伟梁[158] 对YX27-745自攻螺钉金属屋面板和65/400型直立锁边金属屋面板进行了抗风揭试验和数值分析，研究了檩条间距、板厚、板材强度等参数对于屋面板抗风承载能力的影响规律以及提升系统抗风承载能力的方法。

2020年，王辉等[159] 对苏州太平金融大厦大跨度裙摆屋盖风荷载特性进行了数值模拟研究，结果表明，风向变化对大跨度裙摆屋盖的风荷载体型系数分布影响较大，周围建筑物会明显干扰大跨度裙摆屋盖的气动性能，主要表现为风压“遮挡效应”。采用LES大涡模拟方法，分析了屋盖表面脉动风压分布特性、脉动风压谱以及脉动风压空间相干性能[160]。

3. 金属屋面系统设计方法与施工技术

2005年，郑文杰[161] 分析了钛锌板金属屋面组成构造和工作原理，从建筑、结构、防水、构造和避雷设计等方面提出了屋面系统的设计方法。2007年，李正健等[162] 介绍了轻钢屋面系统及其金属屋面板构造，从设计、施工、材料等方面对金属屋面系统漏水原因进行了系统分析，提出了相应的解决方案和改进措施。王宏伟等[163] 以广州新白云国际机场航站楼金属屋面工程为例，阐述了直立锁边金属屋面系统的施工工艺和施工方法。2008年，王鑫[164] 以国家会议中心工程直立锁边金属屋面系统为例，从金属屋面系统主要层次、重要附属构件和屋面性能等方面总结了该金属屋面系统的组成构造。毛杰等[165] 针对国家奥体中心体育馆改扩建工程，介绍了金属屋面的设计和施工。苗泽献[166] 介绍了轻钢金属屋面系统施工过程的工程管理，总结了金属屋面板系统施工的相关经验。史育童等[167] 总结了国家体育馆金属屋面的结构特点和主要施工技术。2009年，陈成意等[168] 介绍了青岛体育馆金属屋面建造技术。房海等[169] 分析了潍坊市奥体中心体育场直立锁边金属屋面施工技术。邓卫宁[170] 通过对欧美地区多种金属屋面系统材料性能和技术水平的归纳总结，指出欧美地区在金属屋面系统研究应用上的领先及其可借鉴之处。2010年，张勇等[171] 从防水、透气、抗风、温度变形、保温吸声等方面阐述了直立锁边金属屋面系统与几种常用的金属屋面系统的优越性和适用性。2011年，萧俭广[172] 以广交会琶洲展馆金属屋面系统为例，介绍了主次檩条定位安装、屋面底板构造及安装、泛水件安装、屋面板系统构造安装、装饰板安装等施工技术。朱志远[173] 归纳了我国现行标准对金属屋面系统设计的不足和遗漏之处，强调了开展金属屋面系统抗风性能试验的迫切性和必要性。王彦刚等[174] 介绍了直立锁边金属屋面系统的特点，列举了直立锁边金属屋面系统的实际工程案例，指出了屋面系统的优越性和适用性。尚德智等[175] 总结了铝锰镁合金直立锁边屋面系统的构造、技术适用性、施工技术及质量控制。包福满[176] 以灾后重建工程江油车站站房工程为例，介绍了铝锰镁金属屋面板的施工方法。2012年，吴经德等[177] 分析总结了金属屋面出现渗漏的原因，提出屋面渗漏维修时应从优质防水材料、针对性方案设计和有序施工三方面开展。孙菁丽[178]从基本构造、防水原理和主要组件功能等方面阐述了直立锁边金属屋面系统的构造组成及其工作原理，归纳了金属屋面系统设计、施工时应注意的问题。邵昱群[179]针对厦门理工学院体育馆压型钢板屋面风灾事故，分析了该金属屋面破坏的部件及其原因，探讨了原设计过程中的薄弱环节和遗漏之处。2014 年，杨东等[180]介绍了太湖游客中心铝镁锰合金马鞍形屋面板的设计方案和屋面施工方法。2018 年，王凤起等[181]介绍了一种新型的直立锁边金属屋面扇形板加大肋施工技术。2020 年，文常娟等[182]总结了南充四馆一中心超大自由曲面屋盖系统系列安装技术，解决了自由曲面空间测量的问题。莫涛涛和张原[183]总结分析了港珠澳大桥珠海口岸旅检大楼直立锁边金属屋面和其他类似工程的风揭破坏事故。

2000 年，王建明等[184]建立了金属拱形波纹屋面弯曲后的平衡微分方程，得到极限承载力计算公式。2007 年，田玉基等[185]以国家体育馆屋盖结构为例，阐述了随机风振响应的振型叠加法和大跨度屋盖结构的风振系数，得到了风振系数的合理取值范围、平均风响应、随机风振响应和风振系数。2009 年，樊廷福等[186]针对北京大学体育馆直立锁边金属屋面系统，利用计算机技术制定了合理的施工方案。Mahaarachchi 和 Mahendran[187,188]结合试验和数值分析对金属屋面板抗风性能进行了研究，提出了两种板型的连接强度计算公式。Baskaran[189]基于现场实测紧固件的抗拔荷载，提出了计算屋面风荷载的方法。2019 年，崔忠乾[190]进行了直立锁边金属屋面的抗风揭试验和数值分析，提出了抗风揭承载力计算公式和跨中最大变形限制条件。宣颖和谢壮宁[191]从屋盖风荷载分布、金属屋面抗风承载力、风致疲劳性能和抗风设计方法总结了国内外大跨度金属屋面风荷载特性和抗风承载力，提出应进一步开展金属屋面抗风承载力与风致疲劳性能的理论和数值分析方法的研究。2020 年，许秋华等[192]通过分析系列抗风揭承载性能试验，给出了针对既有直立锁缝式金属屋面板的一般区域和加强区域的加固方法，提出了此类金属屋面板抗风揭承载力设计的优化建议。2021 年，梁云东等[193]通过计算发现，仅依据规范公式进行屋面抗风设计并不能完全保证金属屋面的抗风安全，须通过抗风揭试验来验算设计构造的可靠性。姚志东等[194]以深圳市民中心为例，提出了一种将风荷载数值模拟结果用于既有金属屋面抗风揭试验的对比验证方法，以实现对抗风性能的有效评估。

综上所述，金属屋面设计兼具了美观与实用的双重要求，但是目前，国内金属屋面的设计仍处在较为粗放的阶段，缺乏对金属屋面的深化设计与专业思考；蚌埠体育中心直立锁边金属屋面系统上再附着龙鳞板的建造形式尚属首次，缺乏相关试验和理论研究。

1.7 大跨度空间钢结构施工技术

目前现代大跨度空间钢结构的主要施工方法有高空散装法[195-197]、分条分块吊装法[198-200]、高空滑移法[201,202]、整体提升及整体顶升法[203,204]、整体吊装法[205]等。

1.7.1 高空散装法

高空散装法是将杆件和节点（或小拼单元）直接在高空设计位置拼成整体的方法。一般适用于非焊接连接（螺栓球节点或高强度螺栓连接）的各种类型网架屋盖结构，宜采用较少支架的悬挑施工方法。

高空散装法分为全支架法（即搭设满堂脚手架）和悬挑拼装法两种。全支架法可将一根杆件、一个节点的散件在支架上总拼或以一个网格为小拼单元在高空总拼。悬挑拼装法是为了节省支撑支架，将部分结构悬挑拼装。

高空散装法的优点是采用简易的起重运输设备，甚至不用起重设备即可完成拼装，可适应起重能力薄弱或运输困难的山区等地区；缺点为现场及高空作业量大，需要大量支架，精度难以控制，辅助材料多，费用较高。

上海新国际博览中心（图 1-19a）采用地面小拼、满堂脚手架支撑原位拼装的方案[195]。由于国内很多高层建筑的混凝土浇筑都采用满堂支撑形式，因此该方案技术成熟，安装难度小，适应性强，缺点是工作面大，施工成本高。国家体育场（图 1-19b）的钢结构施工采用了“高空散装”方法[196]，将整个“鸟巢”钢结构在原位高空散装就位，然后进行支撑卸载工作，完成钢结构的安装。采用 78 个支撑点的“高空散装”方案，解决了高空对接口错边问题，也不影响混凝土结构施土。此外，国家游泳中心“水立方”、常州体育馆和中央电视台总部大楼等均采用了高空散装法施工[197]。

(a) 上海新国际博览中心

(b) 国家体育场“鸟巢”

图 1-19 高空散装法工程实例

1.7.2 分条（块）吊装法

分条（块）吊装法是将结构分割成若干条状或块状单元，每个条（块）状单元在地面拼装后，再由起重机吊装到设计位置总拼成整体。

由于条（块）状单元是在地面拼装，因而高空作业量较高空散装法大为减少，拼装支架也减少很多，又能充分利用现有起重设备，较经济。这种安装方法适用于结构整体分割后结构的刚度和受力状况改变较小的钢结构屋盖，是目前采用较多的安装方法。

合肥滨湖国家会展中心登录大厅（图 1-20a）为大跨度异形钢管拱桁架空间结构[198,199]，是由 4 根倒四角锥形拱脚柱和 48 榀平面桁架幕墙柱、2 榀主拱桁架梁、11 榀纵向桁架梁、4 榀横向桁架梁以及环形桁架梁构成的异形空间结构。屋盖结构采用有胎支撑高空分段吊装安装和同步对称卸载法进行施工。杭州国际博览中心（图 1-20b）飘带网架结构是一个由彩带拱结构和刚架支承的大开洞自由曲面结构[200]，整个网架平面尺寸约为 243.9m×75m。在确保分条分块后的结构单元具有足够刚度并保证自身几何不变的前提下，根据起重能力将飘带网架分成 14 个分区，每个分区再分成若干个单元，最终分成 86 个吊装单元。

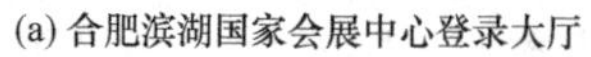

(a) 合肥滨湖国家会展中心登录大厅

(b) 杭州国际博览中心

图 1-20　分条（块）吊装法工程实例

1.7.3　高空滑移法

高空滑移法是将结构条状单元在建筑物上由一端滑移到另一端，就位后总拼成整体的方法。高空滑移法可分为下列两种：

（1）单条滑移法

单条滑移法是将条状单元依次从建筑一端滑移到另一端就位安装，各条单元之间分别在高空连接，即逐条滑移，逐条连成整体。

（2）逐条累积滑移法

逐条累积滑移法是先将条状单元滑移一段距离（能连接上第二条单元的宽度），连接上第二条单元后，两条单元一起再滑移一段距离（宽度同上），再接第三条，三条又一起滑移一段距离，如此循环操作直至接上最后一条单元为止。

高空滑移法的主要优点是结构的滑移可与其他土建工程交叉平行作业，从而缩短工期。端部构件拼装支架最好利用室外的建筑物或搭设在室外，以便空出室内更多的空间用于其他工程平行作业，条件不允许时才搭设在室内的一端。此外，高空滑移法设备简单，不需大型起重设备，成本低，特别在场地狭小或跨越其他结构、设备等起重机无法进入的情况下更为适用。

深圳机场扩建航站楼钢屋盖（图 1-21a）采用多钢管直接汇交点空间桁架结构[201]，屋盖尺寸为 135m×195m，由跨度 60m+48m、悬挑长度 18m 的 16 轴 135m 长曲线连续桁架组成，各轴桁架由 180 根斜钢管（柱帽杆）支承在 3 排 45 根钢筋混凝土柱上，斜支承钢管与置于上弦杆的大面积钢管檩条共同将桁架连接成一个空间整体结构。钢屋盖安装方法采用桁架分段制作吊装、高空分轴组装、分单元等标高滑移、逐单元累积就位的施工方法。哈尔滨国际会展中心（图 1-21b）主体结构采用 35 榀张弦桁架构成[202]，桁架间距 15m，张弦桁架屋盖平面尺寸为 510m×138m。根据钢屋架的结构尺寸、重量、索力和变形以及工期要求等因素，会展中心主屋盖采用“地面组装、多榀累积、整体滑移”的施工方法和“中间开花、分区安装、齐头并进”的施工原则。

1.7.4　整体提升及整体顶升法

整体提升法是将结构在地面就位拼装完成，再由起重设备垂直地将结构整体提升至设计标高。提升时可利用结构柱作为提升结构的临时支承结构，也可另设格构式提升架或钢

(a) 深圳机场扩建航站楼

(b) 哈尔滨国际会展体育中心

图 1-21　高空滑移法工程实例

管支柱。

提升法和顶升法具有高空作业量少、拼装精度高、施工安全性好等优点，可以将屋面板、防水层、天棚、采暖通风与电气设备等全部分项工程在最有利的高度处施工，大大节省施工费用；采用较小设备便可安装大型结构。提升法适用于周边支承点或支承网架；顶升法则适用于支点较少的点支承网架的安装。

我国从 20 世纪 90 年代开始自主研究和开发提升和顶升技术，先后成功应用于上海东方明珠广播电视塔桅杆超高空整体提升、北京西客站主站房 1800t 钢门楼整体提升、北京首都机场四机位机库、深圳市民中心钢结构大屋盖整体提升、广州新白云机场 10 号维修机库钢结构屋盖、国家数字图书馆（图 1-22a）[203] 钢屋架等一系列重大建设工程。六安体育场（图 1-22b）屋盖为大跨度异形曲面钢桁架结构[204]，屋盖结构南北向最大跨度 77.1m，东西向最大跨度 89.7 m；跨中桁高 3.5 m，最高位置标高 28.300m。结构形式新颖，对焊缝质量、杆件精度以及施工安全要求较高，采用了基于云平台实时监测的馆内设提升架整体提升的方案。

(a) 国家数字图书馆

(b) 六安体育场

图 1-22　整体提升及整体顶升法工程实例

1.7.5　整体吊装法

整体吊装法是将结构在地面总拼成整体后，用起重设备将其吊装至设计位置的方法。采用整体吊装法安装屋盖结构时，可以就地与柱错位总拼或在场外总拼，适用于焊接网架，且地面总拼易于保证焊接质量和几何尺寸的准确性；缺点是需要较大的起重能力。整体吊装法往往由若干台桅杆或自行式起重机（履带式、汽车式等）进行抬吊，再进行旋转或平移至设计位置，近年来，由于超大型吊装设备的引进，出现了利用超大型吊装设备进行直接吊装的安装方法。

秦山二期核电站的安全壳钢衬里是由底板、截锥体、筒身及穹顶组成的封闭性结构[205]，其中，穹顶钢衬里是安全壳钢衬里顶盖的内衬部分，呈半球壳状，其壁板厚度为6mm，下口直径37m，高11.05m；由球体半径为6m的下部球带和半径为24m的上部球冠两部分组成双曲率穹顶，内附有喷淋系统等装置。安全壳由82块弧瓣组成，现场拼装，穹顶上设计有13个吊点，由履带式吊车M4600S4/S3整体吊装，如图1-23(a) 所示。某加油站采用整体吊装法将屋顶网架吊装至设计位置，如图1-23(b) 所示。

(a) 秦山二期核电站

(b) 某加油站网架

图1-23　整体吊装法工程实例

1.7.6　其他

随着结构形式越来越复杂，跨度越来越大，通常的一些施工安装方法已经很难满足施工要求，因而一些新颖的施工技术应运而生。

（1）网壳结构外扩法：先在地面上将结构中间部分网壳进行拼装，提升到一定的高度之后再拼接四周一部分网壳，而后又将拼接好的网壳进行提升，如此反复直至网壳结构全部拼装完毕。适用于球面网壳结构。

（2）整体张拉法：利用多个张拉设备将索同步张拉至合理标高。适用于大型索膜结构。

（3）提升悬挑安装法：先拼装最高设计标高的结构，然后将此部分提升到设计位置，将与其相邻的下一设计标高的结构进行提升安装，如此重复提升相邻匹配的构件，直至全部安装完成。适用于小型的、结构形式不是很复杂的空间结构。

（4）折叠展开法：通过去掉部分杆件，使结构变成一个机构，然后拼装成可折叠体系，利用临时铰接点，把结构提升至设计位置，最后补缺未安装构件使结构成型。适用于柱面网壳结构。

（5）攀达穹顶法：类似于折叠展开法，适用于双曲率网壳，已成功应用于日本神户世界纪念堂、日本大阪浪速穹顶、西班牙巴塞罗那奥林匹克主场馆、新加坡国立体育馆等工程。

（6）混合安装法：根据结构的具体特点选择几种合适的方法来进行组合安装，使施工达到灵活、经济、安全的要求。庐江县体育馆（图 1-24）钢结构采用了整体吊装—高空散装混合安装法[206]，广州国际会展中心钢结构采用了机械分段吊装—滑移混合安装法[207]，上海浦东国际机场二期航站楼（图 1-25）采用了分段吊装—整体吊装—滑移提升混合安装法[208]。

图 1-24 庐江县体育馆
（整体吊装—高空散装混合安装法）

图 1-25 上海浦东国际机场二期航站楼
（分段吊装—整体吊装—滑移提升混合安装法）

1.8 本书主要研究内容

（1）进行蚌埠体育中心风洞试验，分析风洞试验下屋盖结构表面的风压系数分布规律，获悉结构在不同角度风荷载作用下的表面风压分布和风荷载大小，对蚌埠体育中心钢结构屋盖进行风致响应和等效静力风荷载计算。建立体育场的 CFD 模型，对体育场周围风场进行仿真模拟，给出数值模拟方法、湍流模型、湍流近壁面边界层的处理方法等；将数值计算结果与风洞试验结果进行对比分析，从流场分布直观地分析大悬挑部分预应力钢结构屋盖的周围风场分布。

（2）编写大气边界层风梯度程序，基于 AR 法模拟屋盖周围风速、风压时程曲线，计算不同高度处的风速时程曲线。采用 ANSYS 软件建立体育场大悬挑部分预应力钢结构屋盖力学模型，分析其动力特性；将模拟计算的风速、风压时程曲线施加在屋盖上进行风振响应分析。研究不同角度风荷载作用下大、小罩棚钢结构屋盖在设置多重调谐质量阻尼器（MTMD）后的动力响应，对比分析是否设置 MTMD 的结构动力响应，分析 MTMD 的理论减振率和减振效果。

（3）开展体育场大悬挑部分预应力钢结构屋盖的动力响应现场实测，从是否设置 MTMD 两个方面对大、小罩棚钢结构屋盖的风振响应进行分析，引入减振系数研究 MTMD 的实际减振率和减振效果。

（4）阐明蚌埠体育中心龙鳞金属屋面系统组成及构造，提出龙鳞金属屋面板的强度、稳定和变形设计方法；建立龙鳞金属屋面系统的精准分区、分块和定位方法，明晰龙鳞金属屋面系统的安装流程、施工方法及控制要点，为类似金属屋面系统工程的设计和施工提供参考。

（5）根据蚌埠体育中心龙鳞金属屋面工程，设计 5 个龙鳞金属屋面板试件，采用气囊法进行龙鳞金属屋面板抗风性能试验。通过试验观察结果，分析龙鳞金属屋面板的破坏模式、应力分布规律、极限承载力等，探明固定支座、锁夹类型与数量等不同参数对龙鳞金属屋面板的承载力和破坏形式的影响，提出相应加强措施。

（6）对体育场大悬挑部分预应力钢结构施工方法进行数值仿真分析。建立罩棚钢结构的整体模型，分析构件拼装、预应力张拉和逐步卸载的施工全过程。对关键杆件的应力状态和关键节点的变形情况进行现场监测，对比分析现场实测值与有限元理论计算值的吻合程度，评估施工方法的合理性。

（7）研究景观塔的“筒中筒”和体育馆的空间桁架结构体系施工新方法，分析景观塔下部筏板基础温度与裂缝控制、上部塔身内筒混凝土剪力墙液压爬模施工以及外筒钢结构框架整体液压提升和安装等施工新技术对结构受力性能的影响；评估体育馆大跨度主屋盖分段吊装以及临时支撑分级同步卸载等施工新技术的可靠性。

第2章 蚌埠体育中心钢结构屋盖风场模型

由于蚌埠体育中心的体育场、体育馆、多功能综合管和连廊钢结构屋盖造型复杂且刚度偏低，无法按照现行国家标准《建筑结构荷载规范》GB 50009[18] 对此结构的体型系数和风压系数等参数进行确定，因此需要进行风场环境模拟。为了更好地分析蚌埠体育中心钢结构屋盖受风场环境的影响规律，本章对蚌埠体育中心钢结构屋盖进行风洞试验和数值模拟研究，为蚌埠体育中心龙鳞金属屋面系统的设计和施工提供科学依据，也为龙鳞金属屋面抗风性能试验提供数据支持。

2.1 风洞模拟试验原理

在建筑结构风洞试验中，由于建筑结构本身体型较大，无法进行实物模拟，一般采用一定比例的几何缩尺模型进行模拟试验。相似准则和量纲分析是几何缩尺模型风洞模拟试验的理论基础。为了使风洞模拟试验数据可以转换到实际工程中，风洞试验需满足相似准则。风洞试验的相似准则一般包括几何相似、动力相似、来流条件相似等重要相似条件。

（1）几何相似

几何相似是指模型的几何形状、位置及表面粗糙度等。几何相似条件要求缩尺试验模型和建筑结构本身在几何外观上完全一致，位置及表面粗糙度也应与实际情况相同。此外，若建筑附近存在影响结构风场环境的大型建筑物，风洞试验时也应按实际情况进行模拟。

（2）动力相似

雷诺数（Reynolds Number）是比较重要的动力相似表征参数，雷诺数 R_e 表征了流体惯性力和黏性力的比值：

$$R_e=\frac{UL}{\nu} \tag{2-1}$$

式中：U——来流风速；

L——特征长度；

ν——空气的黏性系数。

由于模型缩尺比通常在 1/100 以下的量级，而风洞中的风速和自然风速接近，因此，在通常的风洞模拟试验中，模型 R_e 都要比实际 R_e 低 2～3 个数量级。R_e 的差别是试验中须考虑的重要问题。

（3）来流条件相似

建筑物处在大气边界层中，要真实再现风与结构物的相互作用，须在风洞中模拟出与自然界大气边界层特性相似的流动。对于刚性模型试验，来流条件相似主要是模拟出大气边界层的平均风速剖面和湍流度剖面。平均风速剖面通常用指数律和对数律来表示。指数律可以表示为：

$$U(z)=U_{g}(z/z_{g})^{\alpha} \tag{2-2}$$

式中：U_g——大气边界层梯度风速度；

z——结构高度；

z_g——大气边界层高度。

幂指数 α 和大气边界层高度 z_g 与地表环境有关。

现行国家标准《建筑结构荷载规范》GB 50009[18] 采用的是指数形式的风剖面表达式，并将地貌分为 A、B、C、D 四种类型（表 2-1），分别取风剖面指数为 0.12、0.15、0.22 和 0.30。

地貌类型 **表 2-1**

地貌	海面	空旷平坦地面	城市	大城市中心
幂指数 α	0.1～0.13	0.13～0.18	0.18～0.28	0.28～0.44
梯度风高度 H_T(m)	200～325	250～375	300～425	350～500

2.2 风洞试验

2.2.1 试验模型

根据风洞阻塞度要求，结合风洞试验段尺寸、转盘尺寸及原型尺寸等条件，蚌埠体育中心缩尺模型采用刚性模型，缩尺比例为 1∶250。缩尺模型根据设计单位提供的建筑图准确模拟了建筑结构的几何外形，以反映建筑外形对建筑表面风压分布的影响。蚌埠体育中心缩尺模型包括体育场、体育馆、多功能综合馆、连廊和景观塔，如图 2-1 所示。

图 2-1　风洞试验模型

2.2.2 试验方案

根据蚌埠体育中心的结构和体型，在缩尺模型表面共设置 1568 个风压力测点，测量建筑结构表面的风压分布，并对屋檐、悬挑段、弧形较大段等特殊区域内的测点进行了加密处理。风洞模拟试验在中国建筑科学研究院风洞实验室进行。

根据蚌埠体育中心的地形地貌及建筑周边的建筑环境，地面粗糙度按照现行国家标准《建筑结构荷载规范》GB 50009[18] 的规定，确定为B类地貌，50年重现期内的基本风压 $w_0=0.35\text{kN/m}^2$，风洞试验风速为16m/s。为了反映地貌类型对风洞试验的影响，试验采用尖劈和粗糙元被动模拟方法模拟了蚌埠体育中心所在地的地貌类型，风洞模拟的风功率谱密度如图2-2所示。图2-3为平均风剖面和紊流度剖面，与现行国家标准《建筑结构荷载规范》GB 50009[18] 规定的理论风剖面较吻合。

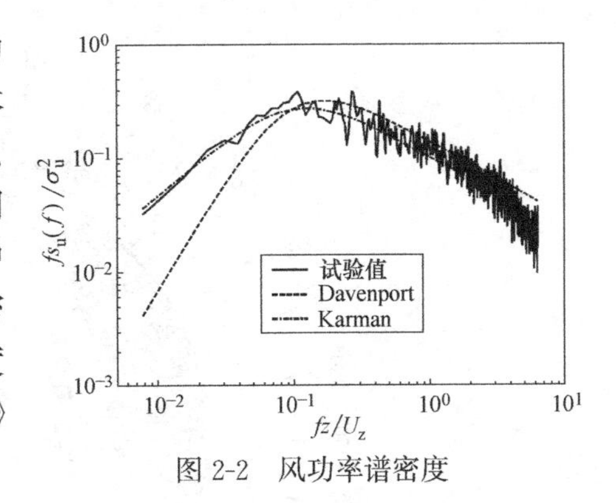

图2-2　风功率谱密度

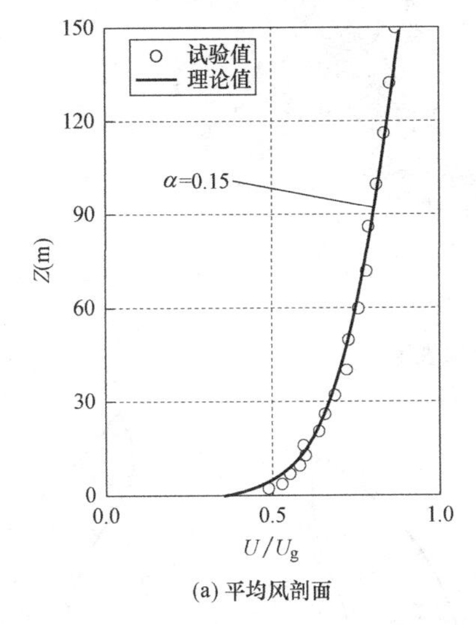

(a) 平均风剖面

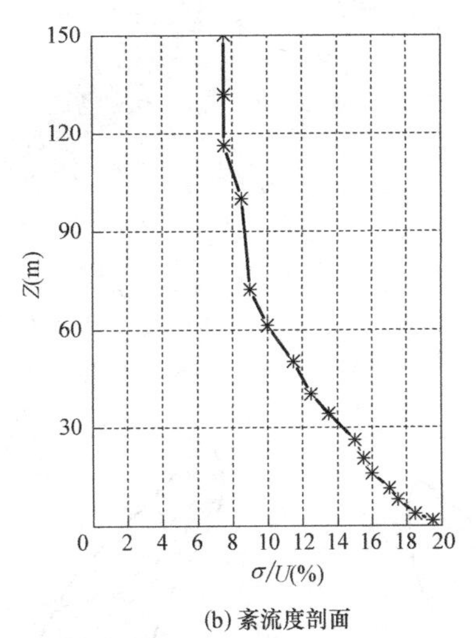

(b) 紊流度剖面

图2-3　平均风剖面和紊流度剖面

由于蚌埠体育中心的建筑特征和结构形式均表现出明显的不对称性，为了获得不同角度下结构表面的风压分布，对蚌埠体育中心模型开展了不同风向角下的试验。以体育场为例，从0°风向开始，每隔10°测量一次，获得了模型在36个风向角下的表面压力分布情况。风洞试验风向角的规定如图2-4所示，角度按照顺时针方向递增。

体育场钢结构屋盖共布置了576个测点，其中上表面布置288个测点，下表面布置288个测点，各测点的布置如图2-5所示。测点编号从大罩棚钢结构屋盖的龙头开始，按照逆时针方向进行编号。

2.2.3　试验结果与分析

1. 评价指标

（1）平均风压系数和脉动风压系数

根据风荷载的特性，可以将结构表面每一点的风压力看作随时间变化的变量[209]。某一点的瞬时风压力可以看作平均风压力与脉动风压力的组合：

$$P(x,t)=\overline{P}(x)+P'(x,t) \tag{2-3}$$

式中：x——模型中某测点的编号；

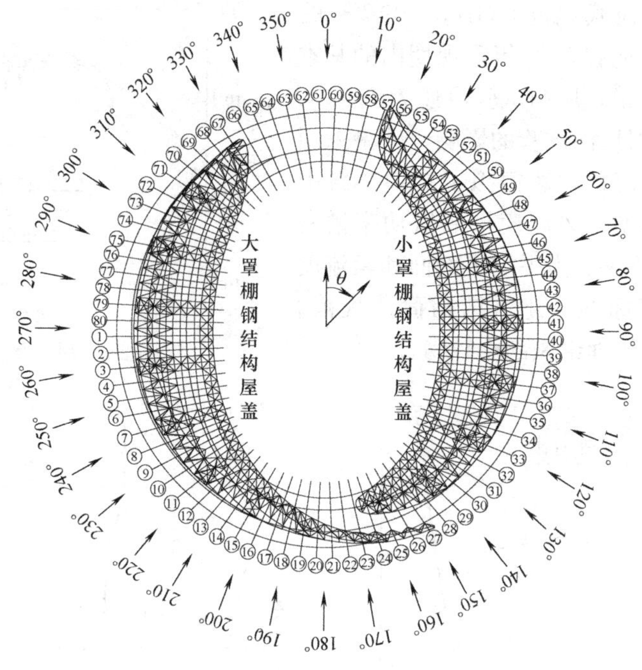

图 2-4　风向角规定

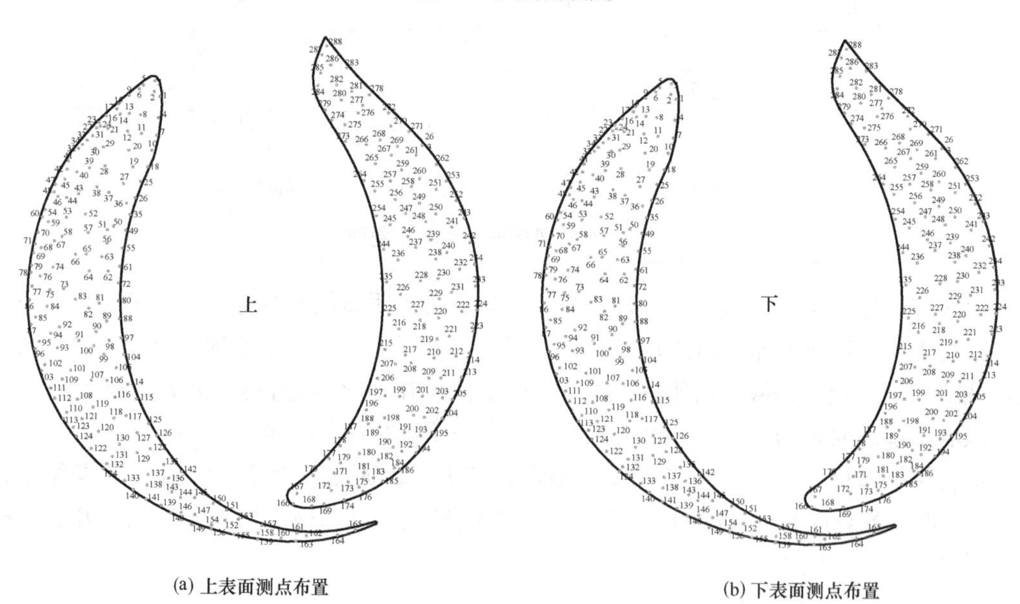

(a) 上表面测点布置

(b) 下表面测点布置

图 2-5　测点位置及布置

$\overline{P}(x)$——某段时间 t 内，风压力 $P(x,t)$ 的平均值；

$P'(x,t)$——脉动风压力，均方根值 $\sigma_{\mathrm{p}}=\left[\lim\limits_{T\to\infty}\dfrac{1}{T}\int_{0}^{T}\left(P'(x,t)\right)^{2}\right]^{0.5}$。

在风洞实验室中选取一个远离模型且高度为 2.2m 的测点作为风压参考点，以此参考点的来流风压作为基准，将结构表面测点的压力无量纲化。对试验得到的压力系数转化为标准压力系数，便于和现行国家标准进行对比且后期使用。

平均风压系数 $C_p(x)$ 的定义和脉动风压系数 $C'_p(x)$ 的定义如下：

$$C_p(x)=\frac{\overline{P}(x)-P_\infty}{P_0-P_\infty}=\frac{\overline{P}(x)-P_\infty}{0.5\rho_\infty V_\infty^2} \tag{2-4}$$

$$C'_p(x)=\frac{\sigma_p(x)}{0.5\rho_\infty V_\infty^2} \tag{2-5}$$

式中：P_0——参考点的来流风压；

P_∞——远处来流静压；

ρ_∞——远处来流的空气密度；

V_∞——远处来流风速。

（2）极值风压系数

由于脉动风压的存在，结构表面风压在某一瞬时可能会出现较大变化。为了有效描述结构表面风压，可以用极值风压系数来分析[210]：

$$P_{\text{ext-max(min)}}(x)=\overline{P}(x)\pm g\cdot\sigma_p \tag{2-6}$$

式中：g——峰值因子，取 3.5。

峰值因子 g 取 3.5，可有效保证瞬时压力在 99.9%概率水平上低于式（2-6）计算的极值压力。极值压力系数 $C_{\text{ext-max(min)}}(x)$ 定义为结构表面测点的极值压力与 B 类地形实际高度 10m 处来流动压的比值：

$$C_{\text{ext-max(min)}}(x)=\frac{P_{\text{ext-max(min)}}(x)}{0.5\rho V^2} \tag{2-7}$$

（3）风荷载标准值

现行国家标准《建筑结构荷载规范》GB 50009[18] 规定计算主要承重结构时，风荷载标准值应按下式计算：

$$w_k=\beta_z u_s u_z w_0 \tag{2-8}$$

式中：w_k——风荷载标准值；

β_z——高度 z 处的风振系数；

μ_s——风荷载体型系数；

μ_z——风压高度变化系数；

w_0——基本风压。

计算围护结构风荷载时，式（2-8）的其他部分不变，只是风振系数用阵风系数代替，而风荷载体型系数变为局部风压体型系数。设计时采用的基本风压根据现行国家标准《建筑结构荷载规范》GB 50009[18] 取值。

本试验的平均压力系数等于风荷载体型系数与风压高度变化系数的乘积，按下式计算风荷载标准值：

$$w_k=\beta_z C_p w_0 \tag{2-9}$$

对建筑物表面的重现期平均和极值风压分别按下式计算：

平均风压　$$p_{\text{mean}}=C_p w_0 \tag{2-10}$$

极值风压　$$p_{\text{ext-max(min)}}=C_{\text{pext-max(min)}} w_0 \tag{2-11}$$

围护结构设计时，若仅考虑脉动风造成的瞬时压力增大，而不考虑结构风振的影响，在极值风压基础上叠加一定的内部压力值后可认为该值等于风荷载标准值。为方便设计人员使用，风洞试验给出的重现期极值压力已经根据规范要求包含了封闭结构内压值的影响。

2. 50 年重现期极值风压系数

根据风洞试验得到了蚌埠体育中心模型在 36 个风向角下的表面压力分布情况。由式（2-11）可计算得到建筑结构表面各个区域的极值风压。极值风压是考虑了风压脉动之后的风荷载值，相当于规范中用于围护结构设计的风荷载标准值。对每个测点，可以获得所有风向下该点的最大和最小风压极值。对于附属面积大于 $1m^2$ 的区域，须根据规范考虑面积折减系数。

图 2-6～图 2-9 给出了蚌埠体育中心的体育场、体育馆、多功能综合管和连廊的 50 年

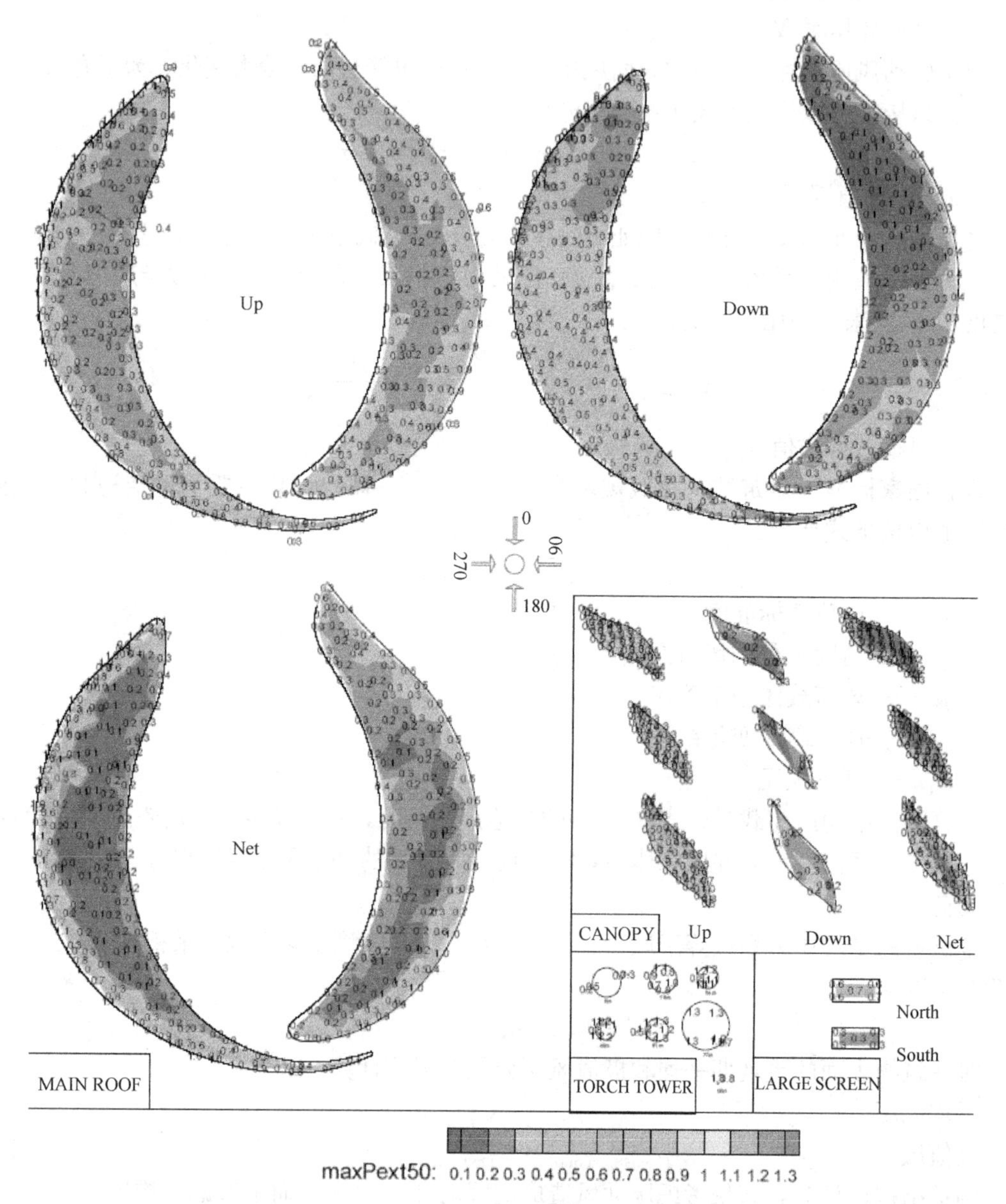

图 2-6　体育场 50 年重现期最大极值风压

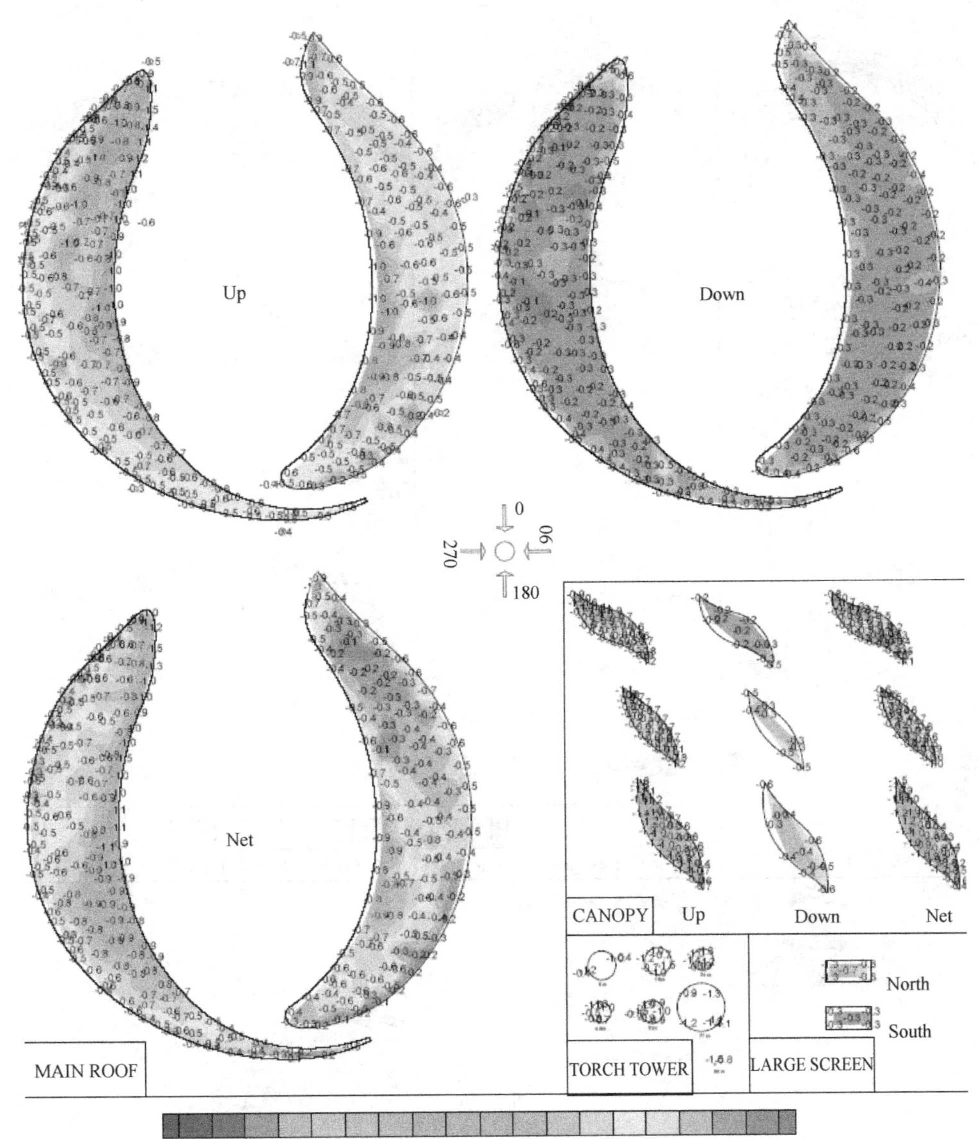

图 2-7　体育场 50 年重现期最小极值风压

重现期最大和最小极值风压分布。压力正方向定义为垂直测量表面向内的方向：对于外表面测点，正值表示受到向内的压力，负值表示受到向外的吸力。对于屋面，为表达方便，给出的是屋面展开图，各区域展开线位于端部圆弧位置。图中“Up”和“Down”分别表示屋面上端表面和下端表面；对于立面、雨篷和装饰物，给出的是各个立面图；“Net”表示上表面测点减去下表面测点的净值（风压系数/极值风压）。所有数据结果均为双面测压合压力值。

风洞试验结果表明：

（1）体育场表面极值风压值的变化范围为－1.5～1.3kPa，极值负压较大。体育场的外围边缘受正压的影响较大，屋盖中部及悬挑端受负压的影响较大。出现较大正压的区域

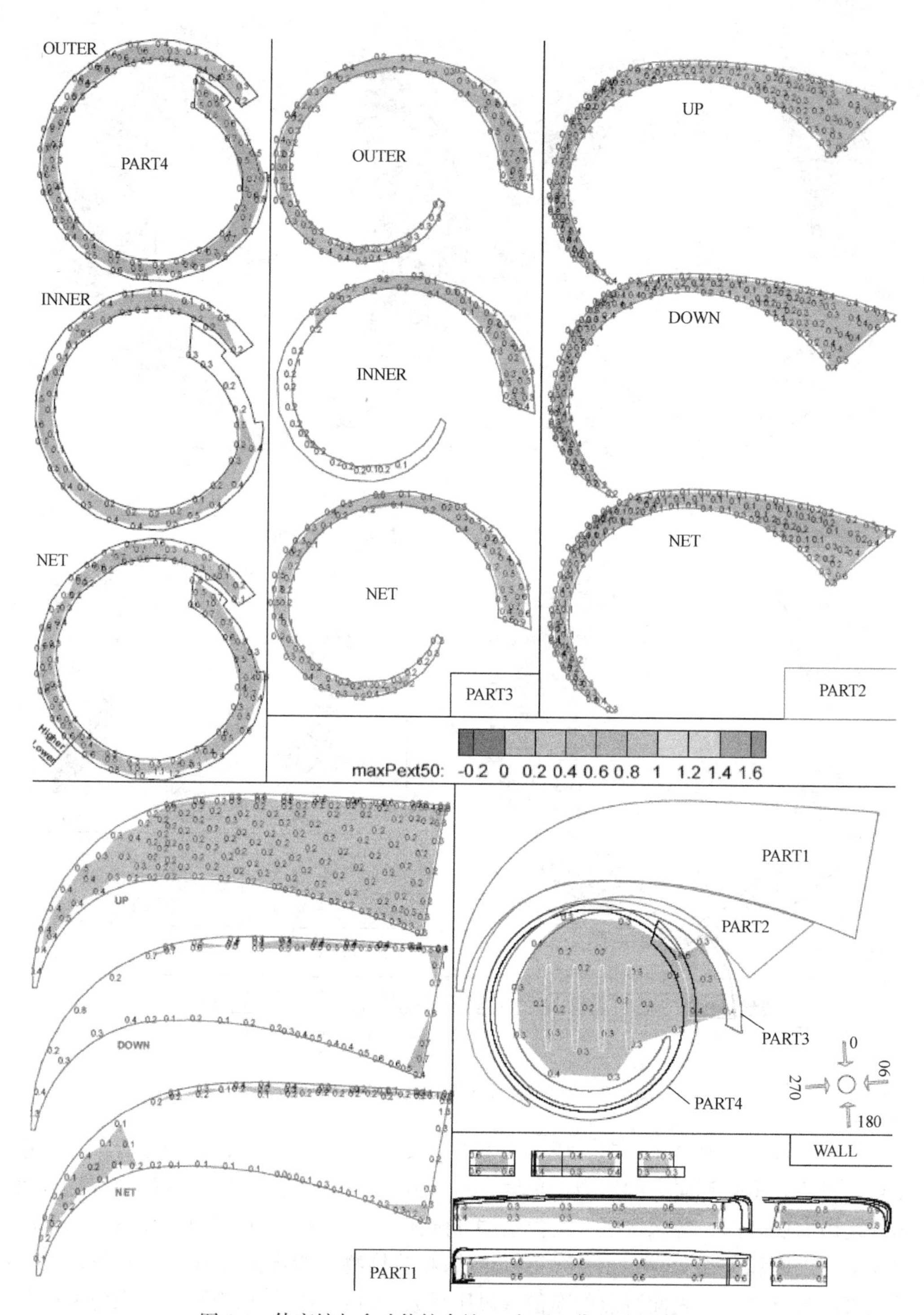

图 2-8 体育馆与多功能综合馆 50 年重现期最大极值风压

为体育场大罩棚钢结构屋盖的“龙头”位置，出现较大负压的区域为体育场大罩棚钢结构屋盖的中部位置。

（2）体育馆与多功能综合馆表面极值风压值的变化范围为－1.7～1.6kPa，极值负压

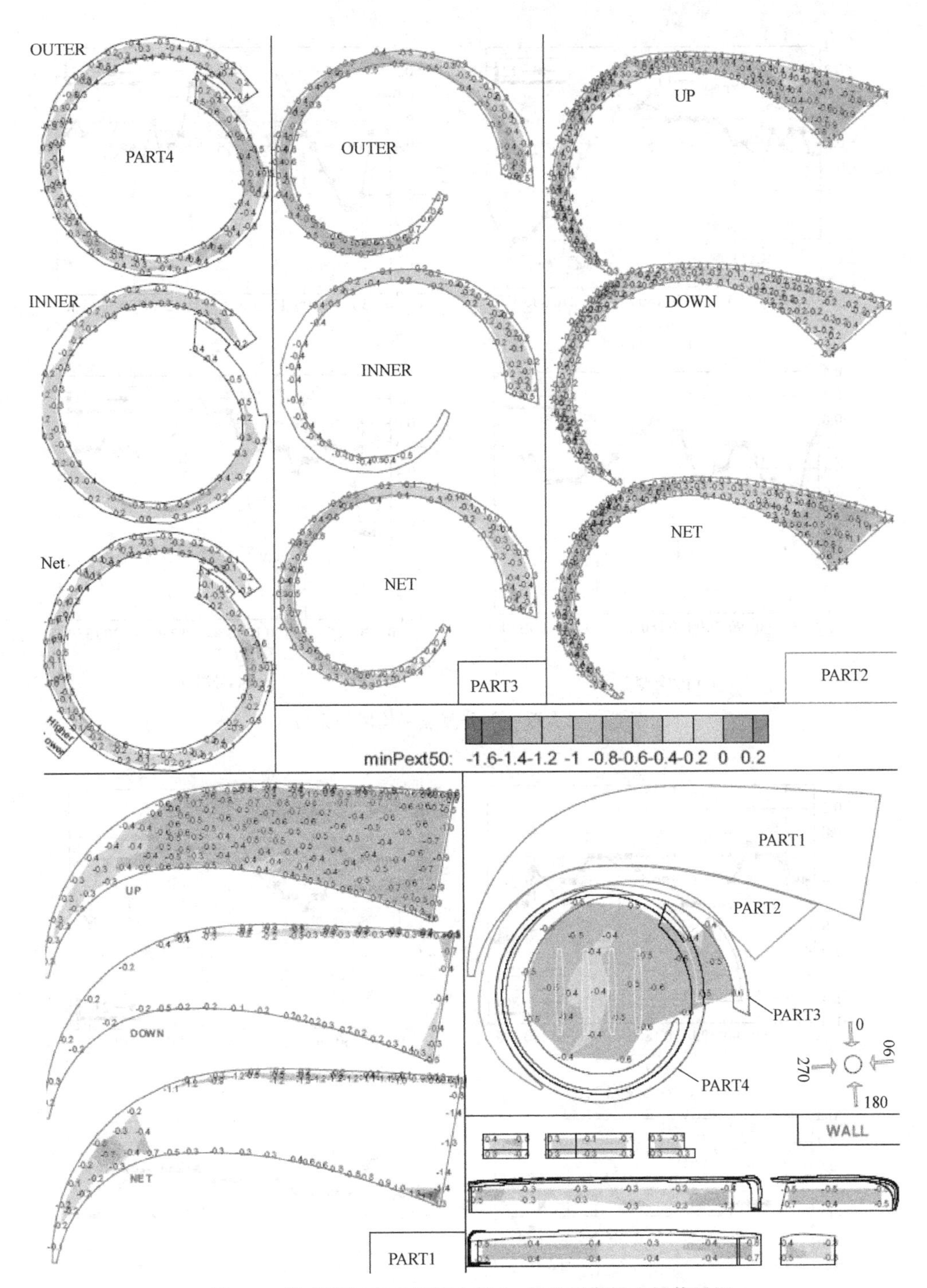

图 2-9　体育馆与多功能综合馆 50 年重现期最小极值风压

较大。负压较大区域位于体育馆 PART1 和 PART2 的东南侧悬挑处。

3. 平均压力系数

图 2-10 和图 2-11 分别给出了体育场大、小罩棚钢结构屋盖部分测点（测点编号分别为 12、65、107、144、180、217、237 和 268）在不同角度风荷载作用下的平均风压系数。

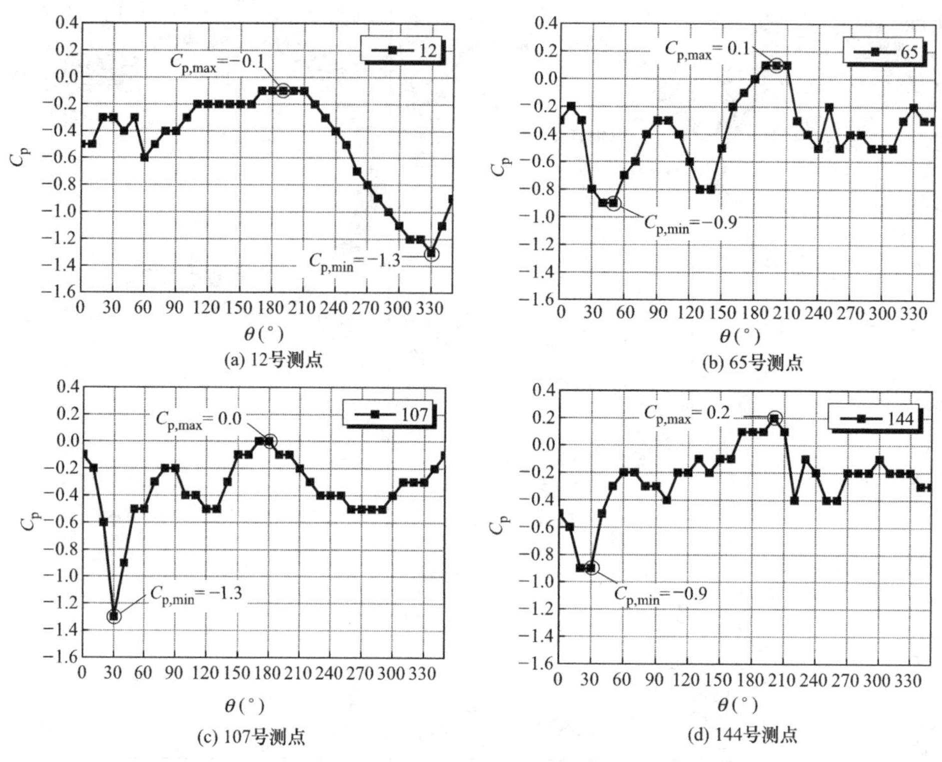

图 2-10　大罩棚部分测点平均风压系数

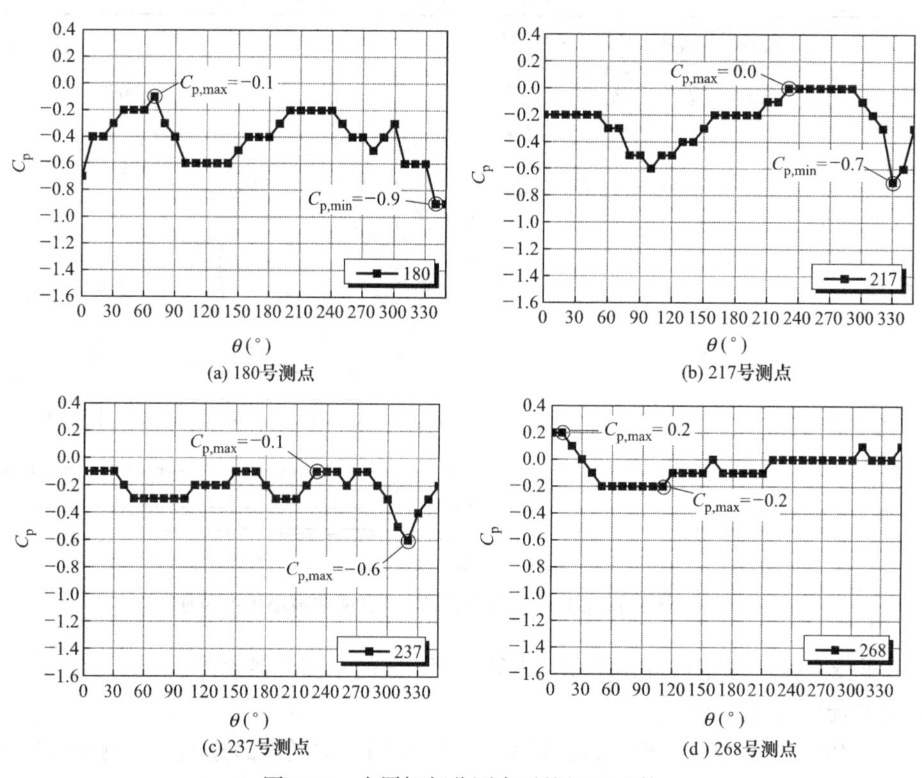

图 2-11　小罩棚部分测点平均风压系数

0°～330°之间 12 个典型工况的平均风压系数分布云图如图 2-12 所示。分析结果表明：

(1) 体育场大悬挑部分预应力钢结构屋盖在不同角度风荷载作用下的平均风压系数不同，受角度影响较大。主要原因是体育场造型复杂且不对称，各迎风面对风的阻挡作用不同。

(2) 体育场大悬挑部分预应力钢结构屋盖主要受负压作用，但在部分工况下，体育场外侧边缘处受较大的正压作用。主要原因是风荷载在沿屋面向上爬升过程中发生了吸附和

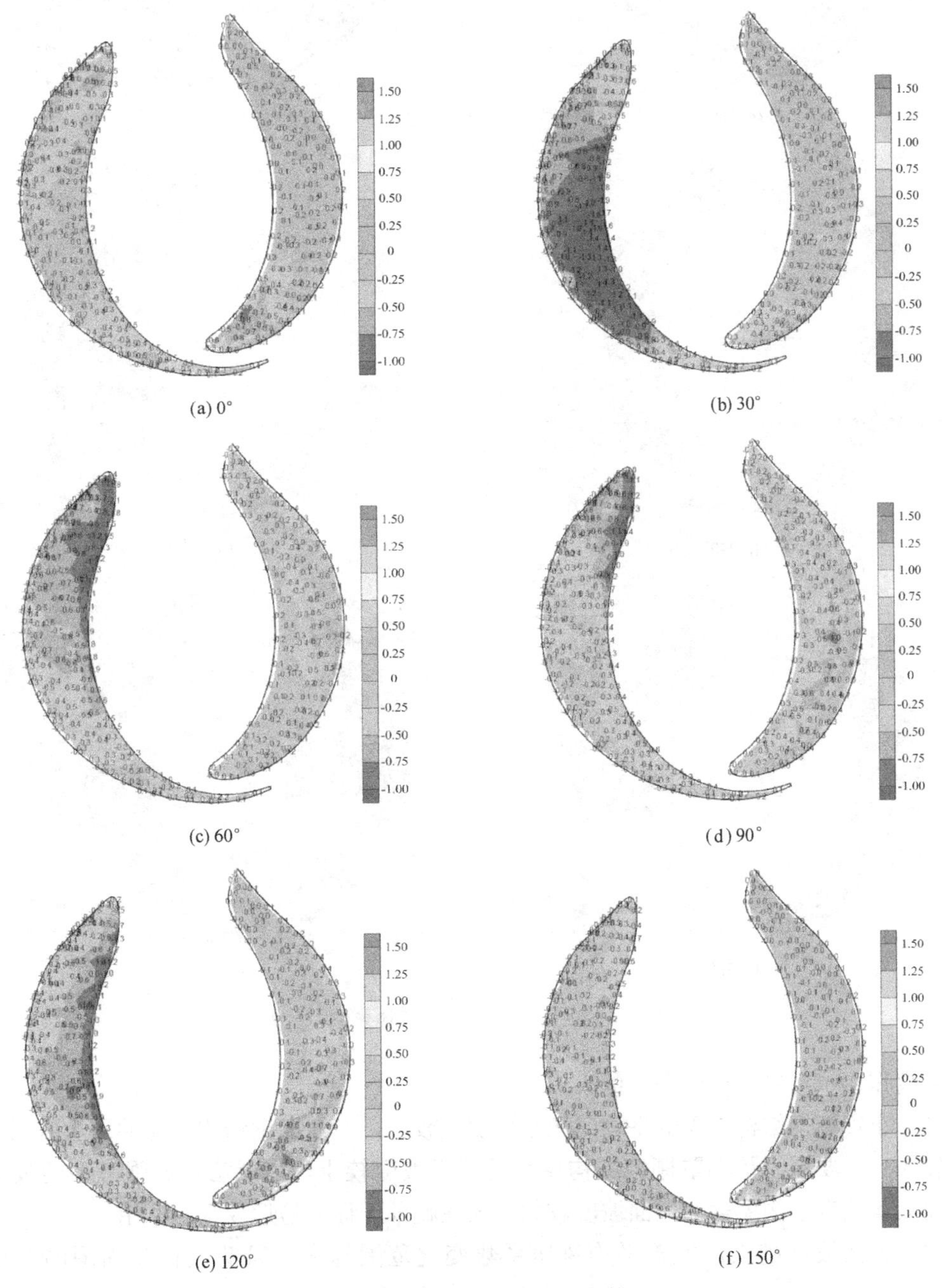

(a) 0°　(b) 30°　(c) 60°　(d) 90°　(e) 120°　(f) 150°

图 2-12　风洞试验屋盖的净风压系数（一）

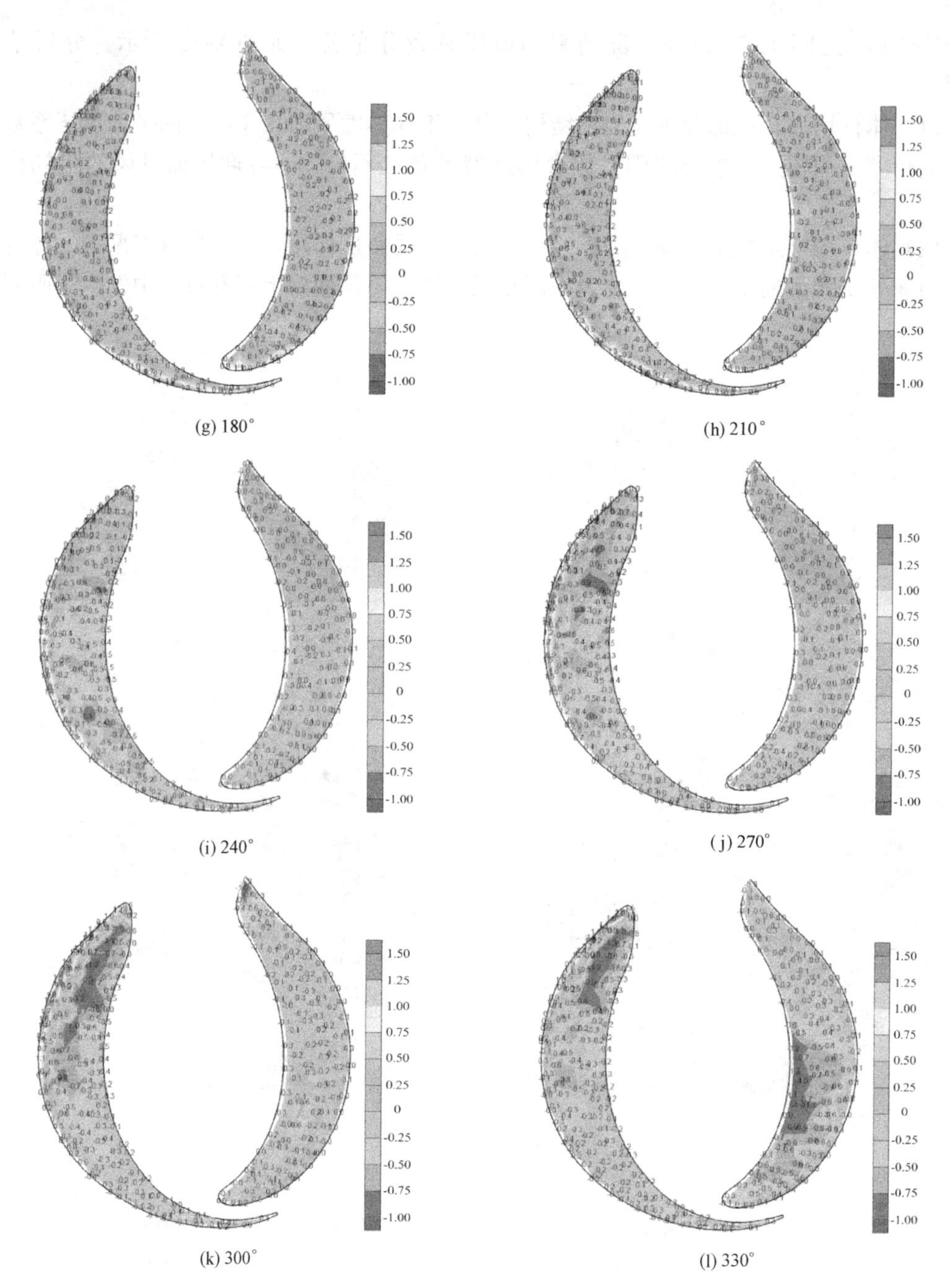

(g) 180°　(h) 210°　(i) 240°　(j) 270°　(k) 300°　(l) 330°

图 2-12　风洞试验屋盖的净风压系数（二）

流动分离作用，对屋盖产生向上的吸力作用。

（3）小罩棚钢结构屋盖的平均风压系数变化较小，大罩棚钢结构屋盖的平均风压系数变化较大。主要原因是小罩棚钢结构屋盖的屋面坡度较小，风无法形成强有力的吸附作用，而大罩棚钢结构屋盖的屋面坡度较大，风在爬升过程中易形成吸附作用。

（4）屋面坡度越大，屋盖平均风压系数变化范围越大，风荷载在其周围的变化越复杂。

2.3　风振响应和等效静力风荷载计算

蚌埠体育中心钢结构屋盖整体造型复杂，不同区域不均匀风场突出且极值较大，对结构会产生较大作用，风荷载是屋盖结构设计的控制荷载之一。此外，由于空气动力作用的不规律性和突发性，易使结构产生共振。因此，要对蚌埠体育中心钢结构屋盖进行风致响应和等效静力风荷载计算。

2.3.1　等效静力风荷载计算

本章采用风振系数法来确定等效静力风荷载。定义峰值响应与平均响应之比为风振系数，以此来表征结构对脉动风荷载的放大作用。作用在结构上以某个响应等效的等效静力风荷载按下式计算：

$$\omega_i(x,y,z)=\beta(x,y,z)u_{si}u_{zi}w_{0R} \tag{2-12}$$

式中：$u_{si}u_{zi}w_{0R}$——平均风荷载；

$\beta(x,y,z)$——风振系数，由下式确定：

$$\beta(x,y,z)=\frac{\widehat{R}_{peak}(x,y,z)}{\overline{R}(z,y,z)} \tag{2-13}$$

式中：$\overline{R}$——平均响应；

$\widehat{R}_{peak}$——峰值响应，由下式确定：

$$\widehat{R}_{peak}=\overline{R}\pm g\sigma_R \tag{2-14}$$

式中：g——峰值因子；

σ_R——计算得到的风振响应均方根。

式中的“±”是为了使$\widehat{R}_{peak}$取得极值。

2.3.2　风振计算参数及计算工况

根据现行国家标准《建筑结构荷载规范》GB 50009[18] 和蚌埠体育中心设计资料，蚌埠体育中心结构风振计算参数取值见表2-2。

计算参数取值　　　　**表2-2**

参数名称	地貌类型	基本风压	阻尼比	峰值因子
参数取值	B	0.4kPa(100年重现期)	0.02	2.5

利用MIDAS软件[211] 建立了蚌埠体育中心的有限元模型，对其建筑结构进行模态分析，提取计算风振响应所需的结构动力特性，并通过公式计算得到了结构的风振响应。

2.3.3　计算结果

根据风洞试验提供的建筑结构表面风压分布和风荷载，对36个风向角的风振响应进行了计算。根据随机过程的风振响应分析，蚌埠体育中心的风振响应分布规律如下：

（1）体育场风振响应较不利的区域主要集中于大罩棚和小罩棚悬挑边缘，以向上变形为主，最不利风向集中在40°附近（图2-13），最大位移为0.06m。

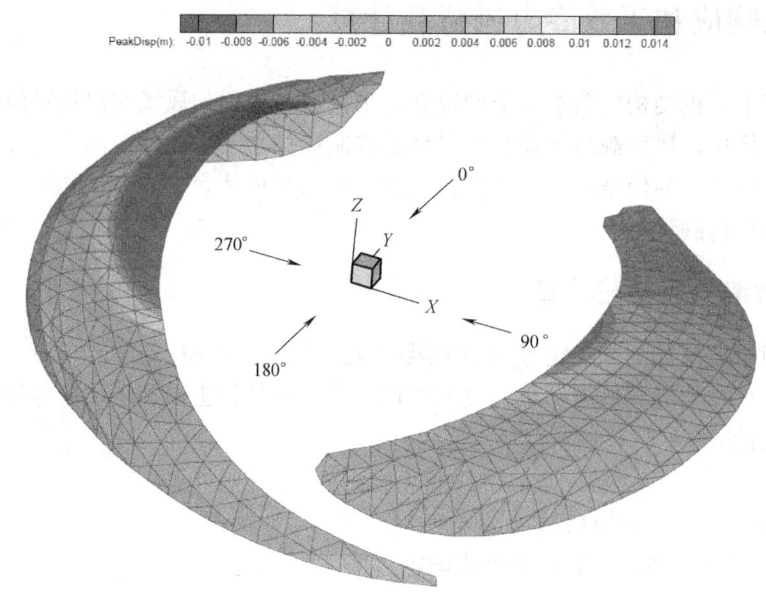

图2-13　体育场最不利风振响应变形云图（40°风向角）

（2）与体育场相比，体育馆的位移较小，最大位移为0.008m，出现在150°风向，出现位置为体育馆北侧平台。

（3）多功能综合馆的位移变形相对最小，最大位移为0.0032m，出现在350°风向，出现位置为多功能综合馆西侧屋盖。

为了提供便于设计人员使用的等效静力风荷载，对不同风向角下结构的风振响应进行分析，根据式（2-14）计算得到各风向角下结构的峰值响应。根据峰值响应的结果，通过式（2-13）计算得到风振系数，并代入式（2-12），可得到用于整体结构设计的等效静力风荷载。图2-14～图2-17分别给出了体育场、体育馆与多功能综合馆各风向角100年重现期屋面等效静力风荷载包络图。

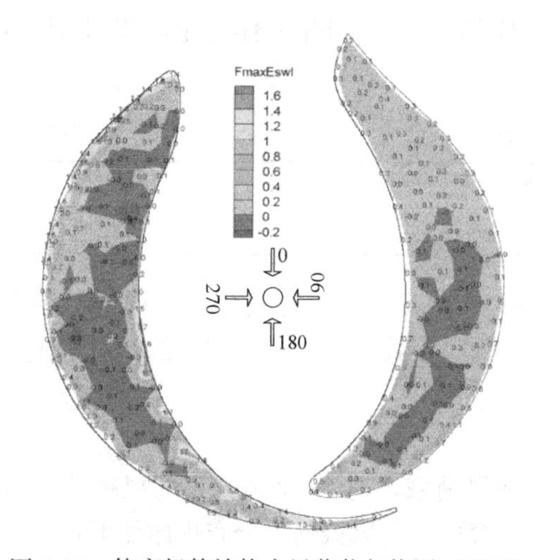

图2-14　体育场等效静力风荷载包络图（正压）

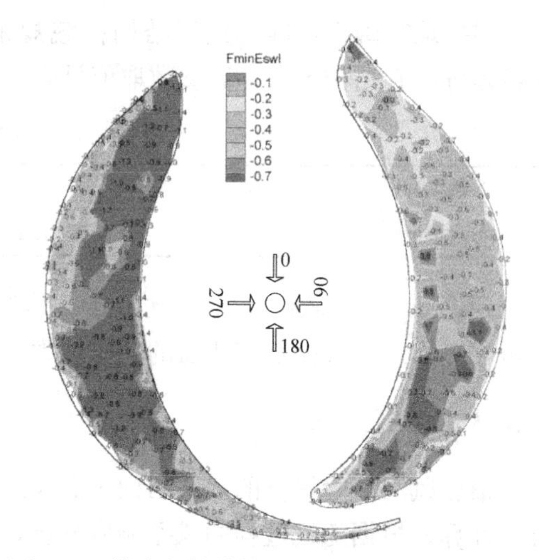

图2-15　体育场等效静力风荷载包络图（负压）

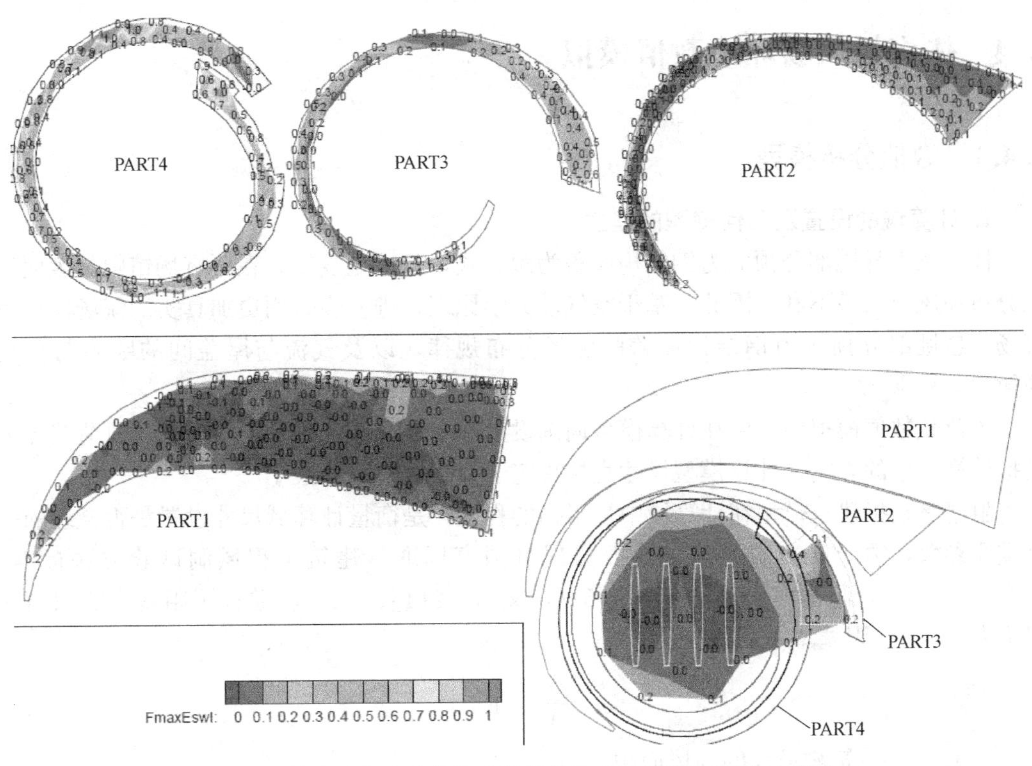

图 2-16 体育馆与多功能综合馆等效静力风荷载包络图（正压）

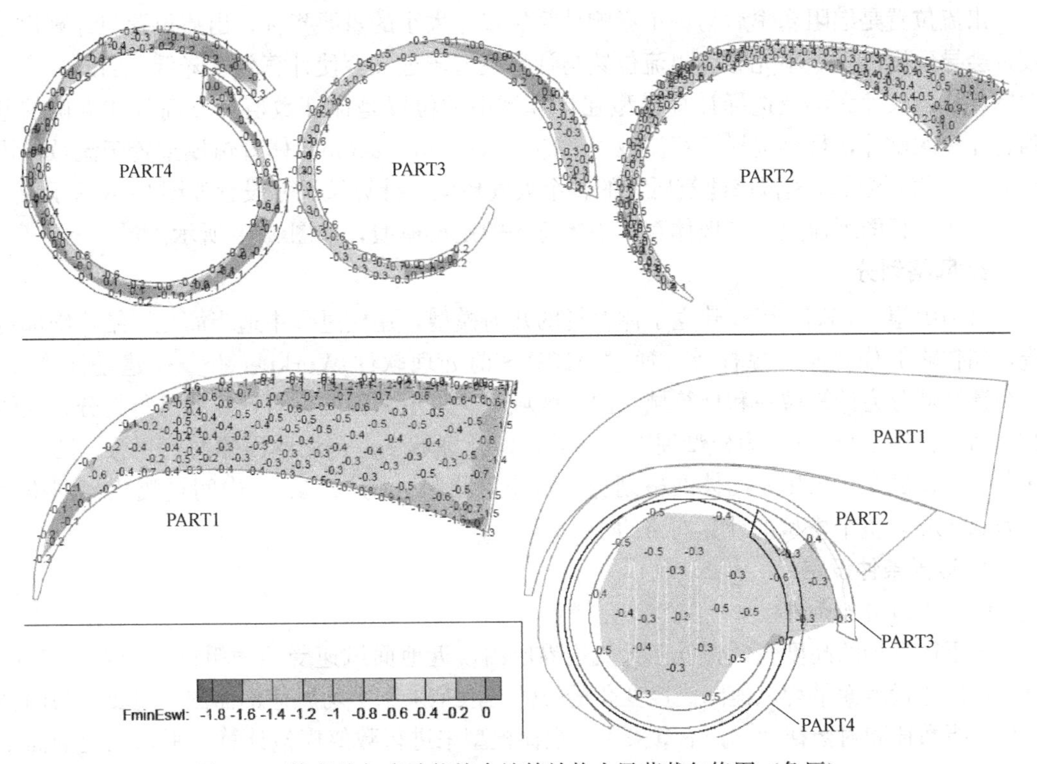

图 2-17 体育馆与多功能综合馆等效静力风荷载包络图（负压）

2.4 体育场风场环境数值模拟

2.4.1 数值分析模型

1. 计算域的设置及几何模型的建立

体育场大悬挑部分预应力钢结构屋盖为敞开式，且造型复杂，在所有场馆中其表面风压分布和风荷载最不利。因此，基于空气动力学原理，进一步采用更加真实的流场模拟体育场大悬挑部分预应力钢结构屋盖的流场分布规律，以及气流与屋盖间的吸附与分离规律。

风荷载数值模拟中，要在计算模型周围设置一个计算域，尽可能降低其对风荷载数值模拟计算结果的影响，计算模型尺寸直接决定了计算域的尺寸大小[212]。

阻塞率是指建筑模型在计算域中被阻挡的程度，是衡量计算域尺寸设置是否合理的一个重要参数，须严格控制其取值。根据现行国家标准《建筑工程风洞试验方法标准》JGJ/T 338[213]，阻塞率一般不宜大于 5%，文献［214］、［215］验证了阻塞率的取值一般不大于 3%。阻塞率 ω 的定义为：

$$\omega=\frac{A_0}{A_1}\times 100\% \tag{2-15}$$

式中：A_0——建筑物最大的迎风面积；

A_1——计算域界面的面积。

出流位置是继阻塞率后另一个影响计算域尺寸大小的重要指标，出流位置与计算模型较近会导致尾流发展不充分，出流位置与计算模型较远又会使计算效率降低。因此，合理控制计算域尺寸大小及选择计算模型在计算域中的位置是保证数值计算高效和准确的基础。经多次试算，最终选择计算流域为 2250m×900m×240m，体育馆模型置于流域前沿 1/3 处，该区域可以模拟该建筑所处的整个大气环境。计算域尺寸设置如图 2-18 所示。

按照工程图纸建立了蚌埠体育中心体育场的足尺模型，如图 2-19 所示。

2. 网格划分

采用中望 3D 软件[216] 建立了体育场的几何模型，建模过程中适当简化了结构细部构造，如省略部分斜向支撑杆等。通过 ANSYS 前处理软件 Workbench[217] 建立计算域，整个计算域分为计算域一和计算域二两个区域，并采用两种网格对计算域进行划分，如图 2-20 所示。图 2-20（a）为模型周围的区域，即计算域一，采用四面体网格划分；图 2-20（b）为计算域二，采用六面体网格划分。最小网格尺寸为 0.03m，中间过渡边界网格尺寸为 0.25m，整个模型的计算网格约 1546 万个。

3. 边界条件设定

（1）入口边界条件

由于体育场的高度较低，处于大气边界层内，近地面风速受地表粗糙度的影响较大。目前，描述近地面平均风速随高度变化的方法一般是采用平均风速剖面图，主要分为两种模型：指数律和对数律[218]。本章采用指数律模型来进行数值模拟计算，平均风速剖面定义如下：

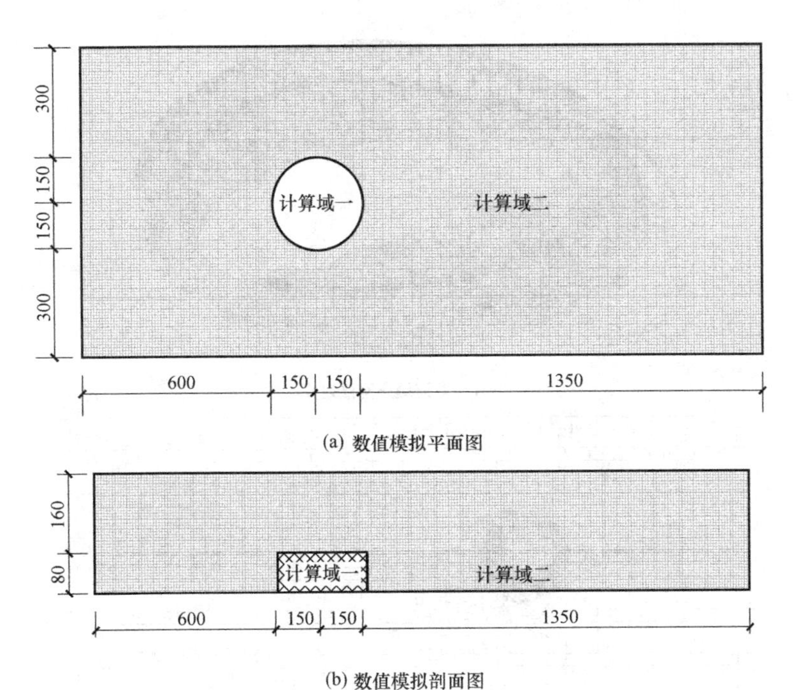

图 2-18　计算域尺寸设置（单位：m）

$$U(z)=U_{10}\left(\frac{Z}{10}\right)^{\alpha} \tag{2-16}$$

式中：U_{10}——10m 高度处来流风速；

Z——计算域界面的面积；

α——地面粗糙度系数，B 类地貌 $\alpha=0.16$。

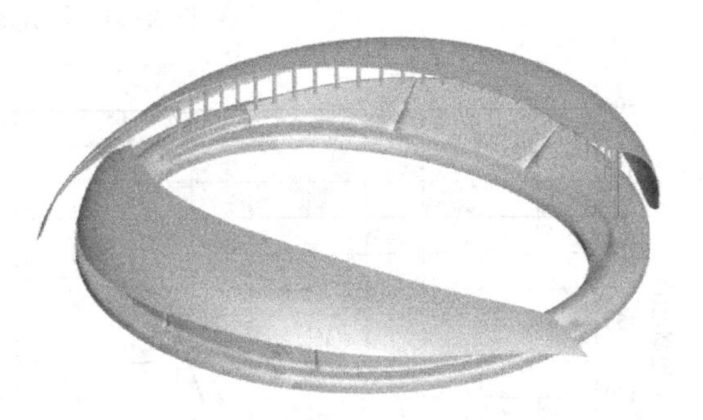

图 2-19　数值模拟计算几何模型

根据现行国家标准《建筑结构荷载规范》GB 50009[18] 可以得到蚌埠市的基本风压 $\omega_0=0.35\text{kPa}$，故 10m 高度处的来流风速 $U_{10}=\sqrt{1600\times0.35}=23.66\text{m/s}$，来流的平均风速剖面图如图 2-21 所示。

入口处的湍流强度 $I(z)$ 一般是利用湍流黏性或湍动能 $k(z)$ 与湍流耗散率 $\varepsilon(z)$ 来描述[212]，湍动能 $k(z)$ 和湍流耗散率 $\varepsilon(z)$ 的参数按下式定义：

$$\begin{cases} I(z)=0.15(Z/H)^{-0.05-\alpha} \\ k(z)=1.5[I(z)\times\overline{U}(z)]^2 \\ \varepsilon(z)=C_{\mu}^{3/4}k(z)/L_{u} \\ L_{u}=100\times(Z/30)^{0.5} \end{cases} \tag{2-17}$$

式中：C_{μ}——取 0.09；

L_{u}——湍流积分尺度。

(2) 壁面条件

计算域上表面、左侧面和右侧面的壁面条件均设置为自由滑移壁面，计算域下表面设

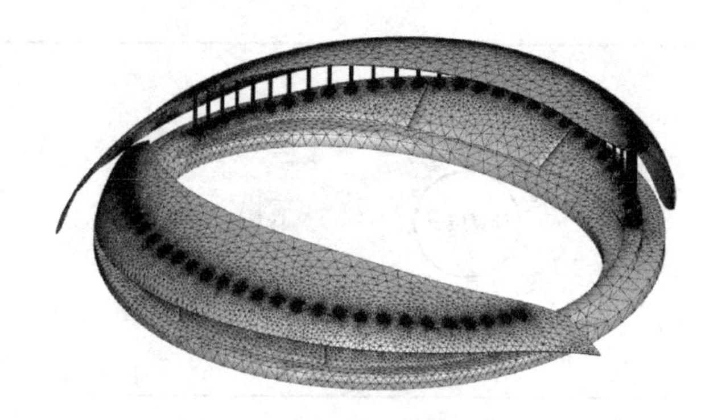

(a) 计算流域一网格划分

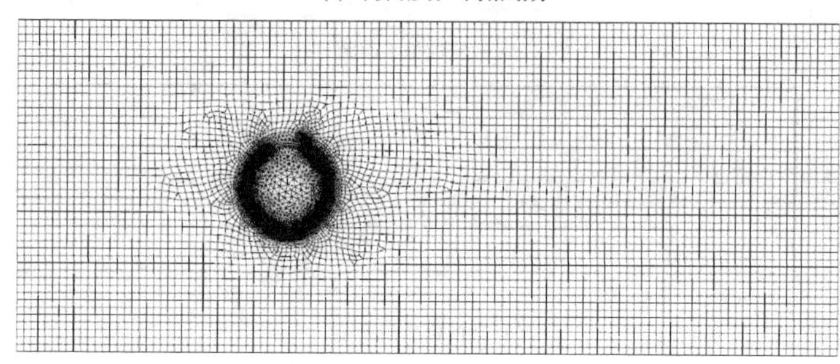

(b) 计算流域二网格划分

图 2-20　计算域网格划分

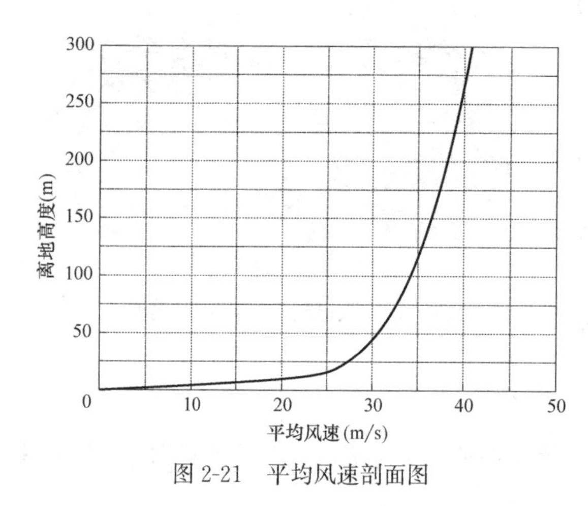

图 2-21　平均风速剖面图

置为无滑移壁面，体育场建筑表面设置为无滑移壁面。

（3）出口边界条件

采用完全出流发展的边界条件，满足$\frac{\partial\psi}{\partial n}=0$，即流场的任意物理量 ψ 沿出口的法向梯度均为 0，参考压强为 0。

4. 收敛准则和求解参数

在数值计算过程中若发现建筑物表面的风压系数变化不明显，且监测的迭代残余量小于设定值的 10^{-4} 时，即认定计算流场进入了稳态，结果收敛，计算结束。

2.4.2　计算结果与分析

选取典型的 0°、90°、180°和 270°工况进行风荷载模拟计算，体育场大悬挑部分预应力钢结构屋盖的风压分布云图如图 2-22 所示，图 2-23 给出了体育场的流场分布。

由图 2-22 和图 2-23 可知：

（1）0°风向角下，体育场大罩棚钢结构屋盖的迎风面处出现较小正压区域，屋盖中上游区域受负压作用，屋盖中游区域负压作用呈减小趋势，随后屋盖下游区域出现了增大趋

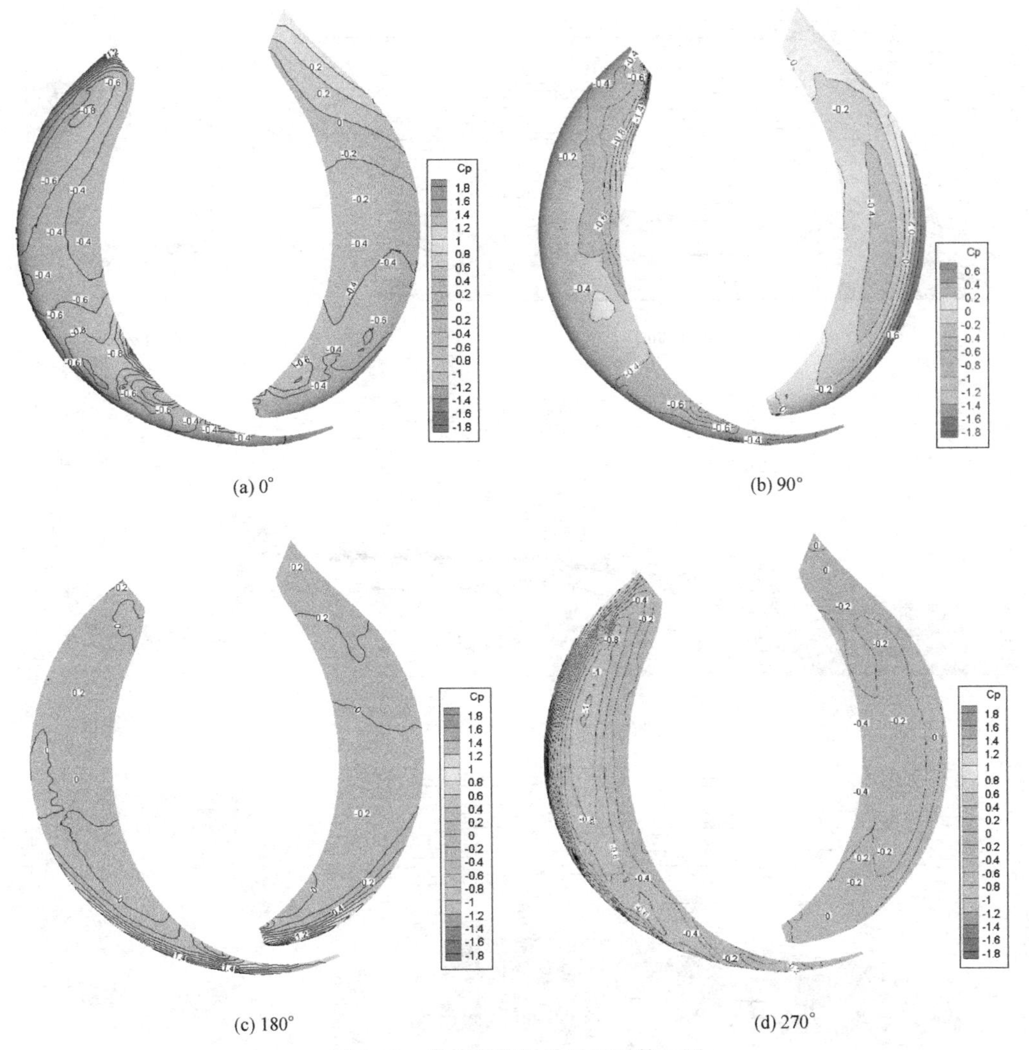

图 2-22　数值模拟屋盖风压系数云图

势；小罩棚钢结构屋盖的大部分区域受负压作用，上游区域负压作用较为均匀，而下游区域呈增大趋势。这是由于大罩棚钢结构屋盖的迎风面较陡，气流与大罩棚接触的同时对屋盖产生吸附作用，随后向上侧发生流动分离。同时，体育场较长，气流在中游发生再附着，最后在下游区域再一次出现流动分离，形成尾流区。小罩棚钢结构屋盖的倾斜角较小，整体较为平缓，故气流在上游区域与屋盖吸附较密切，而下游区域屋盖的倾斜度加大，气流与屋盖之间出现流动分离。

（2）90°风向角下，小罩棚钢结构屋盖大部分区域受负压作用，下游区域负压作用呈轻微增大趋势；大罩棚钢结构屋盖整体受负压作用，中游区域负压作用明显增大，尾部负压作用逐渐减小。这是由于小罩棚屋盖的迎风面较为平缓，气流与屋盖之间能够紧密吸附在一起，并对气流高度有明显的提升作用；大罩棚钢结构屋盖的迎风面恰与来流作用方向一致，气流在大罩棚上表面发生流动分离，而在大罩棚下表面紧密吸附，致使大罩棚屋盖中部负压明显增大。

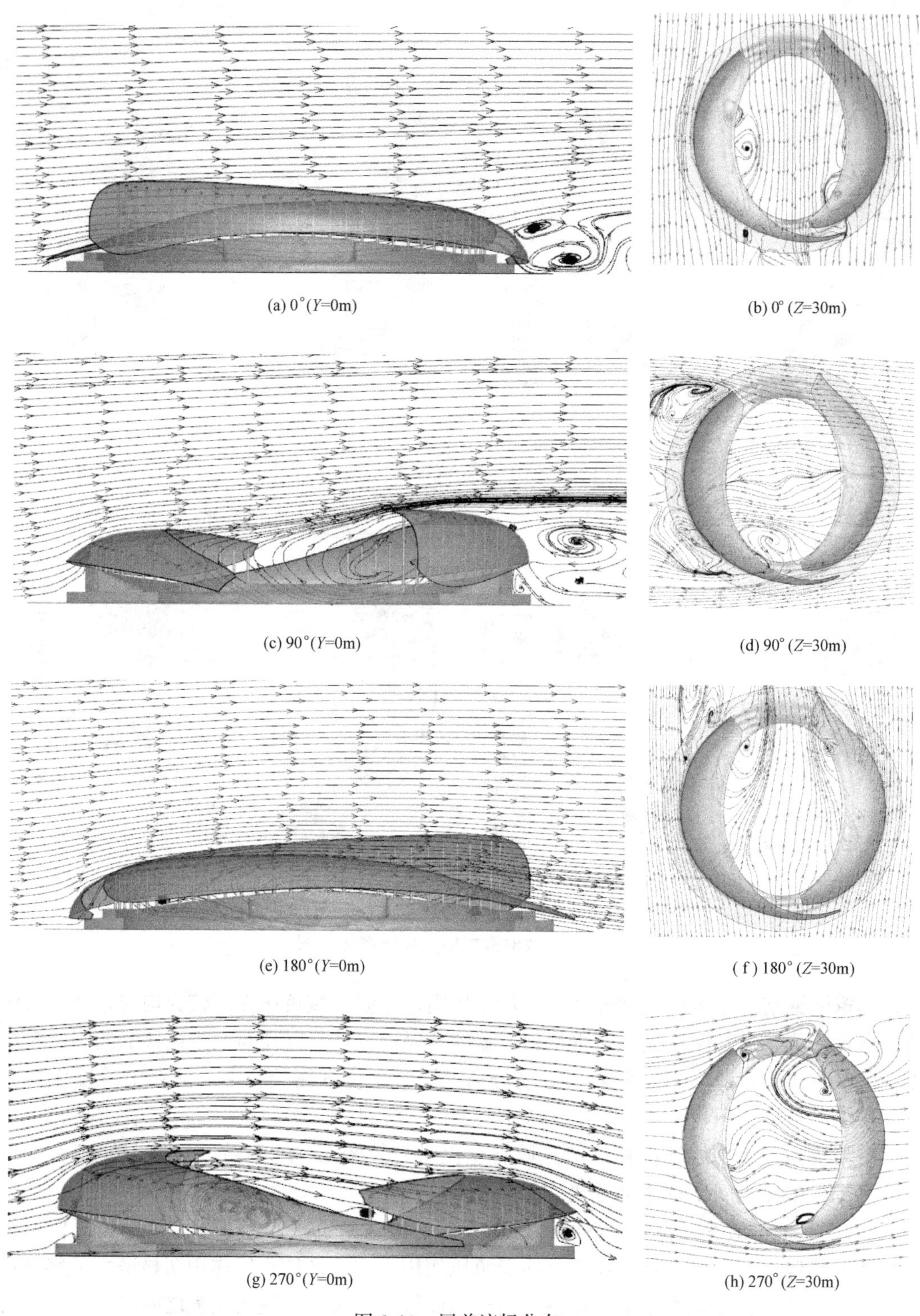

(a) 0°(Y=0m)　(b) 0°(Z=30m)

(c) 90°(Y=0m)　(d) 90°(Z=30m)

(e) 180°(Y=0m)　(f) 180°(Z=30m)

(g) 270°(Y=0m)　(h) 270°(Z=30m)

图 2-23　屋盖流场分布

（3）180°风向角下，大罩棚钢结构屋盖的迎风面处出现较小正压区域，屋盖中上游区域受负压作用，屋盖中游区域负压作用呈减小趋势，随后屋盖下游区域出现了增大趋势；

小罩棚钢结构屋盖的大部分区域受负压作用，上游区域负压作用较为均匀，下游区域呈增大趋势。这是由于大罩棚的迎风面较陡，气流与大罩棚接触的同时对屋盖产生吸附作用，随后向上侧发生流动分离。同时，体育场较长，气流在中游发生再附着，在下游区域再一次出现流动分离，最后形成尾流区。小罩棚钢结构屋盖的倾斜角较小，整体较为平缓，故气流在上游区域与屋盖吸附较密切，但在下游区域屋盖的倾斜度加大，气流与屋盖之间出现流动分离。

(4) 270°风向角下，大罩棚钢结构屋盖的迎风面位置受明显的正压作用，随后逐渐向负压过渡，中游区域负压作用明显增大，尾部负压作用逐渐减小；小罩棚屋盖大部分区域受较小负压作用，下游区域负压作用呈轻微增大趋势。这是由于大罩棚的迎风面较陡，对来流有明显的阻挡作用，气流在大罩棚屋盖的上表面先是吸附，随后发生流动分离，致使大罩棚屋盖中部负压明显增大；小罩棚屋盖高度较低，与气流之间发生的吸附和分离现象不明显。

2.5 小结

(1) 蚌埠体育中心造型复杂、空间跨度大，风洞试验结果表明，不同区域的不均匀风场突出且屋盖表面极值负风压较大。进行金属屋面系统设计时，应考虑负风压对金属屋面的不利影响。

(2) 体育场表面极值风压值的变化范围为－1.5～1.3kPa，极值负压较大。小罩棚钢结构屋盖的平均风压系数变化较小，大罩棚钢结构屋盖的平均风压系数变化较大，原因是小罩棚钢结构屋盖的屋面坡度较小，风无法形成强有力的吸附作用，而大罩棚钢结构屋盖的屋面坡度较大，风在爬升过程中易形成吸附作用。

(3) 体育馆与多功能馆表面极值风压值的变化范围为－1.7～1.6kPa，极值负压较大。负压较大区域位于体育馆的东南侧悬挑处。

(4) 体育场风振响应较不利的区域主要集中在西侧及东侧悬挑边缘，以向上变形为主，最不利风向集中在40°附近，最大位移为0.06m；体育馆的位移与体育场相比较小，最大位移为0.008m，出现在150°风向，出现位置为体育馆北侧平台；多功能馆的位移变形相对更小，最大位移为0.0032m，出现在350°风向，出现位置为多功能馆西侧屋盖。

第3章　体育场大悬挑部分预应力钢结构屋盖风振响应

现行国家标准《建筑结构荷载规范》GB 50009[18] 对高层、高耸结构在抗风设计过程中如何考虑其风振影响有明确的规定，但对大悬挑部分预应力钢结构屋盖的抗风设计未作明确要求。由于体育场大悬挑部分预应力钢结构屋盖的柔性和自振周期较大，故其受风振影响较大。当风荷载成为其主要设计荷载之一时，须考虑大悬挑部分预应力钢结构屋盖的风振响应。

结构振动控制是指在结构中安装某种减振装置以控制结构的动力响应，从而增强结构的安全性和稳定性。调谐质量阻尼器作为减振产品之一，具有构造简单、安装快捷、造价低等优势。大跨度空间钢结构在外部风荷载作用下极易产生较大的动力响应，因此，在大跨度空间钢结构中设置调谐质量阻尼器以抑制其动力响应十分有必要。

本章针对体育场大悬挑部分预应力钢结构屋盖，分别对安装和未安装调谐质量阻尼器建立数值模型并开展风振响应分析，并对其减振效果进行评价。

3.1　体育场大悬挑部分预应力钢结构屋盖的风荷载时程模拟

3.1.1　模拟空间点风压时程程序

进行大跨度屋盖结构的风振响应研究，必须得到具有较强适用性且能代表建筑物所在地实际风速时程特征的人工模拟脉动风速时程曲线。为此，本章基于线性滤波法（又称白噪声滤波法）中 AR 模型[219] 的计算流程，应用 MATLAB 语言编制了适用于大跨度空间结构体系的空间点风荷载时程，相应计算流程如图 3-1 所示。

3.1.2　AR 法模拟风速时程整体过程

1. *M* 维脉动风速时程的 AR 模型

在满足工程计算精度要求的前提下，对风速时程作如下假定：

1）空间中任意一点的平均风速为定值，不随时间的改变而改变；

2）脉动风速时程为平稳高斯随机过程；

3）空间中不同点的风速时程之间具有空间相关性。

采用 AR 法推广到模拟多维风速过程的技术，M 个点空间相关脉动风速时程 $\boldsymbol{V}(x,y,z,t)$ 列向量的 AR 模型可以表示如下：

$$\boldsymbol{V}(x,y,z,t)=\sum_{k=1}^{p}\boldsymbol{\psi}_k V(x,y,z,t-k\Delta t)+\boldsymbol{N}(t) \tag{3-1}$$

式中：$x=[x_1, x_2, \cdots, x_M]^{\mathrm{T}}$，$y=[y_1, y_2, \cdots, y_M]^{\mathrm{T}}$，$z=[z_1, z_2, \cdots, z_M]^{\mathrm{T}}$；

x_i，y_i，z_i——空间第 i 点坐标，$i=1, 2, \cdots, M$；

p——AR 模型阶数；

Δt——模拟风速时程的时间步长；

$\boldsymbol{\psi}_k$——AR 模型自回归系数矩阵，为 $M\times M$ 阶方阵，$k=1, 2, \cdots, p$；

$\boldsymbol{N}(t)$——独立随机过程向量。

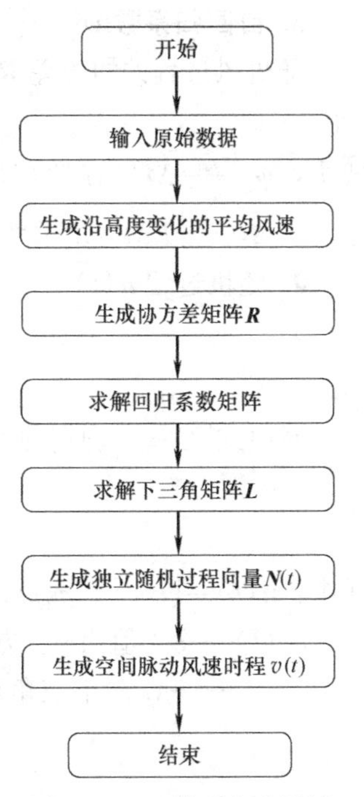

图 3-1 AR 模型生成风压时程计算流程

2. 脉动风协方差矩阵 R

脉动风协方差矩阵 $\boldsymbol{R}$ 为 $pM\times pM$ 阶自相关 Toeplitz 矩阵，表达如下：

$$\boldsymbol{R}=\begin{bmatrix} R_{11}(0) & R_{12}(\Delta t) & R_{13}(2\Delta t) & \cdots & R_{1p}(p\Delta t) \\ R_{21}(\Delta t) & R_{22}(0) & R_{23}(\Delta t) & \cdots & R_{2p}[(p-1)\Delta t] \\ R_{31}(2\Delta t) & R_{32}(\Delta t) & R_{33}(0) & \cdots & R_{3p}[(p-2)\Delta t] \\ \cdots & \cdots & \cdots & \cdots & \cdots \\ R_{p1}(p\Delta t) & R_{p2}[(p-1)\Delta t] & R_{p3}[(p-2)\Delta t] & \cdots & R_{pp}(0) \end{bmatrix} \tag{3-2}$$

功率谱密度 $S_{\mathrm{V}}(n)$ 与协方差 $\boldsymbol{R}$ 之间符合维纳-辛钦（Wiener-Khintchine）公式：

$$R_{ij}(\tau)=\int_0^{\infty} S_{\mathrm{V}ij}(n)\cos(2\pi n\tau)\mathrm{d}n \quad (i,j=1,2,\cdots,M) \tag{3-3}$$

式中：n——脉动风速频率。

$i=j$ 时，$S_{\mathrm{V}ij}(n)$ 为脉动风速自谱密度函数；$i\neq j$ 时，$S_{\mathrm{V}ij}(n)$ 为脉动风速互谱密度函数，可由脉动风速自谱密度函数 $S_{\mathrm{V}ij}(n)$ 和相干函数 $r_{ij}(n)$ 确定：

$$S_{\mathrm{V}ij}(n)=\sqrt{S_{\mathrm{V}ii}(n)S_{\mathrm{V}jj}(n)}\,r_{ij}(n) \tag{3-4}$$

$$r_{ij}(n)=\exp\left[\frac{-2n\sqrt{C_x^2(x-x')^2+C_y^2(y-y')^2+C_z^2(z-z')^2}}{\overline{v}(z)+\overline{v}(z')}\right] \tag{3-5}$$

$$\overline{v}(z)=\overline{v}(10)\left(\frac{z}{10}\right)^{\alpha} \tag{3-6}$$

$\overline{v}(10)$ 可根据现行国家标准《建筑结构荷载规范》GB 50009[18] 规定的当地基本风压值反算：

$$\overline{v}(10)=\sqrt{2g\omega_0/\rho} \tag{3-7}$$

$S_{ii}(n)$、$S_{jj}(n)$ 水平谱采用 Davenport 谱，垂直功率谱采用 Panofsky 谱等。

3. 自回归系数 $\boldsymbol{\psi}_k$

随机风过程的协方差 $\boldsymbol{R}$ 与回归系数 $\boldsymbol{\psi}_k$ 之间的关系可以写成矩阵形式：

$$\boldsymbol{R}\cdot\boldsymbol{\psi}_k=\overline{\boldsymbol{R}} \tag{3-8}$$

式中：$\boldsymbol{\psi}_k$——$M\times M$ 阶矩阵；

$\overline{\boldsymbol{R}}$——$PM\times M$ 阶矩阵。

4. 随机过程 $\boldsymbol{n}(t)$

$$\boldsymbol{R}_{\mathrm{N}}=\boldsymbol{R}_0+\sum_{k=1}^{p}\boldsymbol{\psi}_k\boldsymbol{R}(k\Delta t) \tag{3-9}$$

对由式（3-9）确定的 $\boldsymbol{R}_{\mathrm{N}}$ 进行 Cholesky 分解：

$$\boldsymbol{R}_{\mathrm{N}}=\boldsymbol{L}\cdot\boldsymbol{L}^{\mathrm{T}} \tag{3-10}$$

$$\boldsymbol{N}(t)=\boldsymbol{L}\cdot\boldsymbol{n}(t) \tag{3-11}$$

式中：$\boldsymbol{n}(t)=[n_1(t),n_2(t),\cdots,n_M(t)]^{\mathrm{T}}$；

$\boldsymbol{n}_i(t)$——均值为 0、方差为 1 的正态分布随机过程，$i=1$，2，…，M；

$\boldsymbol{L}$——M 阶下三角矩阵，即：

$$\boldsymbol{L}=\begin{bmatrix} L_{11} & 0 & \cdots & 0 \\ L_{21} & L_{22} & \cdots & 0 \\ \cdots & \cdots & \cdots & \cdots \\ L_{M1} & L_{M2} & \cdots & L_{MM} \end{bmatrix} \tag{3-12}$$

$$L_{ij}=\frac{R_{ij}-\sum_{k=1}^{i-1}L_{ik}L_{jk}}{L_{ii}}\quad(i,j=1,2,\cdots,M) \tag{3-13}$$

$$L_{ii}=\sqrt{R_{ii}-\sum_{k=1}^{i-1}L_{ik}^2}\quad(i,j=1,2,\cdots,M) \tag{3-14}$$

5. 求解 M 维脉动风速时程

综合上述步骤可得 M 个相关的随机风过程：

$$\begin{bmatrix} v^1(j\Delta t) \\ \cdots \\ v^M(j\Delta t) \end{bmatrix}=-\sum_{k=1}^{p}\boldsymbol{\psi}_k\cdot\begin{bmatrix} v^1[(j-k)\Delta t] \\ \cdots \\ v^M[(j-k)\Delta t] \end{bmatrix}+\begin{bmatrix} N^1(j\Delta t) \\ \cdots \\ N^M(j\Delta t) \end{bmatrix},\quad\begin{pmatrix} j\Delta t=0,1,\cdots,T \\ k\leqslant j \end{pmatrix} \tag{3-15}$$

模拟的人工风速时程为：

$$V(t)=\overline{v}(z)+v(t) \tag{3-16}$$

3.1.3 体育场大悬挑部分预应力钢结构屋盖的风速时程曲线模拟

利用 MATLAB 程序[220]，编写模拟结构多点脉动风速时程曲线的 AR 模型程序，风速时程模拟主要参数如表 3-1 所示。

通过模拟计算分别得到了各节点的脉动风速时程曲线以及各点的功率谱密度函数曲线，如图 3-2 和图 3-3 所示。

风速时程模拟主要参数　　表 3-1

参　数	数　值	参　数	数　值
平均风沿高度变化规律	指数律	AR 模型阶数	4
脉动风速谱类型	Davenport 谱	时程样本时间间隔(s)	0.1
地面粗糙度系数	0.00464	时程样本总长度(s)	100
10m 高处标准风速(m/s)	23.66	样本频率范围(Hz)	0.01～10

从图 3-3 可以看出，采用 AR 法模拟得到的各点功率谱密度与 Davenport 谱曲线吻合度较好，各点的脉动风速时程曲线能够很好地反映各点脉动风速之间的空间相关性。

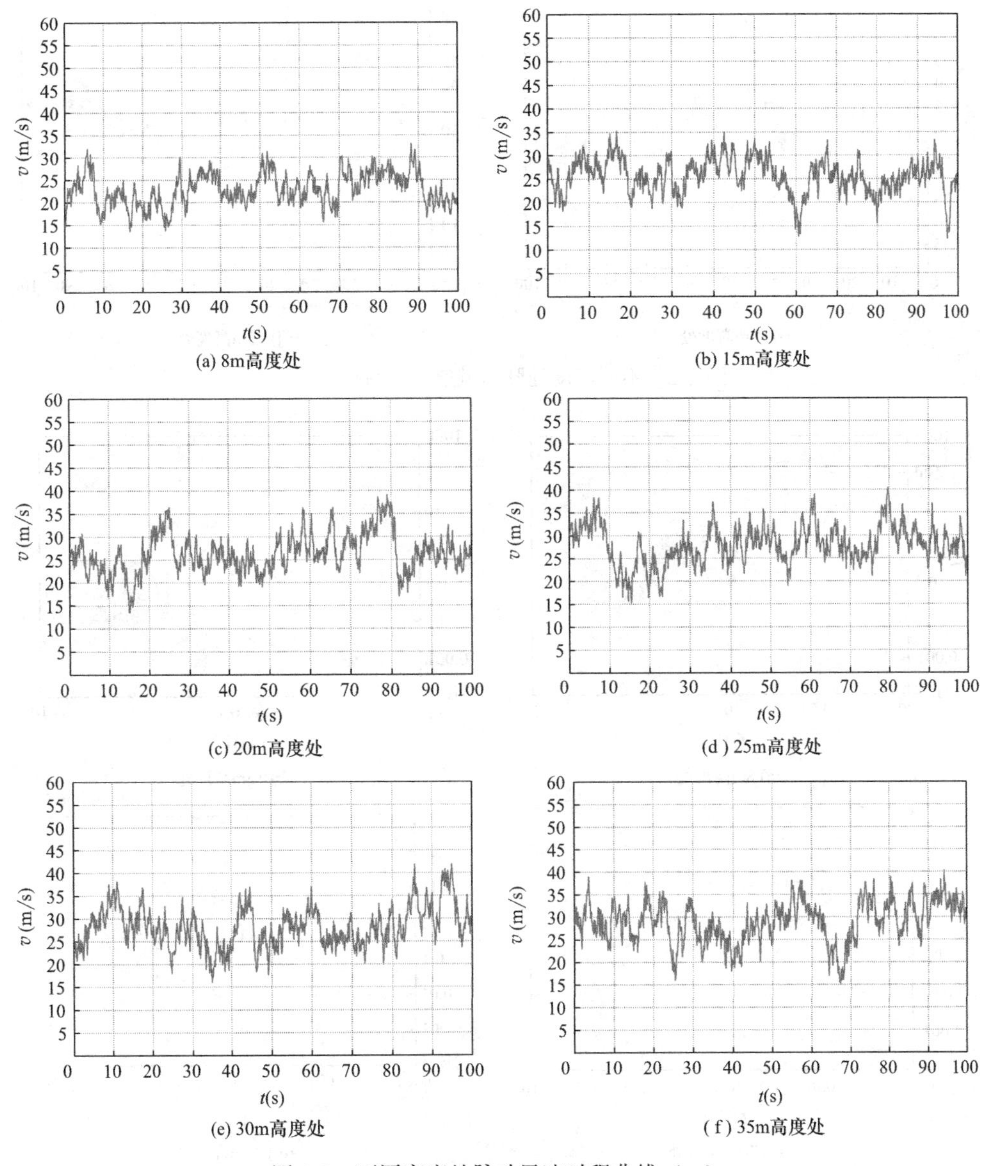

图 3-2　不同高度处脉动风速时程曲线（一）

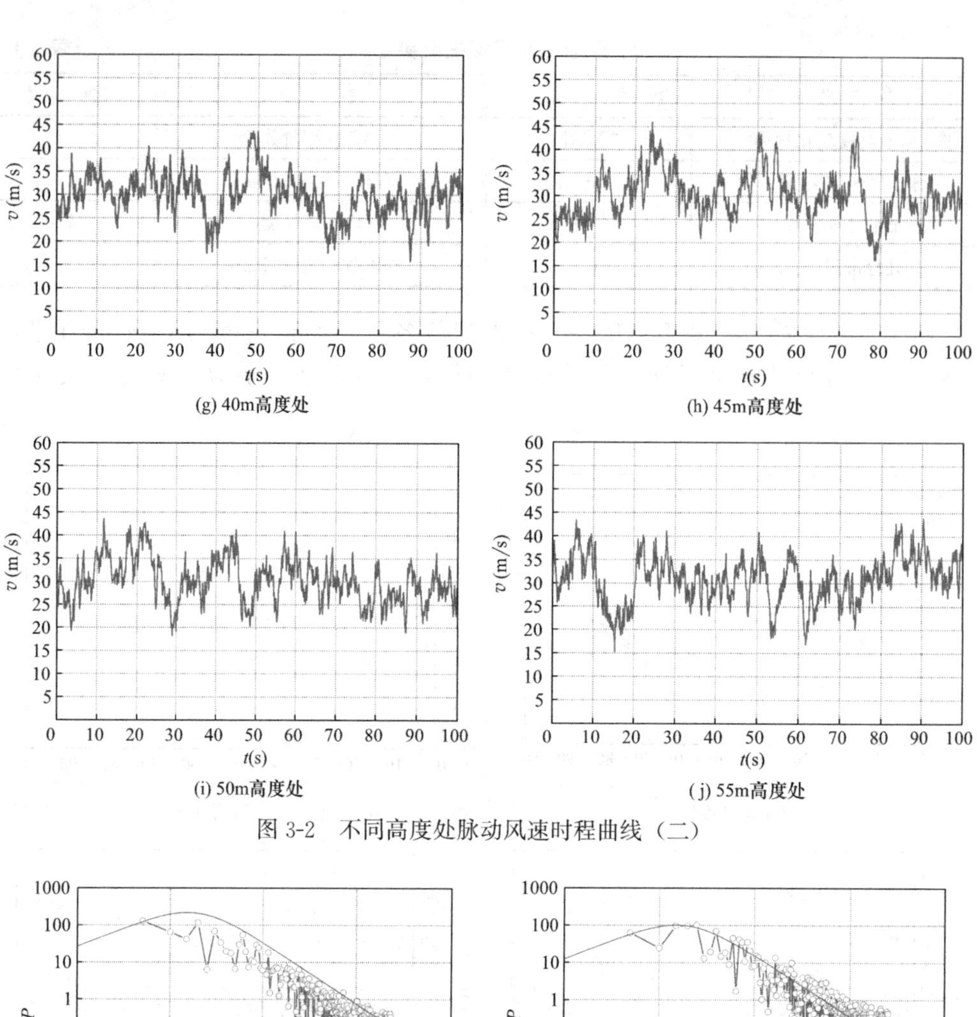

图 3-2 不同高度处脉动风速时程曲线（二）

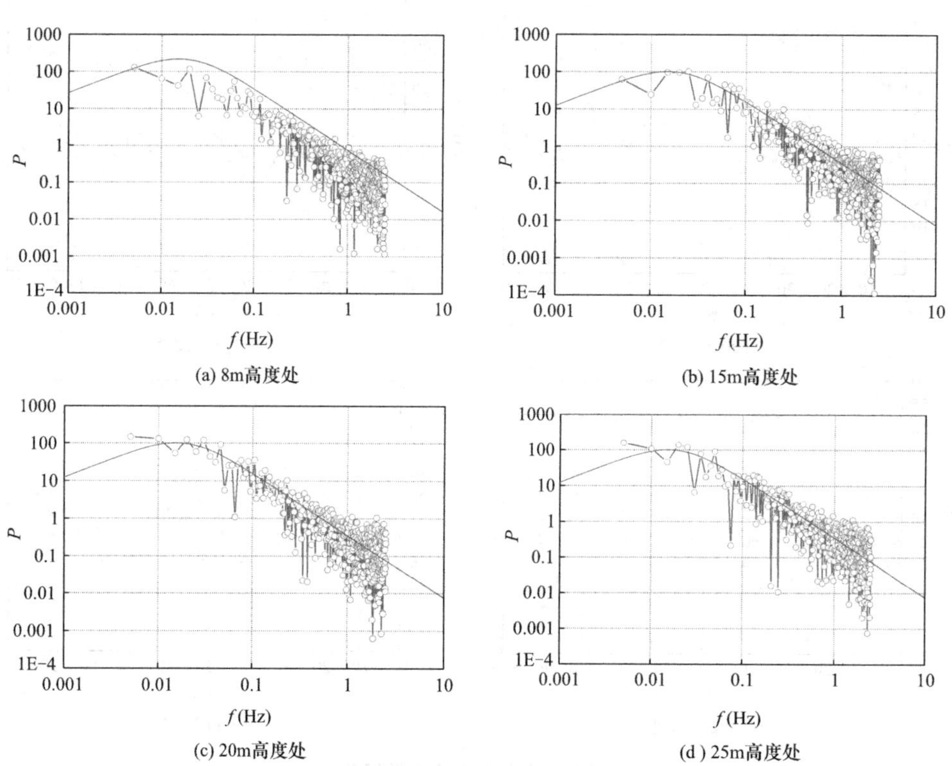

图 3-3 不同高度处自功率谱密度函数（一）

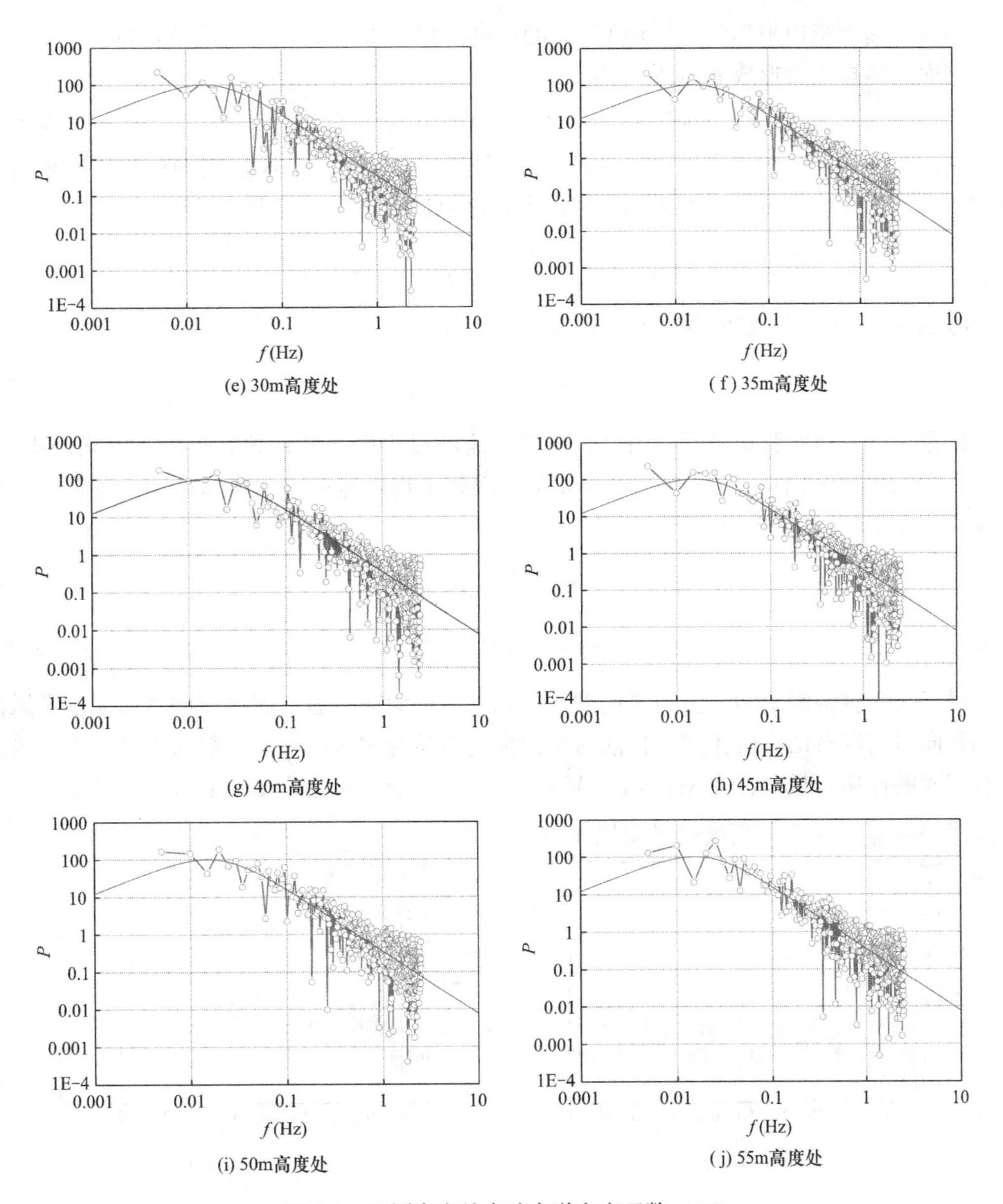

图 3-3　不同高度处自功率谱密度函数（二）

3.1.4　风压与风速关系

结构设计中，风对结构作用力的大小可采用风压表示。根据空气动力学原理，将低速运动的空气看成不可压缩的流体，推导出其做稳定运动的伯努利方程为：

$$\omega_a + 0.5\rho V^2(t) = C \tag{3-17}$$

式中：ω_a——大气自由运动时单位面积上的静压力（kPa）；

ρ——空气密度（kg/m^3）；

$V(t)$——风速（m/s）；

C——常数。

当风遭遇到结构阻挡时，风速 $V=0$ 的，可得相应风压 $\omega_m=C$。因此，自由气流因结构阻挡而在结构上所形成的风压 ω 为：

$$\omega=\omega_m-\omega_a=C-\omega_a=0.5\rho V^2(t) \tag{3-18}$$

风速由平均风速和均值为零的脉动风速组成，即$\overline{V}_H$。平均风速周期远长于结构自振周期，将其看作静力荷载，不考虑时间因素，则风速在单位面积上的风压 ω 为：

$$\omega=\frac{1}{2}\rho V^2(t)=\frac{1}{2}\rho[\overline{V}+v(t)]^2=\frac{1}{2}\rho\overline{V}^2+\rho\overline{V}v(t)+\frac{1}{2}\rho v^2(t) \tag{3-19}$$

考虑到 $v(t)\ll\overline{V}$，忽略其二次高阶项，上式简化为：

$$\omega=\frac{1}{2}\rho\overline{V}^2+\rho\overline{V}v(t) \tag{3-20}$$

根据大量风速实测记录资料表明，空气在流动过程中会受到地表阻力等因素的影响，产生一个与水平方向有±10°范围内的倾角。因此平均风速和脉动风速可分别分解成水平风速$\overline{V}_H$、$v_H(t)$ 和竖向风速$\overline{V}_V$、$v_V(t)$：

$$\overline{V}=\overline{V}_V+\overline{V}_H \tag{3-21}$$

$$v(t)=v_V(t)+v_H(t) \tag{3-22}$$

对于大跨度空间结构，竖向风荷载对结构的风振效应显著，因此应同时考虑水平风荷载和竖向风荷载对结构的作用。目前对竖向风荷载研究相对较少，一般认为其与水平风速具有相同的性质，且存在关系：$\overline{V}_V=\overline{V}_H\cdot\tan\alpha$。取最不利情况 $\alpha=10°$，则有$\overline{V}_V=0.18\overline{V}_H$。图 3-4 给出了不同高度处脉动风压时程曲线。

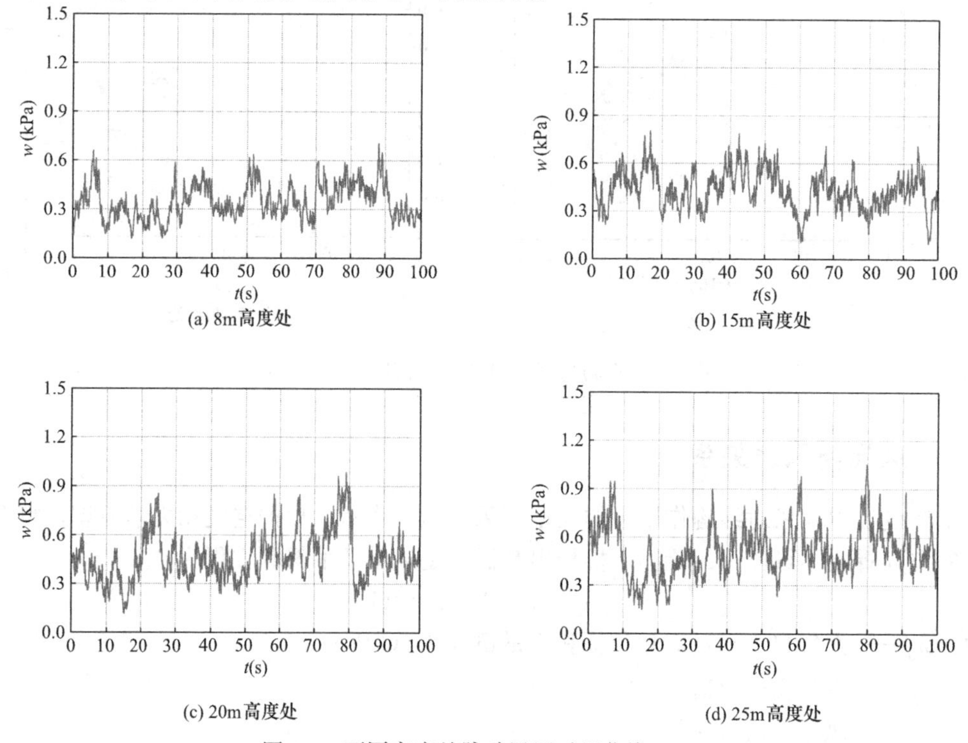

(a) 8m高度处

(b) 15m高度处

(c) 20m高度处

(d) 25m高度处

图 3-4 不同高度处脉动风压时程曲线（一）

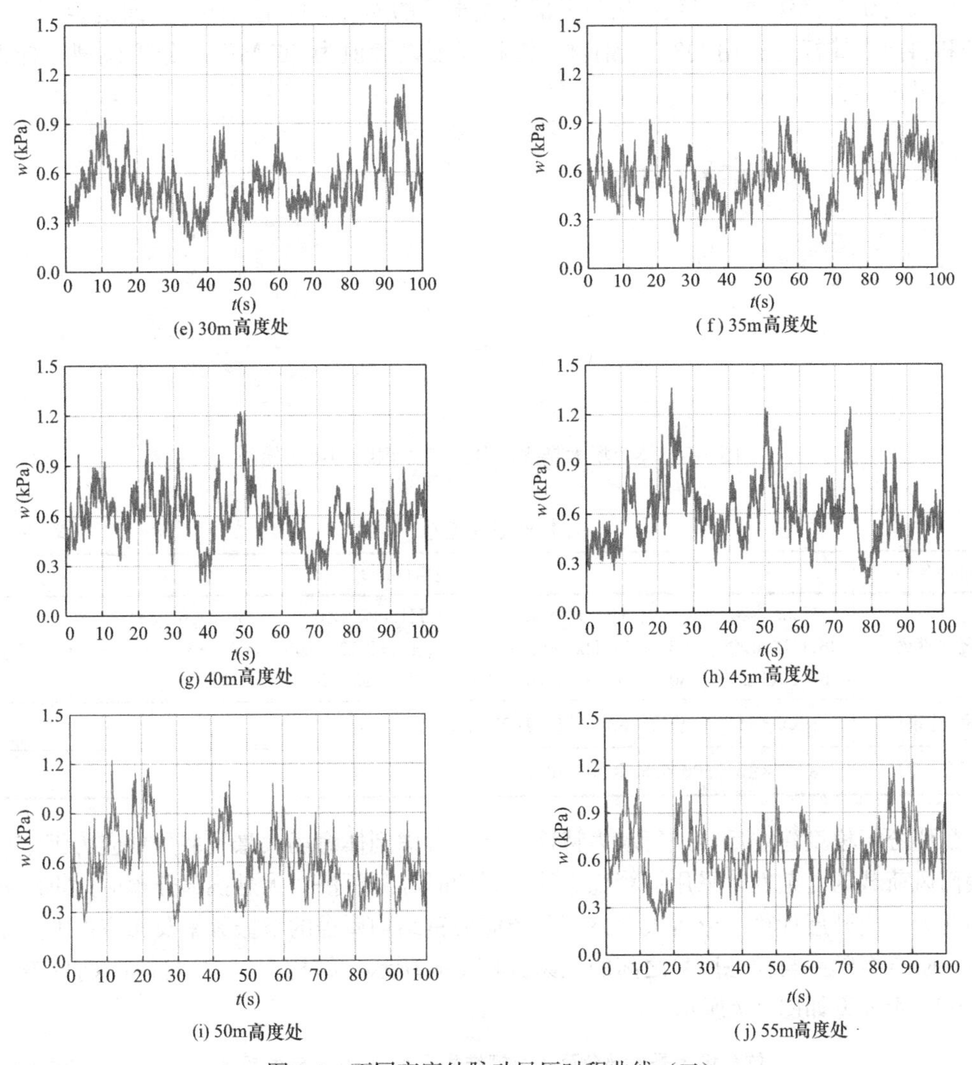

(e) 30m高度处　(f) 35m高度处

(g) 40m高度处　(h) 45m高度处

(i) 50m高度处　(j) 55m高度处

图 3-4　不同高度处脉动风压时程曲线（二）

3.2　体育场大悬挑部分预应力钢结构屋盖的风致振动分析

3.2.1　数值模型

1. 体育场大悬挑部分预应力钢结构屋盖数值模型

文献［221］的研究表明：对大跨度空间钢结构屋盖进行单独计算与结构整体计算所得结果相差能够控制在5%以内。由于体育场上部大悬挑部分预应力钢结构屋盖刚度和质量比下部混凝土框架结构明显小，计算时可以忽略混凝土框架结构对钢结构屋盖的影响。

利用ANSYS软件[217] 建立体育场大悬挑部分预应力钢结构屋盖的整体模型，如图3-5所示。该模型包括955个节点和2062个单元，径向钢梁、环向连系杆和斜向支撑杆等构件均采用梁单元建立，屋盖桁架与下部混凝土柱的连接为固定支座。径向钢梁、环向连系杆和斜向支撑杆均采用 Q345B 钢材，钢材强度设计值为 265MPa，分析模型中杆件截面信息见表 3-2。

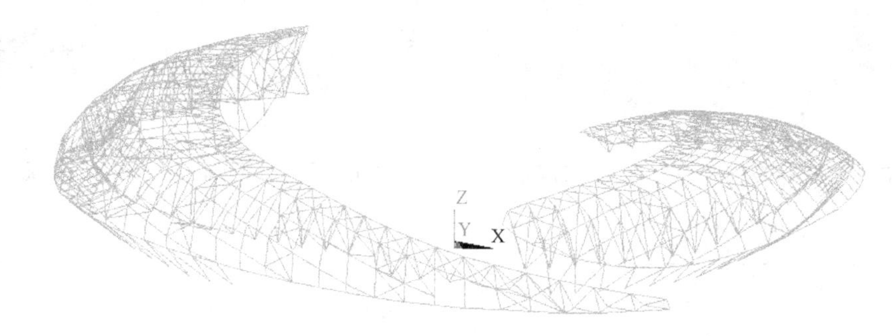

图 3-5　体育场大悬挑部分预应力钢结构屋盖模型

杆件截面汇总　　表 3-2

杆件名称	规格(mm)
径向钢梁	H300×200×8×12、H1000×800×25×40、H1000×800×25×50、H1000～2000×800×25×36、H1900×500×32×50、H2000×800×25×40、H2000×600×25×36、H2000～3000×800×25×50、H2000～3000×800×25×60、H3000×800×25×50
环向连系杆	ϕ400×18、ϕ600×25、ϕ800×18、ϕ800×25、ϕ800×80
水平支撑杆	ϕ400×18、ϕ600×25、ϕ800×18、ϕ800×25、ϕ800×80

数值分析模型建立后，进行动力特性分析。考虑到体育场大悬挑部分预应力钢结构屋盖表面风荷载的复杂性，采用计算稳定性较好的时程分析法对大悬挑部分预应力钢结构屋盖的动力响应开展计算，分析大悬挑部分预应力钢结构屋盖的自振频率及相应振型。结构前 800 阶自振频率与模态序号之间的关系如图 3-6 所示。结构前 30 阶自振周期见表 3-3，前 1～10 阶阵型如图 3-7 所示。

体育场大悬挑部分预应力钢结构屋盖前 30 阶自振频率　　表 3-3

模态序号	自振频率(Hz)	模态序号	自振频率(Hz)	模态序号	自振频率(Hz)
1	0.837	11	1.919	21	2.810
2	0.896	12	1.959	22	2.834
3	1.198	13	2.064	23	2.839
4	1.322	14	2.135	24	2.851
5	1.327	15	2.333	25	2.860
6	1.382	16	2.346	26	2.872
7	1.575	17	2.406	27	2.900
8	1.627	18	2.498	28	2.914
9	1.696	19	2.557	29	2.948
10	1.842	20	2.706	30	2.974

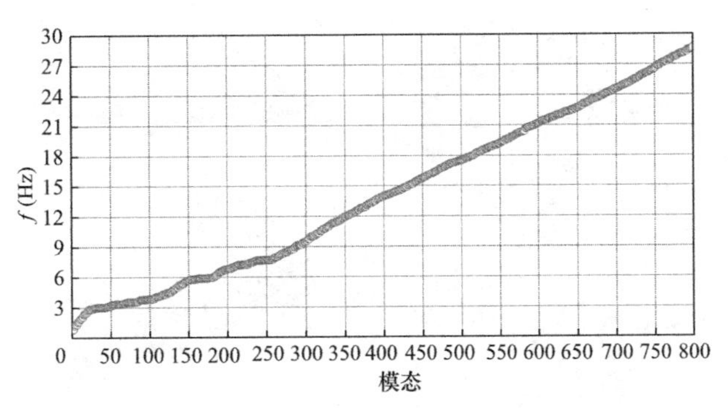

图 3-6　结构前 800 阶自振频率与模态关系

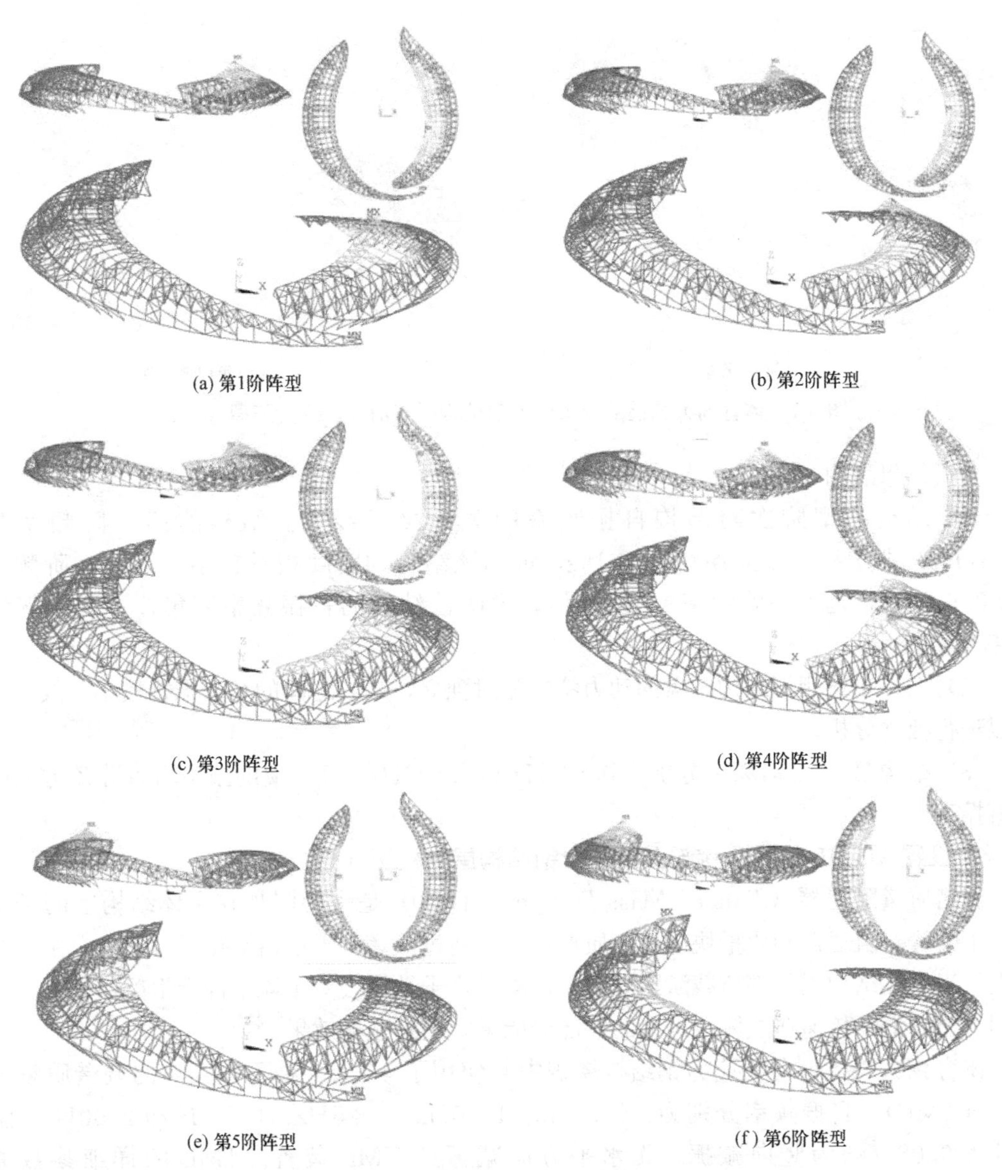

(a) 第1阶阵型　(b) 第2阶阵型

(c) 第3阶阵型　(d) 第4阶阵型

(e) 第5阶阵型　(f) 第6阶阵型

图 3-7　体育场大悬挑部分预应力钢结构屋盖前 1～10 阶阵型（一）

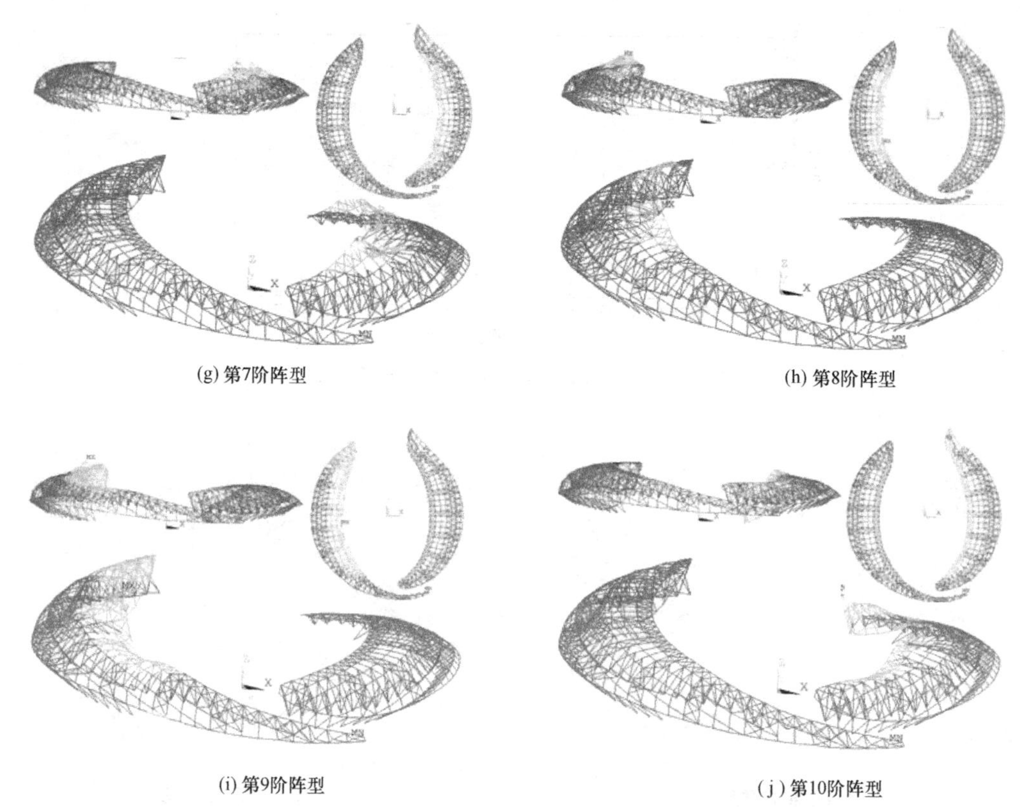

(i) 第9阶阵型　　(j) 第10阶阵型

图 3-7　体育场大悬挑部分预应力钢结构屋盖前 1～10 阶阵型（二）

分析结果表明：

(1) 结构阵型阶次与结构自振频率的关系接近线性。结构的第一阶频率是 0.837Hz，即结构基本周期约为 1.19s，说明该结构的刚度相对较小；第 800 阶频率为 28.607Hz，是第一阶频率的 34.2 倍，说明该结构的自振频率密集，不同阶振型频率相差较小。

(2) 大、小罩棚钢结构屋盖的动力特性相对独立，二者之间的相互干扰较小，故两者可以进行独立分析。

(3) 结构第 1、2 阶频率分别为 0.837Hz 和 0.896Hz，其对应的振型均为沿 *Z* 方向的竖直振动。

2. 设置 MTMD 的大悬挑部分预应力钢结构屋盖模型

调谐质量阻尼器（Tunned Mass Damper，TMD）是一种附加在主体结构上的子结构，由弹簧、阻尼器和质量块组成，质量块一般通过弹簧和阻尼器支撑或者悬挂在主体结构上。当主体结构因外部荷载激励而产生振动时，子结构会对主体结构产生反作用力，反作用力能够消耗传递在主体结构上的大部分能量，达到减振效果[222]。

体育场大悬挑部分预应力钢结构屋盖中共使用了 44 套 5 种不同频率的调谐质量阻尼器（TMD），自振频率分别为：0.80Hz、1.00Hz、1.25Hz、1.75Hz 和 2.00Hz，阻尼比为 0.08，均为竖向减振，无水平方向减振的 TMD 装置。TMD 的详细参数如表 3-4 所示。

TMD 参数信息 **表 3-4**

编号	m(t)	f(Hz)	ζ	K(kN/m)	C(kN·s/m)
TMD-1	1.0	0.80	0.08	25.3	0.80
TMD-2	1.5	1.00	0.08	59.2	1.51
TMD-3	1.5	1.25	0.08	92.5	1.88
TMD-4	1.0	1.75	0.08	120.9	1.76
TMD-5	1.5	2.00	0.08	236.9	3.02

注：m—质量；f—自振频率；ζ—阻尼比；K—弹簧刚度；C—阻尼系数。

体育场钢结构屋盖分为大罩棚钢结构屋盖和小罩棚钢结构屋盖两部分，大罩棚钢结构屋盖中设置了28套TMD，小罩棚钢结构屋盖中设置16套TMD，且所有TMD均布置在大、小罩棚钢结构屋盖变截面径向钢梁悬挑端的最前端，TMD平面布置如图3-8所示。

由于大、小罩棚钢结构屋盖径向钢梁悬挑端梁高不同，两侧MTMD布置位置略有差异：小罩棚钢结构屋盖的径向钢梁悬挑端梁高较小，为了便于MTMD安装，U形槽的位置偏于径向钢梁的下翼缘；大罩棚钢结构屋盖的径向钢梁悬挑端梁高较大，U形槽的位置偏于径向钢梁的上翼缘，如图3-9和图3-10所示。

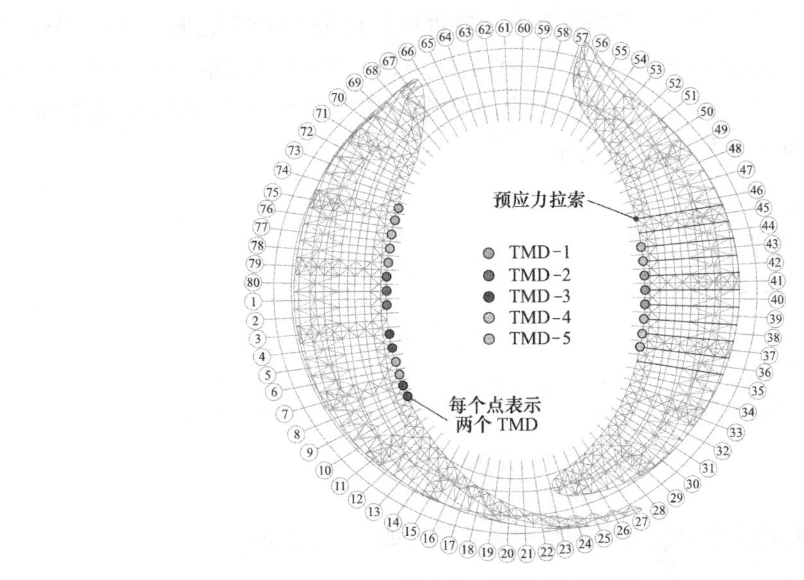

图 3-8 TMD平面布置

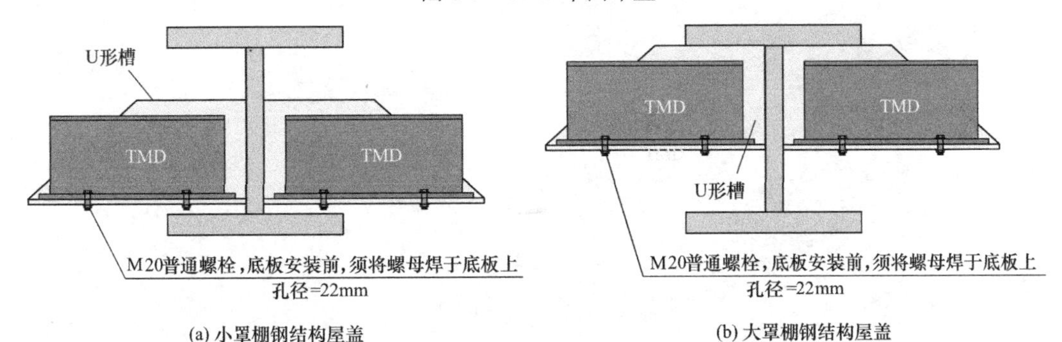

(a) 小罩棚钢结构屋盖 (b) 大罩棚钢结构屋盖

图 3-9 MTMD安装示意图

图 3-10　TMD 安装照片

小罩棚钢结构屋盖的 36～39 轴之间的径向钢梁悬挑端上共布置了 6 个 1.75Hz 的 TMD，39～42 轴布置了 6 个 0.80Hz 的 TMD，42～44 轴布置了 4 个 1.75Hz 的 TMD。大罩棚钢结构屋盖的 3～5 轴、7～9 轴之间共布置了 8 个 1.25Hz 的 TMD，5～7 轴、74～76 轴、78～79 轴布置了 10 个 2.00Hz 的 TMD，76～78 轴布置了 4 个 1.75Hz 的 TMD，79～80 轴及 1～2 轴共布置了 6 个 1.00Hz 的 TMD。

MTMD 工作原理是多个 TMD 协同，在 ANSYS 软件[217] 中采用 Mass 21 单元与 Combin 14 单元联合工作模型等效代替阻尼器单元：Mass 21 单元能够模拟结构在二维平面或三维空间的质量，其三个方向的质量和转动刚度可以根据实际情况进行相应调整，模拟 TMD 的质量部分。Combin 14 单元是一种具有一维、二维和三维轴向或转动性能的单元，可以调整设置改变其单元功能，单元的刚度系数 k 和阻尼系数 C_v 可以模拟 TMD 的弹簧与阻尼特性。两种单元如图 3-11 所示。

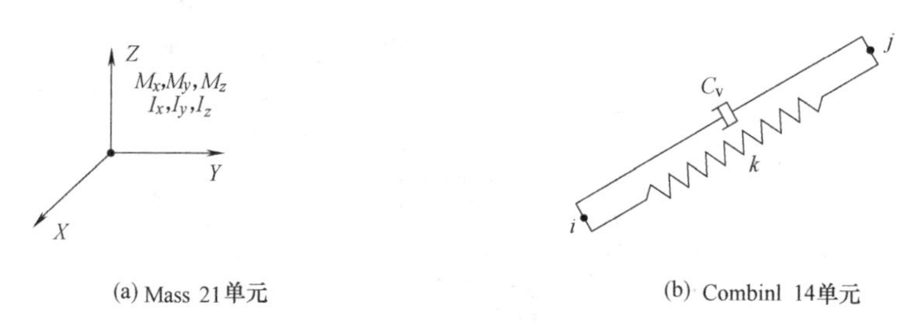

图 3-11　单元简化示意图

设置 MTMD 的大悬挑部分预应力钢结构屋盖模型如图 3-12 所示。

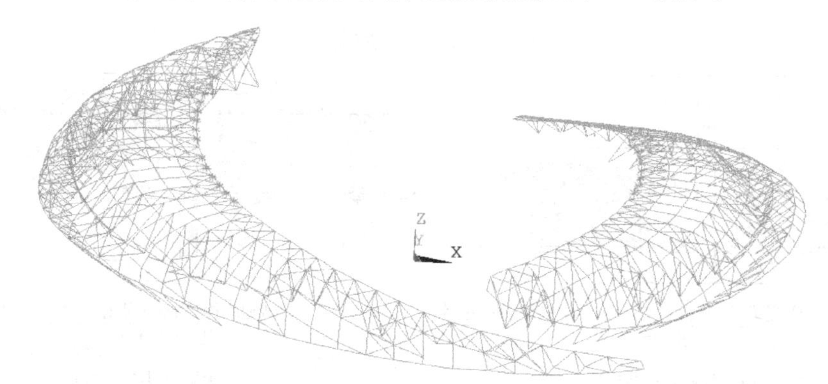

图 3-12　设置 MTMD 的大悬挑部分预应力钢结构屋盖模型

3.2.2　风振响应

1. 大悬挑部分预应力钢结构屋盖的风振响应分析

大跨度屋盖结构在随机风荷载作用下，结构将发生振动。通过风振响应时程分析，能全面了解结构在瞬态荷载作用下的动力响应。对于重要结构，有必要对其进行风振响应时程分析，获得时域内的响应结果。

基于 ANSYS 软件[217]，采用 Newmak-β 法计算了体育场大悬挑部分预应力钢结构屋盖结构各节点在 0°、30°、60°、90°、120°、150°、180°、210°、240°、270°、300°和 330°风向角下的位移响应、速度响应和加速度响应。这 8 个节点分别为第 2 区的 950 节点、第 3 区的 915 节点、第 4 区的 873 节点、第 5 区的 831 节点、第 13 区的 755 节点、第 14 区的 753 节点、第 15 区的 652 节点和第 16 区的 498 节点，位置如图 3-13 所示。

从振动方向分析发现，大悬挑部分预应力钢结构屋盖以竖向（Z 方向）振动为主，其他两个方向（X、Y 方向）响应较小。为了简化，在后续研究中只考虑结构竖向响应，而不考虑结构横向响应。

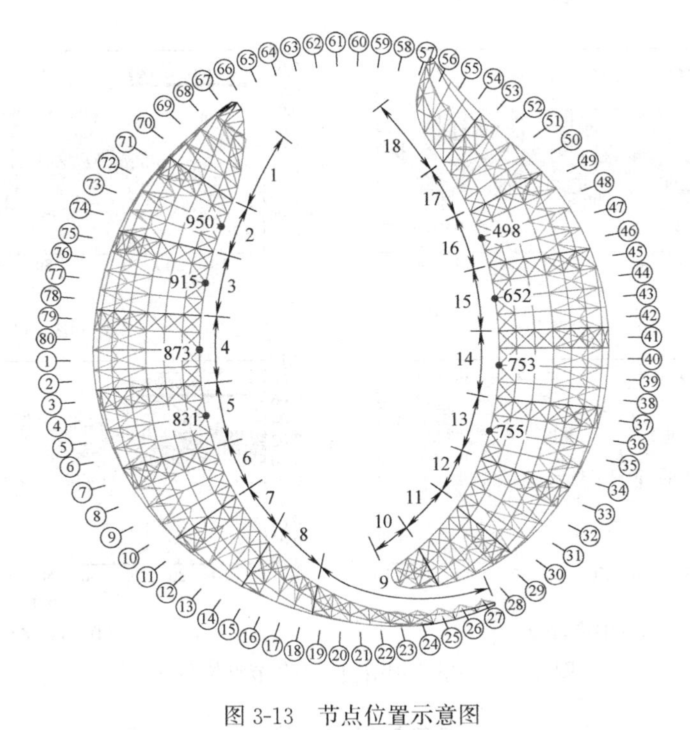

图 3-13　节点位置示意图

（1）节点位移响应

图 3-14 和图 3-15 分别给出了大、小罩棚钢结构屋盖典型区域的 8 个节点在 330°风荷载作用下的风致竖向位移时程曲线，总时长为 100s。表 3-5 统计了结构典型区域的 8 个节点在 12 个风向角风荷载作用下的位移响应峰值。

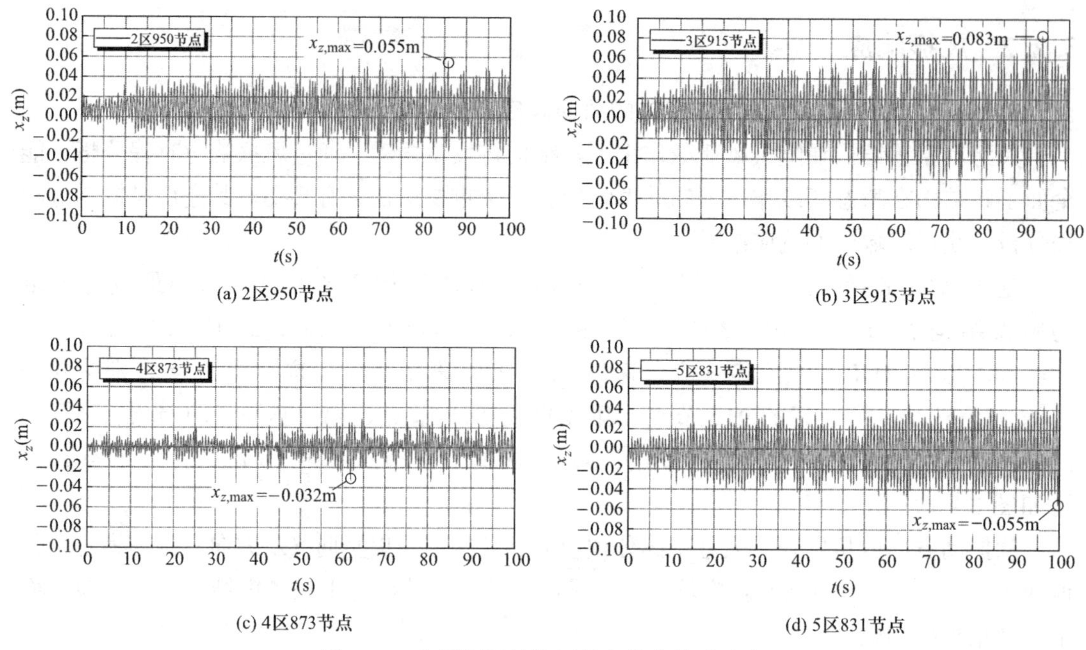

(a) 2区950节点　(b) 3区915节点

(c) 4区873节点　(d) 5区831节点

图 3-14　大罩棚钢结构屋盖各节点位移响应

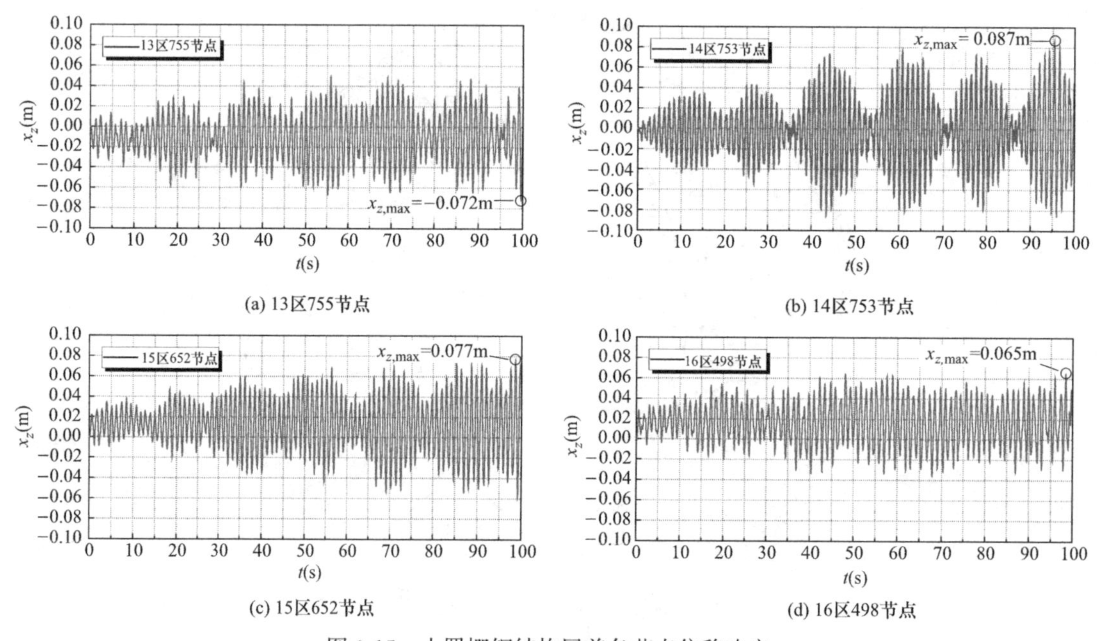

(a) 13区755节点　(b) 14区753节点

(c) 15区652节点　(d) 16区498节点

图 3-15　小罩棚钢结构屋盖各节点位移响应

各节点位移响应峰值　　**表 3-5**

工况	$x_{z,\max}$(m)							
	大罩棚钢结构屋盖				小罩棚钢结构屋盖			
	950	915	873	831	755	753	652	498
0°	0.010	0.017	0.013	0.014	0.016	0.020	0.023	0.013
30°	0.019	0.028	0.013	0.025	0.066	0.091	0.011	0.060

续表

工况	$x_{z,\max}$(m)							
	大罩棚钢结构屋盖				小罩棚钢结构屋盖			
	950	915	873	831	755	753	652	498
60°	0.018	0.029	0.028	0.029	0.048	0.070	0.071	0.045
90°	0.016	0.021	0.020	0.017	0.030	0.037	0.022	0.023
120°	0.015	0.021	0.011	0.015	0.046	0.051	0.027	0.041
150°	0.005	0.007	0.005	0.005	0.016	0.020	0.018	0.016
180°	0.006	0.009	0.004	0.008	0.017	0.023	0.028	0.015
210°	0.005	0.009	0.004	0.008	0.018	0.025	0.029	0.016
240°	0.006	0.009	0.007	0.010	0.027	0.039	0.038	0.027
270°	0.019	0.022	0.023	0.021	0.044	0.055	0.034	0.034
300°	0.037	0.056	0.025	0.034	0.038	0.043	0.022	0.034
330°	0.055	0.083	0.032	0.055	0.072	0.087	0.077	0.065

注：表中 950 表示 2 区 950 节点；915 表示 3 区 915 节点，其余类推。

分析结果表明：

体育场大悬挑部分预应力钢结构屋盖在不同风荷载作用下均产生了较大的位移响应，由于钢结构屋盖在不同风向角风荷载作用下不同位置的体形系数不同，各风向角风荷载作用下的位移峰值也不尽相同。

大悬挑部分预应力钢结构屋盖的位移响应峰值最大值出现在 30°风荷载作用下的小罩棚钢结构屋盖上的 753 节点，$X_{z,\max}=0.091\text{m}$。小罩棚钢结构屋盖在 0°、60°、180°和 210°风荷载作用下产生的最大位移响应峰值均出现在 652 节点，在 30°、90°、120°、150°、240°、270°、300°和 330°风荷载作用下产生的最大位移响应峰值出现在 753 节点；大罩棚钢结构屋盖在 0°、30°、60°、120°、150°、180°、210°、300°和 330°风荷载作用下产生的最大位移响应峰值均出现在 915 节点，在 90°和 270°风荷载作用下产生的最大位移响应峰值均出现在 873 节点，在 240°风荷载作用下产生的最大位移响应峰值出现在 831 节点。

（2）节点速度响应

图 3-16 和图 3-17 分别给出了大、小罩棚钢结构屋盖典型区域的 8 个节点在 330°风荷载作用下的风致竖向速度时程曲线，总时长为 100s。表 3-6 给出了结构典型区域的 8 个节点在 12 个风向角风荷载作用下的速度响应峰值。

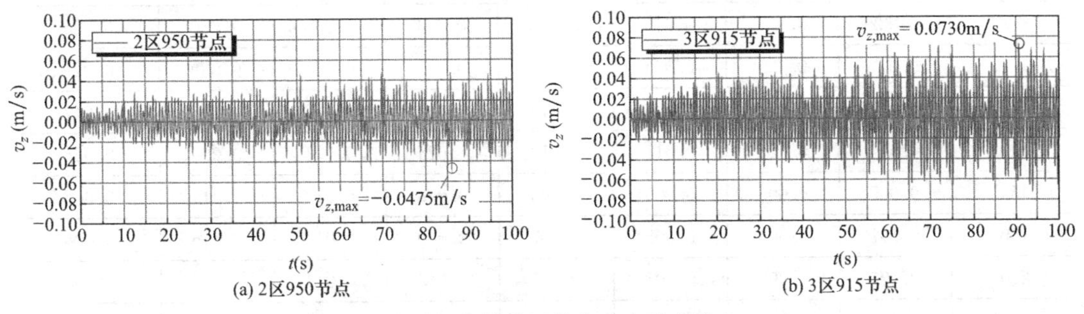

(a) 2区950节点　(b) 3区915节点

图 3-16　大罩棚钢结构屋盖各节点速度响应（一）

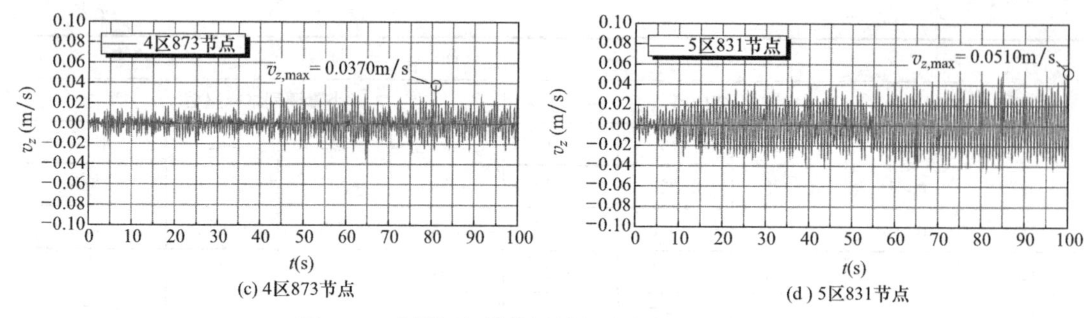

(c) 4区873节点　(d) 5区831节点

图 3-16　大罩棚钢结构屋盖各节点速度响应（二）

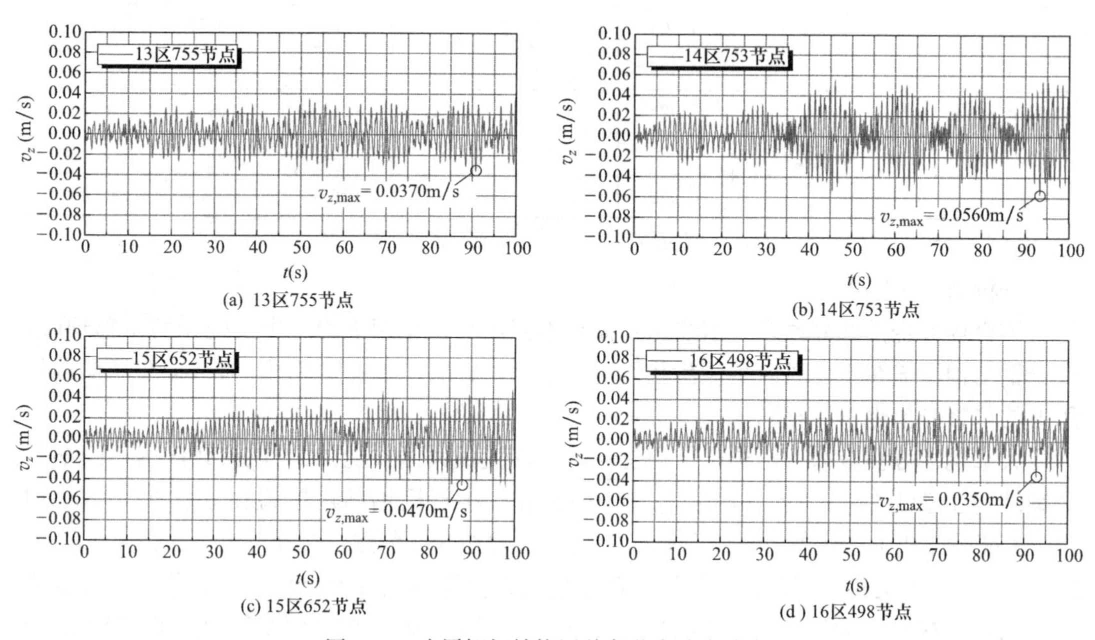

(a) 13区755节点　(b) 14区753节点

(c) 15区652节点　(d) 16区498节点

图 3-17　小罩棚钢结构屋盖各节点速度响应

各节点速度响应峰值　　**表 3-6**

工况	$v_{z,\max}$(m/s)							
	大罩棚钢结构屋盖				小罩棚钢结构屋盖			
	950	915	873	831	755	753	652	498
0°	0.010	0.015	0.012	0.012	0.008	0.011	0.012	0.008
30°	0.022	0.029	0.016	0.022	0.044	0.050	0.060	0.030
60°	0.021	0.025	0.029	0.025	0.037	0.041	0.039	0.029
90°	0.017	0.016	0.020	0.016	0.018	0.022	0.016	0.017
120°	0.014	0.020	0.011	0.013	0.024	0.034	0.020	0.024
150°	0.005	0.006	0.005	0.006	0.008	0.013	0.011	0.008
180°	0.007	0.009	0.005	0.007	0.009	0.014	0.016	0.008
210°	0.006	0.008	0.005	0.007	0.013	0.014	0.016	0.008
240°	0.008	0.007	0.007	0.008	0.021	0.023	0.021	0.015

续表

工况	$v_{z,\max}$(m/s)							
	大罩棚钢结构屋盖				小罩棚钢结构屋盖			
	950	915	873	831	755	753	652	498
270°	0.021	0.018	0.028	0.019	0.026	0.033	0.023	0.025
300°	0.031	0.047	0.028	0.033	0.020	0.028	0.017	0.020
330°	0.048	0.073	0.038	0.051	0.037	0.056	0.047	0.035

注：表中 950 表示 2 区 950 节点；915 表示 3 区 915 节点，其余类推。

分析结果表明：

体育场大悬挑部分预应力钢结构屋盖在不同风荷载作用下均产生了较大的速度响应，由于屋盖在不同风向角风荷载作用下不同位置的体形系数不同，各风向角风荷载作用下的速度峰值也不尽相同。

大悬挑部分预应力钢结构屋盖的速度响应峰值最大值出现在 330°风荷载作用下的大罩棚钢结构屋盖的 915 节点，$v_{z,\max}=0.073$m/s。小罩棚钢结构屋盖在 60°、90°、120°、150°、240°、270°、300°和 330°风荷载作用下产生的最大位移响应峰值均出现在 753 节点，在 0°、30°、180°和 210°风荷载作用下产生的最大位移响应峰值出现在 652 节点；大罩棚钢结构屋盖在 0°、30°、120°、150°、180°、210°、240°、300°和 330°风荷载作用下产生的最大位移响应峰值均出现在 915 节点，在 60°和 90°风荷载作用下产生的最大位移响应峰值均出现在 873 节点，在 270°风荷载作用下产生的最大位移响应峰值出现在 950 节点。

（3）节点加速度响应

图 3-18 和图 3-19 分别给出了大、小罩棚钢结构屋盖典型区域的 8 个节点在 330°风荷载作用下的风致竖向加速度时程曲线，总时长为 100s。表 3-7 给出了结构典型区域的 8 个节点在 12 个风向角风荷载作用下的加速度响应峰值。

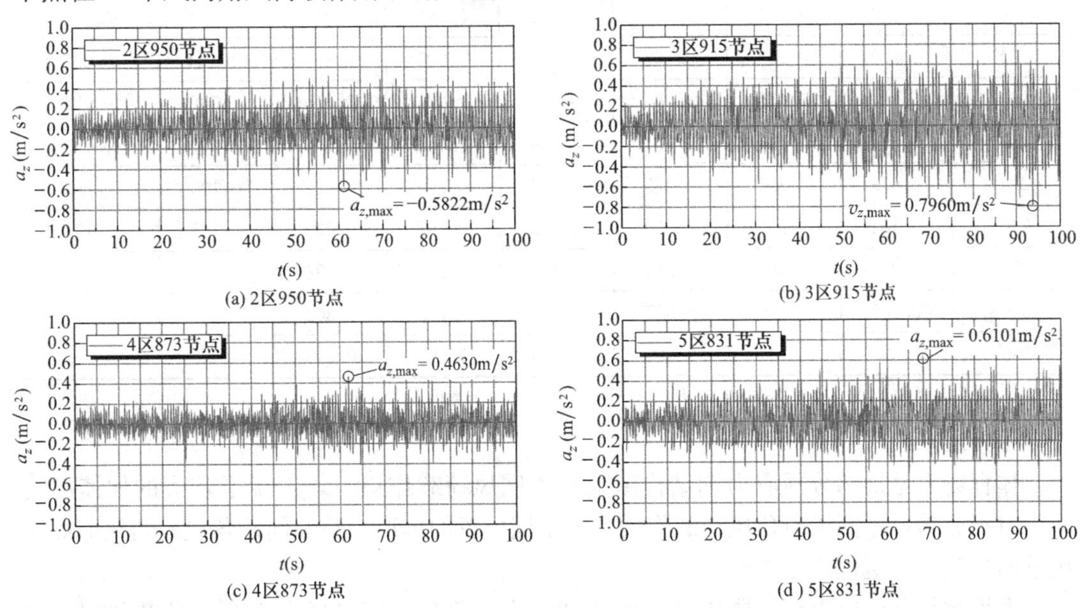

(a) 2区950节点　(b) 3区915节点　(c) 4区873节点　(d) 5区831节点

图 3-18　大罩棚钢结构屋盖各节点加速度响应

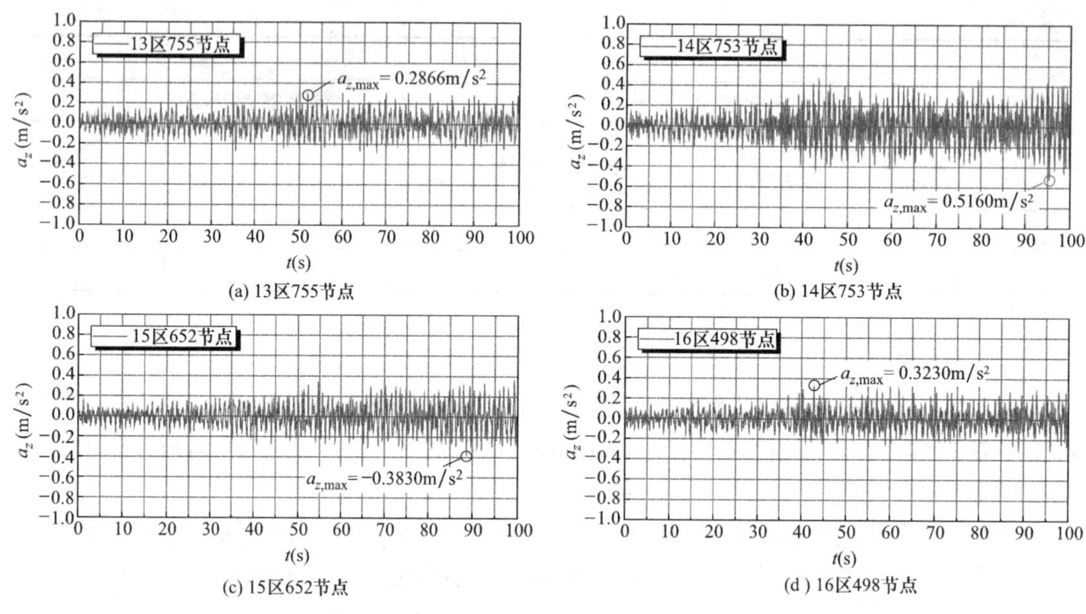

(a) 13区755节点 (b) 14区753节点 (c) 15区652节点 (d) 16区498节点

图 3-19 小罩棚钢结构屋盖各节点加速度响应

各节点加速度响应峰值 **表 3-7**

工况	$a_{z,\max}$ (m/s²)							
	大罩棚钢结构屋盖				小罩棚钢结构屋盖			
	950	915	873	831	755	753	652	498
0°	0.136	0.179	0.151	0.146	0.068	0.089	0.091	0.066
30°	0.285	0.336	0.206	0.279	0.334	0.467	0.400	0.335
60°	0.274	0.316	0.342	0.326	0.304	0.441	0.285	0.301
90°	0.204	0.186	0.232	0.222	0.163	0.257	0.124	0.170
120°	0.200	0.209	0.160	0.175	0.205	0.363	0.200	0.225
150°	0.061	0.075	0.065	0.060	0.071	0.115	0.085	0.074
180°	0.076	0.093	0.065	0.086	0.085	0.100	0.112	0.083
210°	0.079	0.087	0.075	0.083	0.100	0.125	0.105	0.096
240°	0.102	0.101	0.110	0.112	0.181	0.236	0.167	0.178
270°	0.255	0.222	0.274	0.275	0.247	0.388	0.188	0.255
300°	0.468	0.529	0.347	0.386	0.166	0.302	0.163	0.185
330°	0.582	0.796	0.463	0.610	0.287	0.516	0.383	0.323

注：表中 950 表示 2 区 950 节点，915 表示 3 区 915 节点，其余类推。

分析结果表明：

体育场大悬挑部分预应力钢结构屋盖在不同风荷载作用下均产生了较大的加速度响应，由于屋盖在不同风向角风荷载作用下的不同位置的体形系数不同，各风向角风荷载作用下的加速度峰值也不尽相同。

大悬挑部分预应力钢结构屋盖的加速度响应峰值最大值出现在 330°风荷载作用下的

小罩棚钢结构屋盖的 915 节点，$a_{z,\max}=0.796\text{m/s}^2$。小罩棚钢结构屋盖在 30°、60°、90°、120°、150°、210°、240°、270°、300°和 330°风荷载作用下最大加速度响应峰值均出现在 753 节点，在 0°和 180°风荷载作用下最大加速度响应峰值出现在 652 节点；大罩棚钢结构屋盖在 0°、30°、120°、150°、180°、210°、300°和 330°风荷载作用下最大加速度响应峰值出现在 915 节点，在 60°和 90°风荷载作用下最大加速度响应峰值出现在 873 节点，在 240°和 270°风荷载作用下最大加速度响应峰值出现在 831 节点。

2. MTMD 模型风振响应分析

对设置 MTMD 的体育场大悬挑部分预应力钢结构屋盖模型进行分析，计算出钢结构屋盖典型区域的 8 个节点在 0°、30°、120°、150°、180°、210°、240°、300°和 330°风向角下的位移响应、速度响应和加速度响应。

（1）节点位移响应

图 3-20 和图 3-21 分别给出了安装 MTMD 的大、小罩棚钢结构屋盖典型区域的 8 个节点在 330°风荷载作用下的风致竖向位移时程曲线，总时长为 100s。表 3-8 给出了结构典型区域的 8 个节点在 12 个风向角风荷载作用下的位移响应峰值。

分析结果表明：

设置 MTMD 的大悬挑部分预应力钢结构屋盖的位移响应峰值最大值出现在 30°风荷载作用下的小罩棚钢结构屋盖的 498 节点，$x_{z,\max}=0.044\text{m}$。小罩棚钢结构屋盖在 0°、30°、120°、150°、180°、210°、240°、300°和 330°风荷载作用下产生的最大位移响应峰值均出现在 498 节点，在 60°、90°和 270°风荷载作用下产生的最大位移响应峰值出现在 753 节点；大罩棚钢结构屋盖在 0°、30°、180°、210°和 240°风荷载作用下产生的最大位移响应峰值均出现在 831 节点，在 60°风荷载作用下产生的最大位移响应峰值出现在 873 节点，在 90°、120°和 270°风荷载作用下产生的最大位移响应峰值出现在 915 节点，在 150°、300°和 330°风荷载作用下产生的最大位移响应峰值出现在 950 节点。

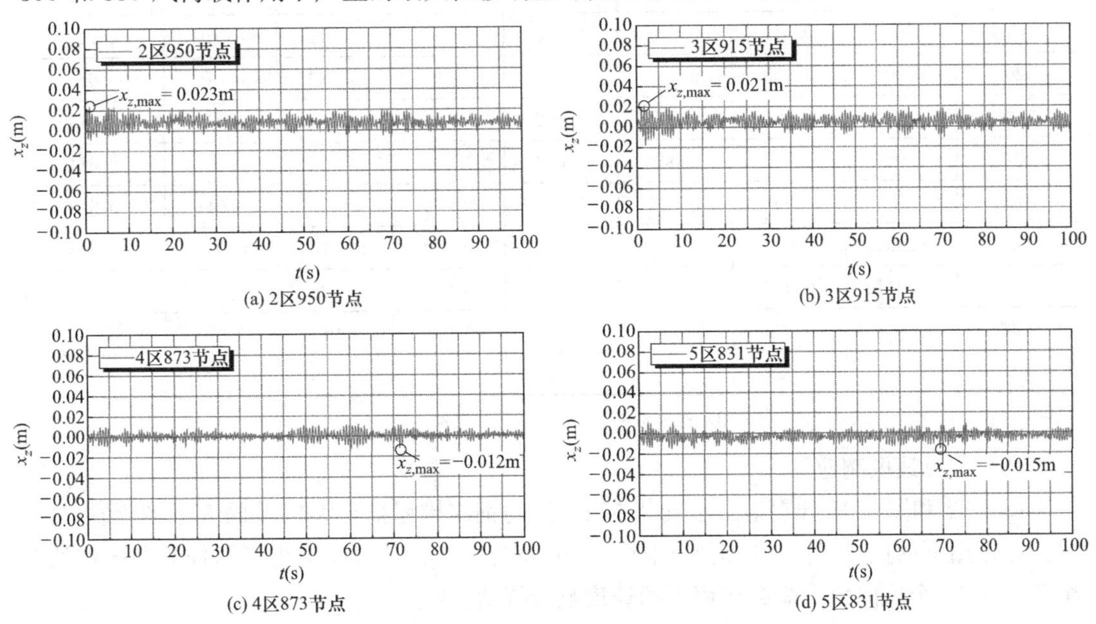

(a) 2区950节点　(b) 3区915节点

(c) 4区873节点　(d) 5区831节点

图 3-20 大罩棚钢结构屋盖各节点位移响应

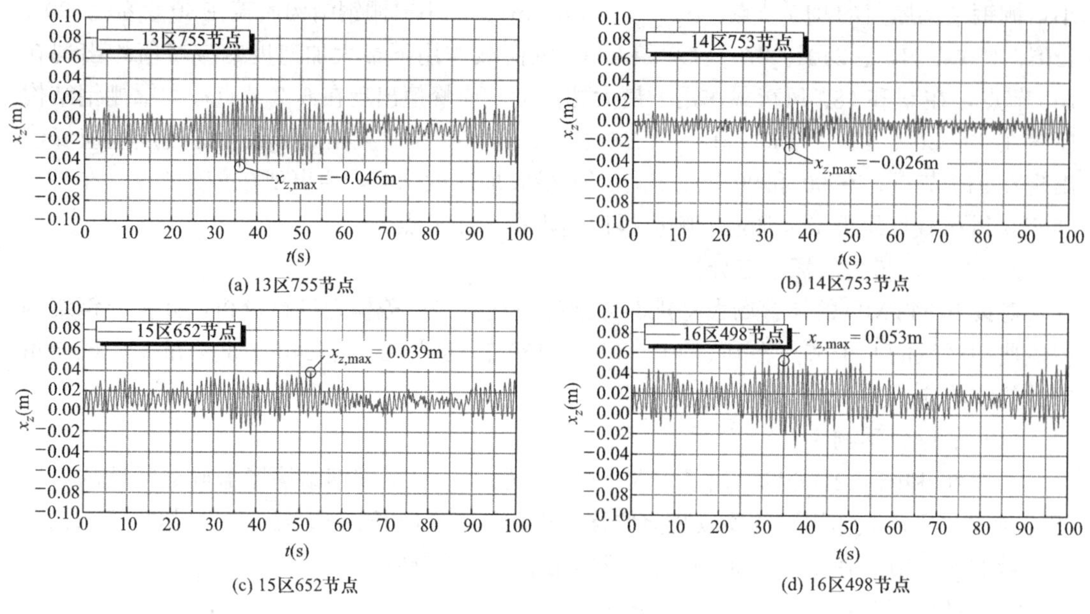

(a) 13区755节点 (b) 14区753节点 (c) 15区652节点 (d) 16区498节点

图 3-21 小罩棚钢结构屋盖各节点位移响应

各节点位移响应峰值 **表 3-8**

工况	$x_{z,\max}$(m)							
	大罩棚钢结构屋盖				小罩棚钢结构屋盖			
	950	915	873	831	755	753	652	498
0°	0.005	0.004	0.006	0.006	0.010	0.005	0.011	0.011
30°	0.008	0.008	0.008	0.009	0.031	0.034	0.004	0.044
60°	0.008	0.012	0.016	0.012	0.014	0.032	0.022	0.020
90°	0.010	0.011	0.009	0.006	0.014	0.019	0.010	0.012
120°	0.007	0.008	0.005	0.004	0.025	0.029	0.019	0.029
150°	0.003	0.002	0.002	0.002	0.011	0.005	0.010	0.013
180°	0.003	0.003	0.002	0.003	0.010	0.006	0.011	0.011
210°	0.002	0.003	0.003	0.003	0.009	0.009	0.011	0.013
240°	0.002	0.003	0.005	0.005	0.010	0.010	0.013	0.014
270°	0.011	0.013	0.011	0.008	0.023	0.026	0.016	0.019
300°	0.021	0.020	0.012	0.009	0.023	0.018	0.015	0.024
330°	0.023	0.021	0.012	0.015	0.046	0.026	0.039	0.053

注：表中 950 表示 2 区 950 节点，915 表示 3 区 915 节点，其余类推。

（2）节点速度响应

图 3-22 和图 3-23 分别给出了安装 MTMD 的钢结构屋盖典型区域的 8 个节点在 330° 风荷载作用下的风致竖向速度时程曲线，总时长为 100s。表 3-9 给出了结构典型区域的 8 个节点在 12 个风向角风荷载作用下的速度响应峰值。

分析结果表明：

设置MTMD的大悬挑部分预应力钢结构屋盖的速度响应峰值最大值出现在330°风荷载作用下的小罩棚钢结构屋盖的498节点，$v_{z,\max}=0.0275\text{m/s}$。小罩棚钢结构屋盖在0°、30°、120°、150°、180°、240°、300°和330°风荷载作用下产生的最大速度响应峰值均出现在498节点，在60°、90°和270°风荷载作用下产生的最大速度响应峰值均出现在753节点，在210°风荷载作用下产生的最大速度响应峰值出现在755节点；大罩棚钢结构屋盖在0°、60°和270°风荷载作用下产生的最大速度响应峰值均出现在873节点，在30°、90°、120°、150°、180°、210°、300°和330°风荷载作用下产生的最大速度响应峰值均出现在915节点，在240°风荷载作用下产生的最大速度响应峰值出现在831节点。

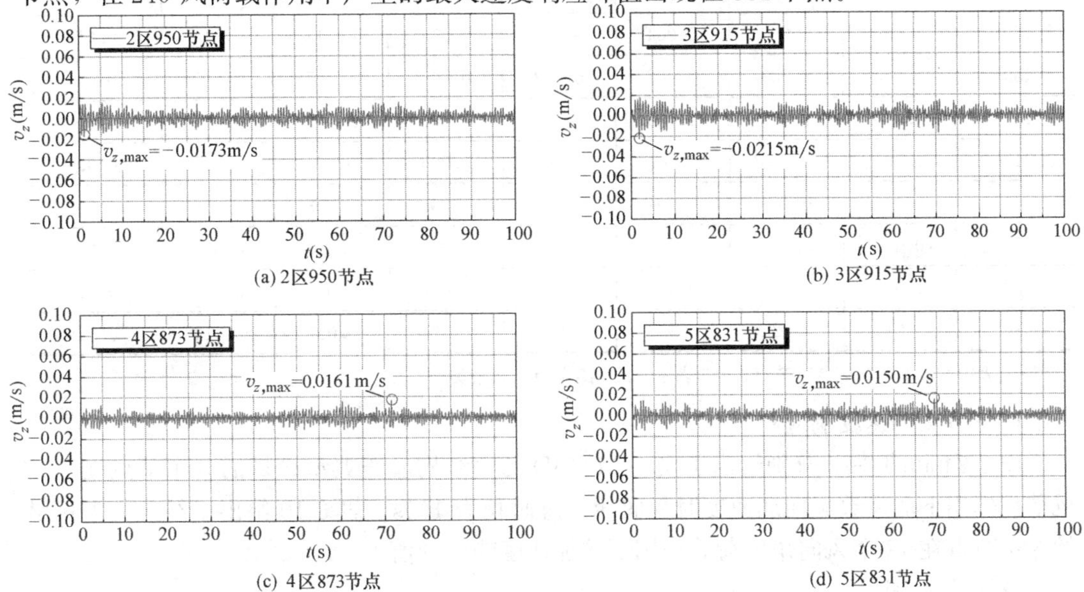

(a) 2区950节点　(b) 3区915节点　(c) 4区873节点　(d) 5区831节点

图3-22　大罩棚钢结构屋盖各节点速度响应

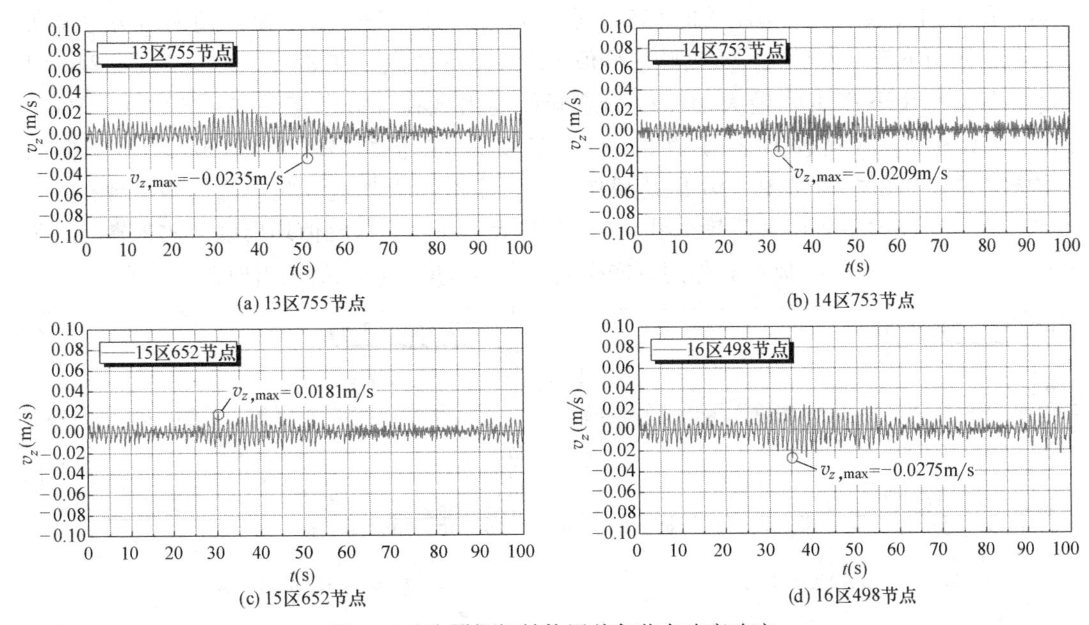

(a) 13区755节点　(b) 14区753节点　(c) 15区652节点　(d) 16区498节点

图3-23　小罩棚钢结构屋盖各节点速度响应

各节点速度响应峰值 表 3-9

工况	$v_{z,\max}$(m/s)							
	大罩棚钢结构屋盖				小罩棚钢结构屋盖			
	950	915	873	831	755	753	652	498
0°	0.004	0.005	0.006	0.005	0.005	0.004	0.005	0.006
30°	0.008	0.010	0.008	0.010	0.021	0.015	0.017	0.024
60°	0.009	0.010	0.012	0.011	0.013	0.014	0.009	0.014
90°	0.007	0.008	0.007	0.007	0.007	0.012	0.008	0.009
120°	0.006	0.006	0.004	0.004	0.014	0.018	0.013	0.019
150°	0.002	0.003	0.002	0.002	0.006	0.005	0.005	0.007
180°	0.003	0.003	0.003	0.003	0.006	0.005	0.005	0.006
210°	0.003	0.003	0.003	0.003	0.006	0.004	0.005	0.006
240°	0.004	0.004	0.004	0.004	0.008	0.008	0.006	0.009
270°	0.008	0.009	0.009	0.009	0.012	0.018	0.010	0.015
300°	0.016	0.016	0.012	0.010	0.012	0.015	0.010	0.016
330°	0.017	0.022	0.016	0.015	0.024	0.021	0.018	0.028

注：表中 950 表示 2 区 950 节点，915 表示 3 区 915 节点，其余类推。

(3) 节点加速度响应

图 3-24 和图 3-25 分别给出了安装 MTMD 的钢结构屋盖典型区域的 8 个节点在 330°风荷载作用下的风致竖向加速度时程曲线，总时长为 100s。表 3-10 给出了结构典型区域的 8 个节点在 12 个风向角风荷载作用下的加速度响应峰值。

分析结果表明：

设置 MTMD 的大悬挑部分预应力钢结构屋盖的加速度响应峰值最大值出现在 330°风荷载作用下的大罩棚钢结构屋盖的 915 节点，$a_{z,\max}=0.269\text{m/s}^2$。小罩棚钢结构屋盖在 0°风荷载作用下产生的最大加速度响应峰值出现在 755 节点，在 30°、180°、210°、240°和 330°风荷载作用下产生的最大加速度响应峰值均出现在 498 节点，在 60°、90°、120°、150°、270°和 300°风荷载作用下产生的最大加速度响应峰值均出现在 753 节点；大罩棚钢结构屋盖在 0°、30°、210°和 240°风荷载作用下产生的最大加速度响应峰值均出现在 831 节点，在 60°、90°和 270°风荷载作用下产生的最大加速度响应峰值均出现在 873 节点，在 120°、150°、300°和 330°风荷载作用下产生的最大加速度响应峰值均出现在 915 节点。

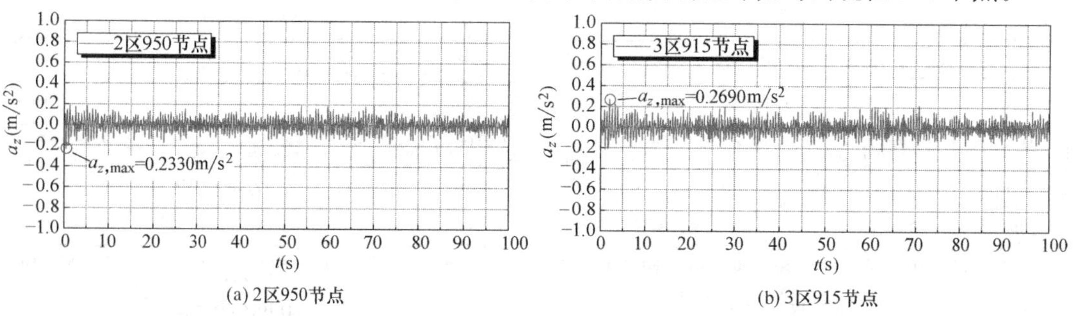

(a) 2区950节点 (b) 3区915节点

图 3-24 大罩棚钢结构屋盖各节点加速度响应（一）

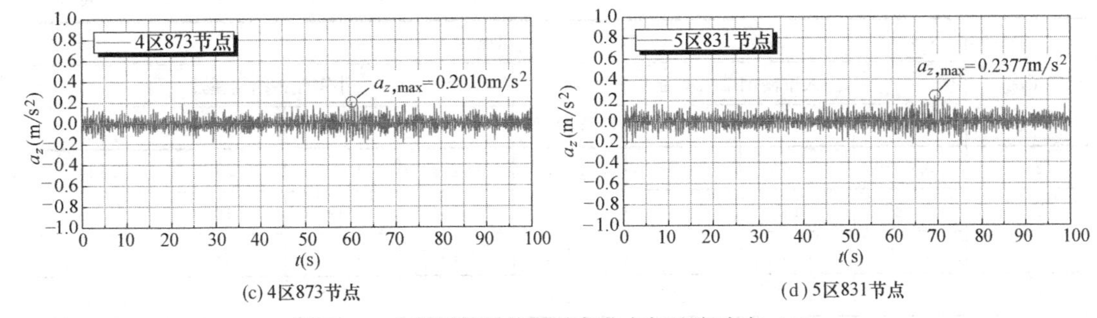

(c) 4区873节点　　(d) 5区831节点

图 3-24　大罩棚钢结构屋盖各节点加速度响应（二）

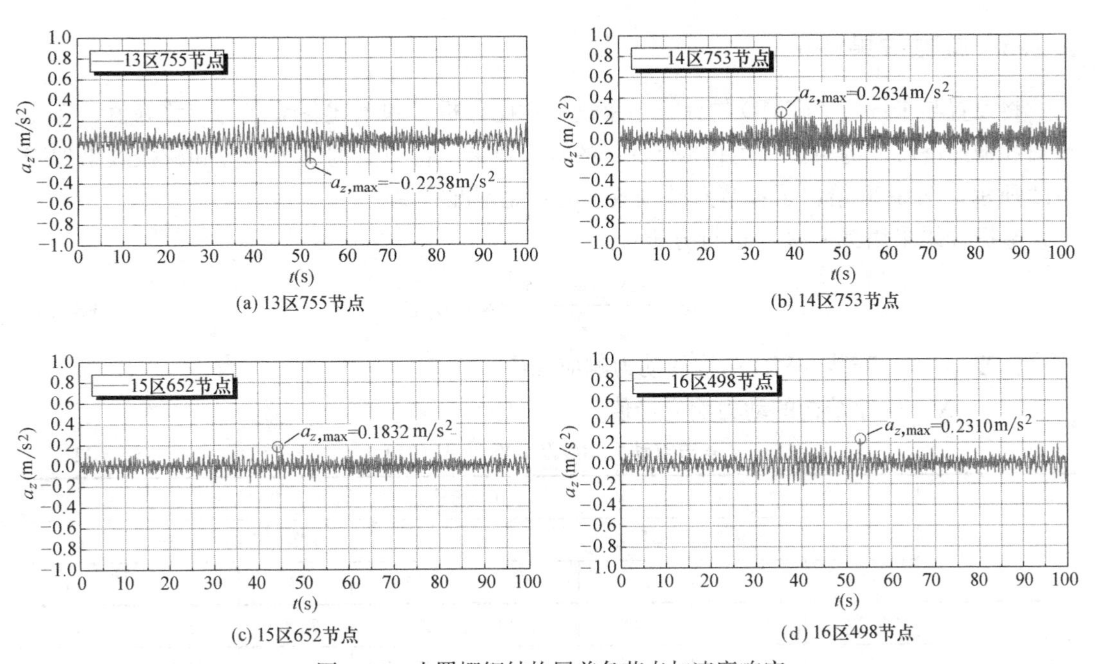

(a) 13区755节点　　(b) 14区753节点

(c) 15区652节点　　(d) 16区498节点

图 3-25　小罩棚钢结构屋盖各节点加速度响应

各节点位移响应峰值　　**表 3-10**

工况	$a_{z,max}$(m/s²)							
	大罩棚钢结构屋盖				小罩棚钢结构屋盖			
	950	915	873	831	755	753	652	498
0°	0.060	0.068	0.076	0.087	0.050	0.043	0.041	0.049
30°	0.122	0.129	0.124	0.133	0.212	0.187	0.172	0.227
60°	0.159	0.160	0.204	0.194	0.150	0.181	0.119	0.177
90°	0.105	0.121	0.129	0.115	0.089	0.144	0.072	0.110
120°	0.082	0.094	0.083	0.072	0.166	0.202	0.124	0.160
150°	0.029	0.034	0.027	0.030	0.050	0.059	0.043	0.052
180°	0.033	0.047	0.035	0.035	0.058	0.051	0.042	0.061
210°	0.039	0.044	0.043	0.045	0.063	0.053	0.049	0.067

续表

工况	$a_{z,\max}$(m/s²)							
	大罩棚钢结构屋盖				小罩棚钢结构屋盖			
	950	915	873	831	755	753	652	498
240°	0.057	0.064	0.066	0.067	0.101	0.099	0.077	0.118
270°	0.126	0.148	0.160	0.146	0.134	0.195	0.103	0.162
300°	0.216	0.226	0.186	0.144	0.135	0.168	0.096	0.125
330°	0.233	0.269	0.201	0.238	0.224	0.263	0.183	0.231

注：表中950表示2区950节点，915表示3区915节点，其余类推。

3.2.3 减振效果评价

将设置与未设置MTMD的计算结果进行对比分析，即上述各节点的位移峰值、速度峰值和加速度峰值的对比，可得MTMD的减振效果。各节点的动力响应和减振效果如表3-11所示，图3-26给出了各节点减振效果的对比情况。

减振效果采用减振率ω进行分析：

$$\omega=\frac{|X_{\mathrm{TMD}}-X|}{X}\times 100\% \tag{3-23}$$

式中：X_{TMD}——安装TMD结构的动力响应峰值；

X——原结构的动力响应峰值。

各节点动力响应及减振效果（%） **表3-11**

工况		节点编号							
		大罩棚钢结构屋盖				小罩棚钢结构屋盖			
		950	915	873	831	755	753	652	498
0°	ω_x	50.00	76.47	53.85	57.14	37.50	75.00	52.17	15.38
	ω_v	58.42	70.13	52.59	55.17	35.37	68.47	60.50	27.63
	ω_a	55.83	62.07	49.54	40.33	25.88	51.47	55.69	26.18
30°	ω_x	57.89	71.43	38.46	64.00	53.03	62.64	65.21	26.67
	ω_v	63.23	65.75	49.04	55.25	51.69	69.66	71.38	19.80
	ω_a	57.11	61.63	39.66	52.26	36.34	59.95	56.99	32.25
60°	ω_x	55.56	58.62	42.86	58.62	70.83	54.29	69.01	55.56
	ω_v	58.74	60.32	58.54	54.47	63.88	66.10	75.71	52.45
	ω_a	42.03	49.38	40.29	40.44	50.58	59.04	58.29	41.14
90°	ω_x	37.50	47.62	55.00	64.71	53.33	48.65	54.55	47.83
	ω_v	57.99	52.83	62.76	55.35	57.71	46.85	52.53	45.88
	ω_a	48.53	35.10	44.68	48.15	45.19	43.90	42.00	35.20
120°	ω_x	53.33	61.90	54.55	73.33	46.51	43.14	29.63	29.27
	ω_v	58.33	68.72	60.00	68.66	39.57	47.38	38.73	20.33
	ω_a	58.85	55.30	48.31	59.01	19.10	44.40	38.02	30.68

续表

工况		节点编号							
		大罩棚钢结构屋盖				小罩棚钢结构屋盖			
		950	915	873	831	755	753	652	498
150°	ω_x	40.00	71.43	60.00	60.00	31.25	75.00	44.44	18.75
	ω_v	55.10	59.38	67.35	62.50	34.52	62.20	52.83	15.38
	ω_a	52.61	54.89	58.29	50.42	29.89	48.39	49.29	29.21
180°	ω_x	50.00	66.67	50.00	62.50	41.18	73.91	60.71	25.42
	ω_v	60.61	63.74	47.92	59.42	36.56	64.75	71.15	20.25
	ω_a	56.61	49.03	45.52	59.14	31.41	49.25	62.88	26.55
210°	ω_x	60.00	66.67	25.00	62.50	50.00	64.00	62.07	18.75
	ω_v	55.00	60.71	42.55	54.41	48.80	71.63	70.99	23.17
	ω_a	50.38	49.66	43.28	45.90	37.34	57.69	53.59	30.29
240°	ω_x	66.67	66.67	28.57	50.00	62.96	74.36	65.79	48.15
	ω_v	53.33	55.81	43.84	46.25	62.20	66.96	71.50	41.18
	ω_a	44.13	36.44	39.98	40.25	44.22	57.90	54.02	33.75
270°	ω_x	42.11	40.91	52.17	61.90	47.73	52.73	52.94	44.12
	ω_v	60.00	50.00	59.47	51.89	53.46	46.22	58.97	39.68
	ω_a	50.53	33.36	41.76	46.89	45.86	49.76	44.88	36.32
300°	ω_x	43.24	64.29	52.00	73.53	39.47	58.14	31.82	29.41
	ω_v	49.84	66.60	59.01	68.88	40.91	47.00	39.76	22.66
	ω_a	53.90	57.25	46.33	62.78	18.89	44.43	41.12	32.36
330°	ω_x	58.18	74.70	62.50	72.73	36.11	70.11	49.35	18.46
	ω_v	63.58	69.45	57.18	70.59	36.14	62.88	61.81	20.75
	ω_a	60.05	66.25	56.70	61.04	21.91	48.96	52.17	28.51

注：ω_x—竖向位移减振率；ω_v—竖向速度减振率；ω_a—竖向加速度减振率。

分析结果表明：

（1）体育场大悬挑部分预应力钢结构屋盖中设置调谐质量阻尼器（TMD）能够对结构的振动起到很好的抑制作用，具有较好的减振效果。大悬挑部分预应力钢结构屋盖中的最大位移减振率 $\omega_{x,max}$ =76.47%，出现在0°风荷载作用下的大罩棚钢结构屋盖的915节点；最大速度减振率 $\omega_{v,max}$ =75.71%，出现在60°风荷载作用下的小罩棚钢结构屋盖的652节点；最大加速度减振率 $\omega_{a,max}$ =66.25%，出现在330°风荷载作用下的大罩棚钢结构屋盖的915节点。

（2）调谐质量阻尼器对大悬挑部分预应力钢结构屋盖的位移减振率 ω_x 能够控制在15.38%～76.47%范围内，速度减振率 ω_v 能够控制在15.38%～75.71%范围内，加速度减振率 ω_a 能够控制在18.89%～66.25%范围内。调谐质量阻尼器的减振效果的跨度较大，主要与节点的位置有关系，靠近TMD节点的减振效果稳定，而远离TMD节点的减振率较小。

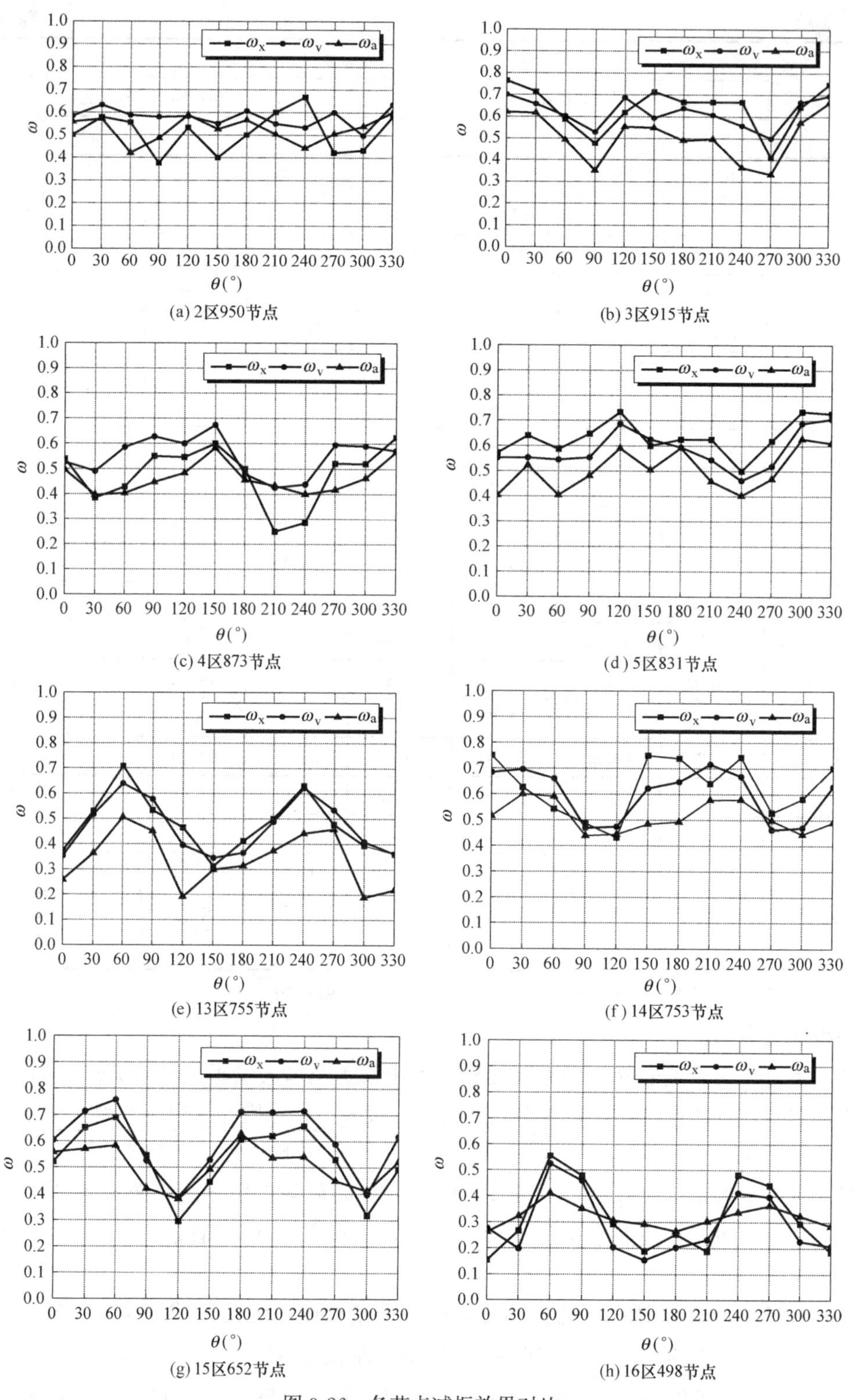

(a) 2区950节点

(b) 3区915节点

(c) 4区873节点

(d) 5区831节点

(e) 13区755节点

(f) 14区753节点

(g) 15区652节点

(h) 16区498节点

图 3-26 各节点减振效果对比

（3）大、小罩棚钢结构屋盖相互独立且不具有对称性，但调谐质量阻尼器在大悬挑部分预应力钢结构屋盖中的减振效果呈现出一定的对称性。2 区 950 节点的减振率较为平稳，能够保持在 37.50%～66.67%，减振效果近似于关于 180°风向角的轴对称；3 区 915 节点的减振率在 90°和 270°风向角下达到波谷，减振效果整体上呈现 W 形，关于 180°风向角的轴对称较为明显；4 区 873 节点的减振率在 150°风向角下达到波峰，210°风向角下达到波谷，减振效果整体上呈现 N 形，关于 180°风向角的中心对称；5 区 831 节点的减振效果与 4 区 873 节点类似，整体上呈现 N 形，分别在 120°和 240°风向角下达到波峰和波谷，近似于关于 180°风向角呈中心对称；13 区 755 节点和 16 区 498 节点的减振效果整体上呈 M 形，在 60°和 240°风向角下分别达到波峰，关于 180°风向角呈轴对称；14 区 753 节点和 15 区 652 节点的减振率在 120°和 300°风向角下达到波谷，减振效果整体上呈现 W 形，近似关于 180°风向角呈轴对称。

3.3　小结

（1）采用线性滤波法中的自回归法（AR 法）进行脉动风速时程的模拟，编制了模拟空间多点的风速时程程序，得到了与 Davenport 谱吻合度较好的风速功率谱。利用风速与风压之间的关系，求解出不同高度处风压时程曲线。实现了大悬挑部分预应力罩棚钢结构屋盖各节点具有空间、时间相关性的风速时程样本的模拟。

（2）大、小罩棚钢结构屋盖的动力特性相对独立，相互干扰较小，可进行独立分析；结构阵型阶次与结构自振频率的关系接近线性。结构的第一阶频率是 0.837Hz，即结构基本周期约为 1.19s，说明该结构的刚度相对较小，易受外部风荷载的影响产生较大振动。

（3）体育场大悬挑部分预应力钢结构屋盖在不同风荷载作用下均产生了较大的位移、速度和加速度响应，由于大悬挑部分预应力钢结构屋盖在不同风向角风荷载作用下的不同位置的体形系数不同，各风向角风荷载作用下的位移、速度和加速度峰值也不尽相同。

（4）大悬挑部分预应力钢结构屋盖的位移响应峰值最大值出现在 30°风荷载作用下的小罩棚钢结构屋盖的 753 节点，$x_{z,\max}=0.091$m；速度响应峰值最大值出现在 330°风荷载作用下的大罩棚钢结构屋盖的 915 节点，$v_{z,\max}=0.073$m/s；加速度响应峰值最大值出现在 330°风荷载作用下的小罩棚钢结构屋盖的 915 节点，$a_{z,\max}=0.796\text{m/s}^2$；设置 MTMD 的大悬挑部分预应力钢结构屋盖的位移响应峰值最大值出现在 30°风荷载作用下的小罩棚钢结构屋盖的 498 节点，$x_{z,\max}=0.044$m；速度响应峰值最大值出现在 330°风荷载作用下的小罩棚钢结构屋盖的 498 节点，$v_{z,\max}=0.0275$m/s；加速度响应峰值最大值出现在 330°风荷载作用下的大罩棚钢结构屋盖的 915 节点，$a_{z,\max}=0.2688\text{m/s}^2$。

（5）设置 MTMD 的大悬挑部分预应力钢结构屋盖的动力响应得到很好的抑制，最大减振率分别为：最大位移减振率 $\omega_{x,\max}=76.47\%$，最大速度减振率 $\omega_{v,\max}=75.71\%$，最大加速度减振率 $\omega_{a,\max}=66.25\%$，验证了调谐质量阻尼器的良好减振效果。

（6）大悬挑部分预应力钢结构屋盖的减振效果呈现出一定的对称性，对称情况主要分为：W 形、N 形和 M 形，近似关于 180°风向角呈对称性。

第4章 体育场大悬挑部分预应力钢结构屋盖MTMD减振

蚌埠体育中心的体育场建筑造型新颖，结构形式复杂，其大悬挑部分预应力钢结构屋盖自重较轻、阻尼较小、柔度较大，是一种典型的风敏感结构，在风荷载作用下易引起结构的共振现象。另外，蚌埠市处于典型的北亚热带湿润季风气候区与南温带半湿润季风气候区的过渡带，年平均风速可达 2.5m/s 以上。风场环境较为复杂，外部风场环境会对体育场大悬挑部分预应力钢结构屋盖造成较大的影响，易使其产生较大的振动，诱发钢结构屋盖产生不必要的累积损伤。

为了减小外部风荷载对体育场大悬挑部分预应力钢结构屋盖的影响，在大悬挑部分预应力钢结构屋盖中设置多重调谐质量阻尼器（MTMD）。阻尼器的参数设置均根据第 3 章数值模拟计算得到，由于没有相同工程经验借鉴，因此无法确认设置 MTMD 能否发挥减振效果。考虑到 MTMD 只有在其频率和主体结构频率相等或相近时才能发挥最大减振效果，当主体结构质量到位时，对 MTMD 减振效果进行现场测试和分析。

4.1 调谐质量阻尼器减振测试方案

4.1.1 传感器测点布置

体育场大悬挑部分预应力钢结构屋盖的振动敏感点主要集中在屋盖结构悬挑端的中间位置，为了更加有效地对比 MTMD 工作前后结构的动力响应，大悬挑部分预应力钢结构屋盖加速度测试点分布如图 4-1 所示。

由图 4-1 可知，加速度测试点主要分布在Ⅱ-35 轴右侧钢梁悬挑端、Ⅱ-40 轴右侧钢梁悬挑端、Ⅱ-43 轴左侧钢梁悬挑端、Ⅱ-1 轴左侧钢梁悬挑端、Ⅱ-6 轴左侧钢梁悬挑端、Ⅱ-8 轴左侧钢梁悬挑端和Ⅱ-77 轴右侧钢梁悬挑端。

由于体育场大悬挑部分预应力钢结构屋盖的南北侧刚度较大，故在径向钢梁悬挑端设置水平和竖向加速度传感器，布置在 H 型钢梁的下翼缘板内侧，现场加速度传感器布置如图 4-2 所示。

4.1.2 加速度传感器测试系统

现场动力响应测试采用超低频磁电式速度/加速度传感器（图 4-2b），主要用于地面

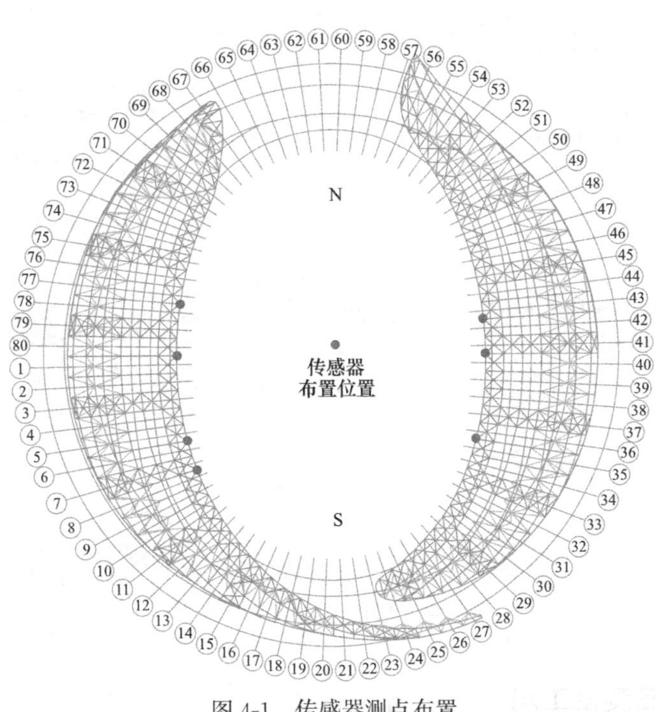

图 4-1　传感器测点布置

(a) TMD安装位置

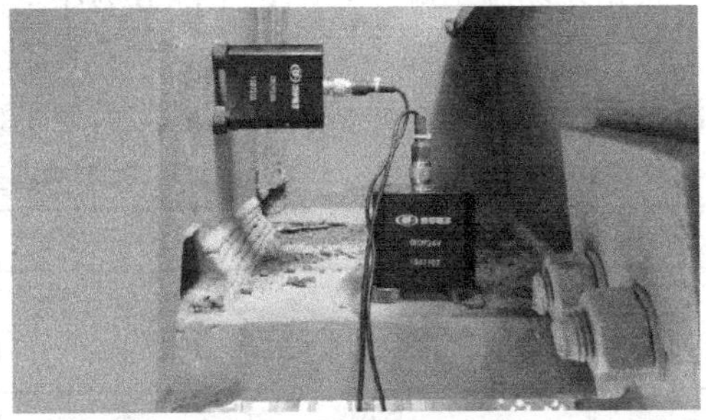

(b) 传感器布置

(c) 传感器线路布置

(d) 数据采集系统

图 4-2　现场传感器布置

和结构物的脉动测量、一般结构物的工业振动测量、高柔结构物的超低频大幅度测量和微弱振动测量。仪器的通频带范围处于 0.25～100Hz，满足本次现场测试的频带要求。

动态信号采集和分析系统均选用计算机虚拟仪器图形编程软件 LabVIEW[223]。为了有效采集现场的振动信号，利用 LabVIEW 软件编制了采集程序，工作界面如图 4-3 所示。

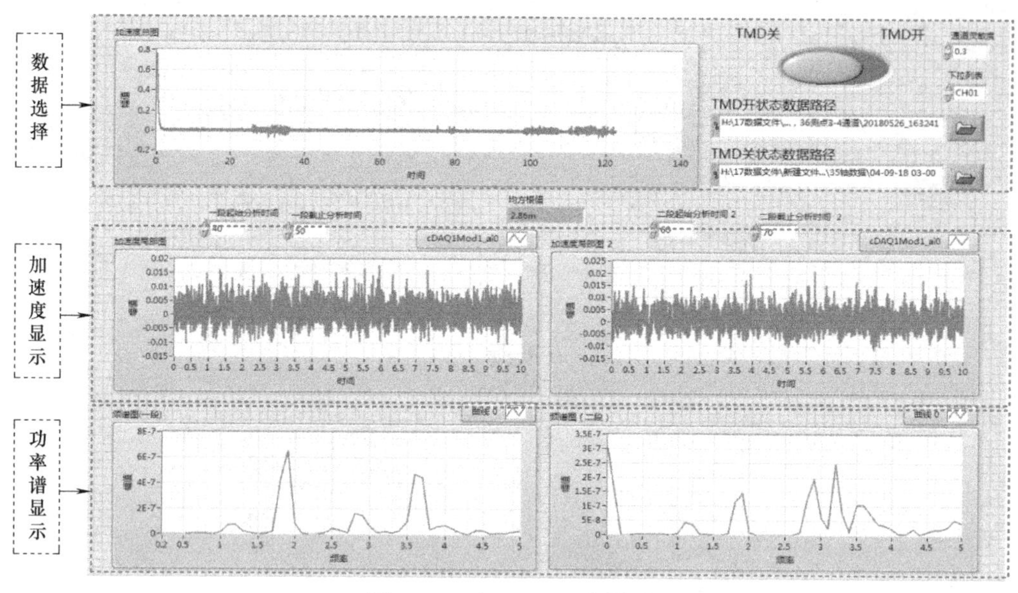

图 4-3　LabVIEW 工作界面

4.1.3　动力响应测试工况

根据现场施工顺序，测试工况分为小罩棚钢结构屋盖测试工况和大罩棚钢结构屋盖测试工况，测试工况如表 4-1 所示。为了保证结果的准确性，测试过程中尽量减小现场施工对测试环境的影响，尽量保证测试前后现场外界环境一致。

钢结构屋盖测试工况　　表 4-1

屋盖	工况编号	是否打开 TMD	现场有无施工	现场风速	风向
小罩棚	X-01	否	否	一致	一致
	X-02	是	否		
大罩棚	D-01	否	否	一致	一致
	D-02	是	否		

注：X-01 表示小罩棚钢结构屋盖测试工况 1，D-01 表示大罩棚钢结构屋盖测试工况 1，其余类推。

待体育场大悬挑部分预应力钢结构屋盖上所有 MTMD 安装完，严格测量现场风荷载情况，在保证现场测试环境稳定情况下，对 MTMD 关闭和开启两个状态的大悬挑部分预应力钢结构屋盖进行动力响应测试，获取屋盖的现场动力响应数据。

4.2　小罩棚钢结构屋盖振动测试结果分析

4.2.1　MTMD 关闭状态测试结果与分析

小罩棚钢结构屋盖的振动测试过程中，采集了 35 轴、40 轴和 43 轴径向钢梁悬挑端三个测点（编号为：35 号、40 号和 43 号）的动力响应数据。由于体育场测试环境的波动性较大，为了尽可能地减小现场环境对测试数据准确性的影响，每个测点分时段采集了 5

组数据。对每组数据进行分析时，选取同一测试组中的两小段数据稳定的不同测试段进行分析对比，以减小仪器和现场干扰对测试结果的影响。

表4-2和表4-3分别给出了小罩棚钢结构屋盖在MTMD关闭状态下的竖向动力响应均值a_{cv}和水平向动力响应均值a_{ch}；图4-4给出了小罩棚钢结构屋盖的加速度（a）-时间（t）变化曲线。

MTMD关闭状态下小罩棚钢结构屋盖竖向动力响应　　表4-2

测试点		$a_{cv,max}$(m/s²)			a_{cv}(m/s²)		
		35号	40号	43号	35号	40号	43号
测试组次	C-V-1	0.01856	0.01563	0.01270	0.00269	0.00251	0.00362
	C-V-2	0.01868	0.02358	0.01397	0.00269	0.00273	0.00374
	C-V-3	0.06571	0.02253	0.01607	0.00437	0.00270	0.00365
	C-V-4	0.02420	0.01623	0.01512	0.00274	0.00278	0.00369
	C-V-5	0.02006	0.01206	0.01445	0.00296	0.00217	0.00367

注：C-V-1表示MTMD关闭状态下，竖向动力响应测试第1组数据，其余类推；$a_{cv,max}$表示MTMD关闭状态下，结构竖向加速度响应最大值；a_{cv}表示MTMD关闭状态下，结构竖向加速度响应均值。

MTMD关闭状态下小罩棚钢结构屋盖水平动力响应　　表4-3

测试点		$a_{ch,max}$(m/s²)			a_{ch}(m/s²)		
		35号	40号	43号	35号	40号	43号
测试组次	C-H-1	0.01536	0.01484	0.01398	0.00364	0.00218	0.00500
	C-H-2	0.01474	0.01895	0.01443	0.00362	0.00208	0.00506
	C-H-3	0.04970	0.01690	0.01469	0.00413	0.00275	0.00502
	C-H-4	0.02022	0.01082	0.01492	0.00364	0.00216	0.00503
	C-H-5	0.01575	0.01031	0.01644	0.00363	0.00180	0.00500

注：C-H-1表示MTMD关闭状态下，水平向动力响应测试第1组数据，其余类推；$a_{ch,max}$表示MTMD关闭状态下，结构水平向加速度响应最大值；a_{ch}表示MTMD关闭状态下，结构水平加速度响应均值。

分析结果表明：

（1）小罩棚钢结构屋盖的竖向和水平动力响应均值在不同的测试时间段内变化均较为稳定，说明现场测试环境能够在测试时间内保持稳定变化，可以为后期数据对比提供有效保证。

（2）35号、40号和43号测点竖向加速度响应均值a_{cv}分别稳定在0.00269m/s²、0.00251m/s²和0.00362m/s²；相应峰值$a_{cv,max}$分别稳定在0.01806m/s²、0.01786m/s²和0.01270m/s²。

（3）35号、40号和43号测点水平加速度响应均值a_{ch}分别稳定在0.00364m/s²、0.00275m/s²和0.00500m/s²；相应峰值$a_{ch,max}$分别稳定在0.01536m/s²、0.02253m/s²和0.01313m/s²。

4.2.2　MTMD开启状态测试结果与分析

表4-4和表4-5分别给出了小罩棚钢结构屋盖在MTMD开启状态下的竖向动力响应

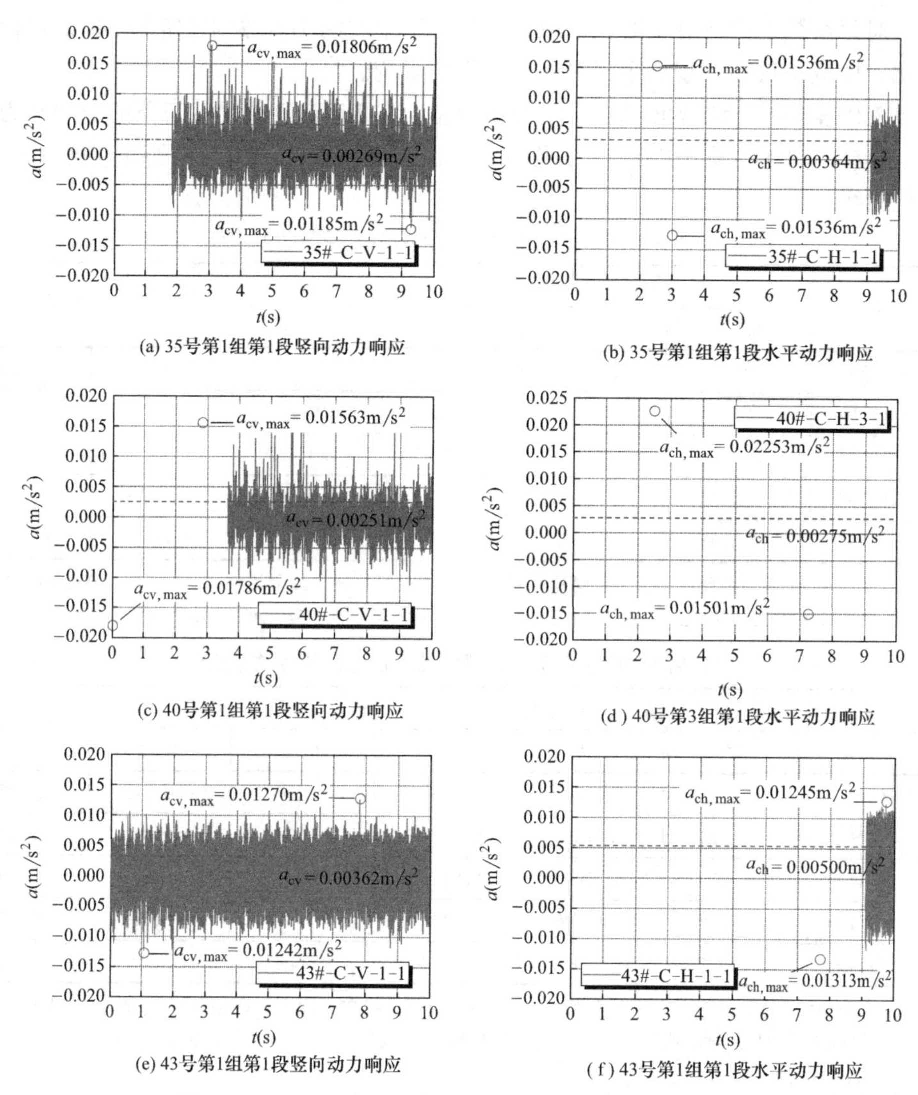

(a) 35号第1组第1段竖向动力响应

(b) 35号第1组第1段水平动力响应

(c) 40号第1组第1段竖向动力响应

(d) 40号第3组第1段水平动力响应

(e) 43号第1组第1段竖向动力响应

(f) 43号第1组第1段水平动力响应

图 4-4 MTMD关闭状态下小罩棚钢结构屋盖动力响应

均值 a_{ov} 和水平动力响应均值 a_{oh}；图 4-5 给出了小罩棚钢结构屋盖三个测点在测试中的两组加速度（a）-时间（t）变化曲线。

MTMD 开启状态下小罩棚钢结构屋盖竖向动力响应　　表 4-4

测试点		$a_{ov,max}$(m/s²)			a_{ov}(m/s²)		
		35号	40号	43号	35号	40号	43号
测试组次	O-V-1	0.00435	0.00588	0.00666	0.00136	0.00220	0.00211
	O-V-2	0.00398	0.00505	0.00452	0.00134	0.00206	0.00196
	O-V-3	0.00446	0.00499	0.00401	0.00144	0.00203	0.00193
	O-V-4	0.00381	0.00468	0.00526	0.00126	0.00201	0.00195
	O-V-5	0.00353	0.00523	0.00366	0.00126	0.00202	0.00195

注：O-V-1 表示 MTMD 开启状态下，竖向动力响应测试第 1 组数据，其余类推；$a_{ov,max}$ 表示 MTMD 开启状态下，结构竖向加速度响应最大值；a_{ov} 表示 MTMD 开启状态下，结构竖向加速度响应均值。

MTMD 开启状态下小罩棚钢结构屋盖水平动力响应　　表 4-5

测试点		$a_{oh,max}$(m/s²)			a_{oh}(m/s²)		
		35 号	40 号	43 号	35 号	40 号	43 号
测试组次	O-H-1	0.00110	0.00366	0.00158	0.00034	0.00133	0.00073
	O-H-2	0.00132	0.00359	0.00136	0.00048	0.00120	0.00066
	O-H-3	0.00126	0.00316	0.00114	0.00051	0.00118	0.00061
	O-H-4	0.00126	0.00306	0.00129	0.00051	0.00117	0.00065
	O-H-5	0.00118	0.00354	0.00113	0.00049	0.00120	0.00062

注：O-H-1 表示 MTMD 开启状态下，水平向动力响应测试第 1 组数据，其余类推；$a_{oh,max}$ 表示 MTMD 开启状态下，结构水平加速度响应最大值；a_{oh} 表示 MTMD 开启状态下，结构水平加速度响应均值。

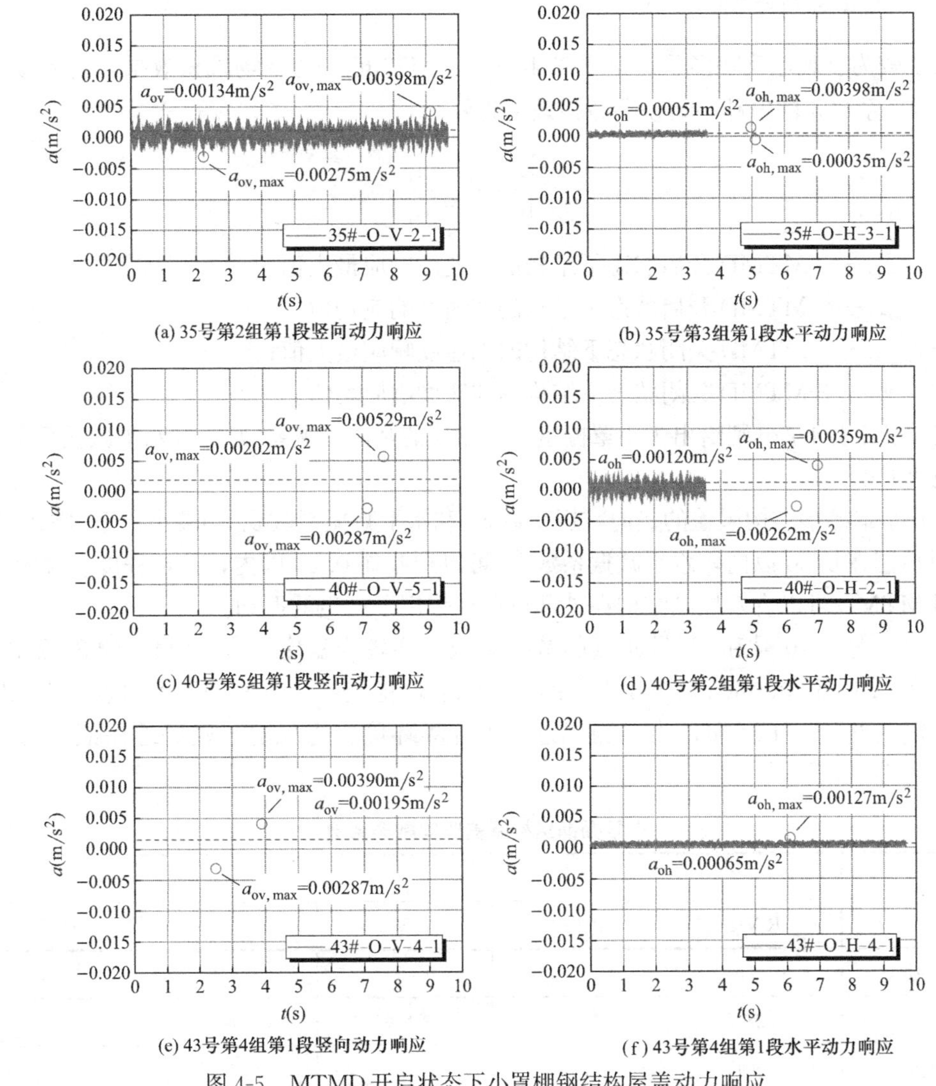

(a) 35号第2组第1段竖向动力响应
(b) 35号第3组第1段水平动力响应
(c) 40号第5组第1段竖向动力响应
(d) 40号第2组第1段水平动力响应
(e) 43号第4组第1段竖向动力响应
(f) 43号第4组第1段水平动力响应

图 4-5　MTMD 开启状态下小罩棚钢结构屋盖动力响应

分析结果表明：

（1）小罩棚钢结构屋盖的竖向和水平动力响应均值在不同的测试时间段内变化均较为稳定，说明现场测试环境能够在测试时间内保持稳定变化，可以为后期数据对比提供有效保证。

（2）35号、40号和43号测点竖向加速度响应均值 a_{ov} 分别稳定在 $0.00134m/s^2$、$0.00202m/s^2$ 和 $0.00195m/s^2$；相应峰值 $a_{ov,max}$ 分别稳定在 $0.00398m/s^2$、$0.00529m/s^2$ 和 $0.00390m/s^2$。

（3）35号、40号和43号测点水平加速度响应均值 a_{oh} 分别稳定在 $0.00051m/s^2$、$0.00120m/s^2$ 和 $0.00065m/s^2$；相应峰值 $a_{oh,max}$ 分别稳定在 $0.00398m/s^2$、$0.00359m/s^2$ 和 $0.00127m/s^2$。

4.2.3 减振效果评价

为了较为直观地反映多重调谐质量阻尼器（MTMD）的现场减振效果，引入减振系数 δ。减振系数 δ 的值越小，说明减振效果越好。

$$\delta=\frac{|a_{o,max}-a_o|}{|a_{c,max}-a_c|} \tag{4-1}$$

式中：$a_{o,max}$——MTMD开启状态下结构的加速度响应最大值；

a_o——MTMD开启状态下结构的加速度响应均值；

$a_{c,max}$——MTMD关闭状态下结构的加速度响应最大值；

a_c——MTMD关闭状态下结构的加速度响应均值。

表4-6和表4-7分别给出了小罩棚钢结构屋盖的竖向减振系数 δ_v 和水平减振系数 δ_h，主要规律如下：

（1）小罩棚钢结构屋盖的竖向减振系数 δ_v 和水平减振系数 δ_h 均较小，竖向减振系数 δ_v 可以控制在0.50以内，水平减振系数 δ_h 可以控制在0.30以内，一定程度上说明本工程采用MTMD可以有效控制结构在外部风荷载作用下产生的振动。

（2）35号、40号和43号测点的减振系数 δ 均较为稳定，35号测点的 δ_v 和 δ_h 分别稳定在0.15和0.060；40号测点的 δ_v 和 δ_h 均稳定在0.20；43号测点的 δ_v 和 δ_h 分别稳定在0.30和0.06，表明测试过程中外界环境较为稳定，较好地保证了测试数据的有效性。

小罩棚钢结构屋盖竖向减振系数 **表4-6**

测试点	δ_v				
	R-V-1	R-V-2	R-V-3	R-V-4	R-V-5
35号	0.1884	0.1651	0.0492	0.1188	0.1327
40号	0.2805	0.1434	0.1493	0.1985	0.3246
43号	0.5011	0.2502	0.1675	0.2896	0.1586

注：R-V-1表示第1组竖向动力响应减振效果，其余类推。

小罩棚钢结构屋盖水平减振系数 表 4-7

测试点	δ_h				
	R-H-1	R-H-2	R-H-3	R-H-4	R-H-5
35 号	0.0648	0.0755	0.0165	0.0452	0.0569
40 号	0.1840	0.1417	0.1399	0.2182	0.2750
43 号	0.0947	0.0747	0.0548	0.0647	0.0446

注：R-H-1 表示第 1 组水平动力响应减振效果，其余类推。

4.3 大罩棚钢结构屋盖振动测试结果分析

4.3.1 MTMD 关闭状态测试结果与分析

表 4-8 和表 4-9 分别给出了大罩棚钢结构屋盖在 MTMD 关闭状态下的竖向动力响应均值 a_{cv} 和水平动力响应均值 a_{ch}，图 4-6 给出了大罩棚钢结构屋盖的加速度（a）-时间（t）变化曲线。

MTMD 关闭状态下大罩棚钢结构屋盖竖向动力响应 表 4-8

测试点		$a_{cv,max}$(m/s^2)				a_{cv}(m/s^2)			
		1 号	6 号	8 号	77 号	1 号	6 号	8 号	77 号
测试组次	C-V-1	0.01476	0.00675	0.00630	0.00875	0.00314	0.00222	0.00148	0.00215
	C-V-2	0.01299	0.00741	0.00621	0.00846	0.00261	0.00222	0.00150	0.00225
	C-V-3	0.01470	0.00912	0.00667	0.00918	0.00257	0.00251	0.00195	0.00216
	C-V-4	0.01307	0.00647	0.00721	0.01054	0.00238	0.00213	0.00142	0.00215
	C-V-5	0.01545	0.00908	0.00759	0.01186	0.00224	0.00233	0.00162	0.00222

注：C-V-1 表示 MTMD 关闭状态下，竖向动力响应测试第 1 组数据，其余类推；$a_{cv,max}$ 表示 MTMD 关闭状态下，结构竖向加速度响应最大值；a_{cv} 表示 MTMD 关闭状态下，结构竖向加速度响应均值。

MTMD 关闭状态下大罩棚钢结构屋盖水平动力响应 表 4-9

测试点		$a_{ch,max}$(m/s^2)				a_{ch}(m/s^2)			
		1 号	6 号	8 号	77 号	1 号	6 号	8 号	77 号
测试组次	C-H-1	0.00950	0.01712	0.00471	0.01686	0.00172	0.00632	0.00100	0.00697
	C-H-2	0.01145	0.01837	0.00522	0.01748	0.00163	0.00643	0.00101	0.00698
	C-H-3	0.01269	0.01546	0.00529	0.01684	0.00175	0.00626	0.00101	0.00688
	C-H-4	0.01285	0.01487	0.00488	0.01688	0.00160	0.00624	0.00101	0.00698
	C-H-5	0.01390	0.01494	0.00488	0.01836	0.00159	0.00621	0.00101	0.00699

注：C-H-1 表示 MTMD 关闭状态下，水平动力响应测试第 1 组数据，其余类推；$a_{ch,max}$ 表示 MTMD 关闭状态下，结构水平加速度响应最大值；a_{ch} 表示 MTMD 关闭状态下，结构水平加速度响应均值。

分析结果表明：

（1）大罩棚钢结构屋盖的竖向和水平动力响应均值在不同测试时间段内变化均较为稳定，说明现场测试环境能够在测试时间内保持稳定变化，可以为后期数据对比提供有效保证。

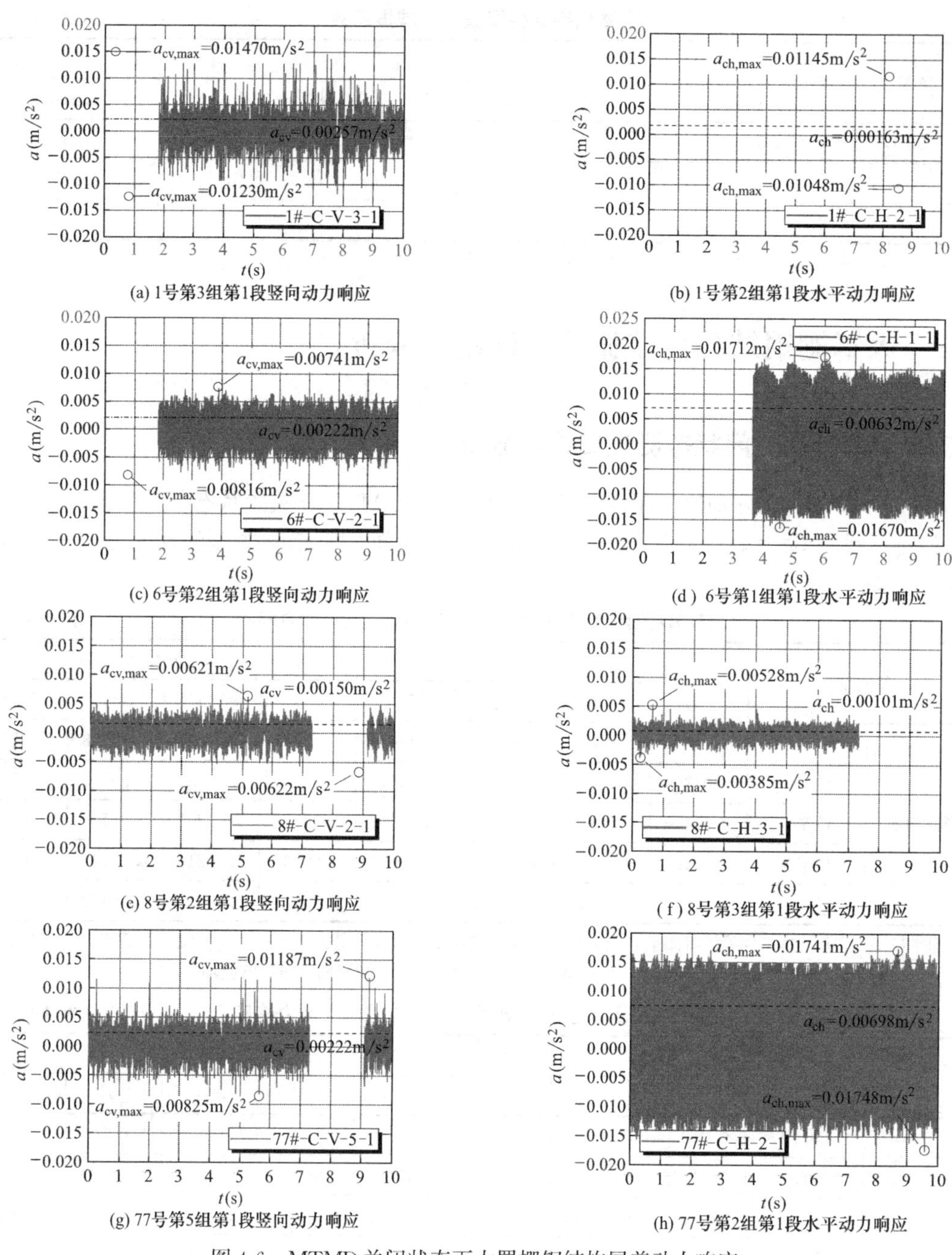

图 4-6　MTMD关闭状态下大罩棚钢结构屋盖动力响应

(2) 1号、6号、8号和77号测点竖向加速度响应均值 a_{cv} 分别稳定在 0.00257m/s²、0.00220m/s²、0.00150m/s² 和 0.00220m/s²；相应峰值 $a_{cv,max}$ 分别稳定在 0.01470m/s²、0.00816m/s²、0.00622m/s² 和 0.01187m/s²。

(3) 1号、6号、8号和77号测点水平加速度响应均值 a_{ch} 分别稳定在 0.00163m/s²、0.00632m/s²、0.00101m/s² 和 0.00698m/s²；相应峰值 $a_{ch,max}$ 分别稳定在 0.01145m/s²、0.01712m/s²、0.00528m/s² 和 0.01748m/s²。

4.3.2 MTMD 开启状态测试结果与分析

表 4-10 和表 4-11 分别给出了大罩棚钢结构屋盖在 MTMD 关闭状态下的竖向动力响应均值 a_{ov} 和水平动力响应均值 a_{oh}；图 4-7 给出了大罩棚钢结构屋盖的加速度（a)-时间（t）变化曲线。

MTMD 开启状态下大罩棚钢结构屋盖竖向动力响应 **表 4-10**

测试点		$a_{ov,max}$(m/s²)				a_{ov}(m/s²)			
		1号	6号	8号	77号	1号	6号	8号	77号
测试组次	O-V-1	0.00287	0.00381	0.00326	0.00443	0.00092	0.00129	0.00126	0.00170
	O-V-2	0.00433	0.00305	0.00340	0.00386	0.00195	0.00122	0.00128	0.00167
	O-V-3	0.00539	0.00360	0.00365	0.00416	0.00205	0.00141	0.00133	0.00168
	O-V-4	0.00441	0.00378	0.00387	0.00385	0.00190	0.00130	0.00129	0.00164
	O-V-5	0.00412	0.00274	0.00326	0.00417	0.00189	0.00126	0.00126	0.00166

注：O-V-1 表示 MTMD 开启状态下，竖向动力响应测试第 1 组数据，其余类推；$a_{cv,max}$ 表示 MTMD 关闭状态下，结构竖向加速度响应最大值；a_{cv} 表示 MTMD 关闭状态下，结构竖向加速度响应均值。

MTMD 开启状态下大罩棚钢结构屋盖水平动力响应 **表 4-11**

测试点		$a_{ch,max}$(m/s²)				a_{ch}(m/s²)			
		1号	6号	8号	77号	1号	6号	8号	77号
测试组次	O-H-1	0.00108	0.00296	0.00418	0.00195	0.00056	0.00114	0.00231	0.00081
	O-H-2	0.00554	0.00296	0.00402	0.00205	0.00331	0.00114	0.00229	0.00089
	O-H-3	0.00564	0.00331	0.00424	0.00184	0.00336	0.00121	0.00233	0.00088
	O-H-4	0.00563	0.00351	0.00426	0.00198	0.00333	0.00117	0.00231	0.00086
	O-H-5	0.00564	0.00296	0.00399	0.00190	0.00335	0.00114	0.00231	0.00088

注：O-H-1 表示 MTMD 开启状态下，水平动力响应测试第 1 组数据，其余类推；$a_{ch,max}$ 表示 MTMD 开启状态下，结构水平加速度响应最大值；a_{ch} 表示 MTMD 开启状态下，结构水平加速度响应均值。

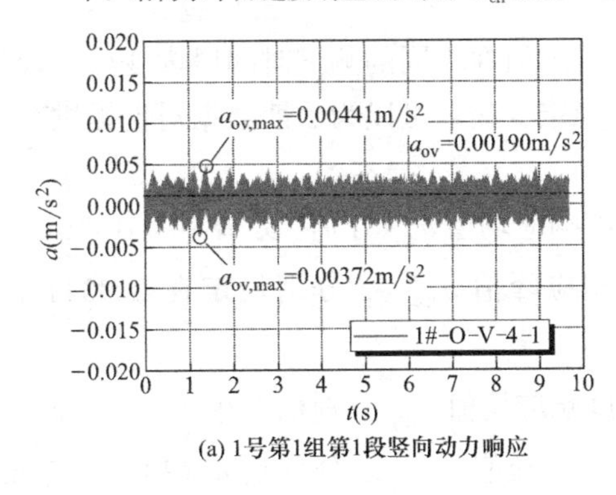

(a) 1号第1组第1段竖向动力响应

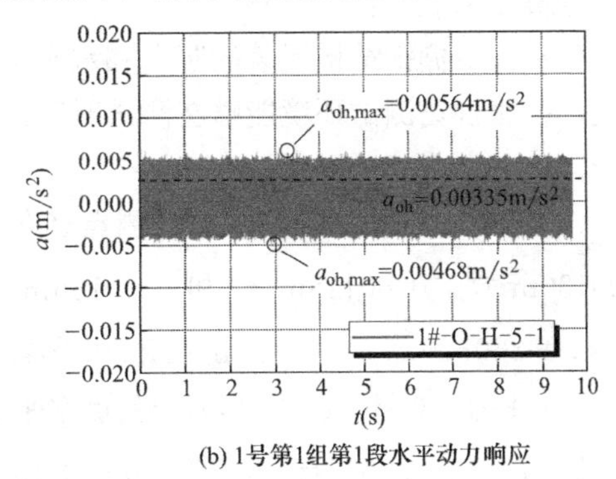

(b) 1号第1组第1段水平动力响应

图 4-7 MTMD 开启状态下大罩棚钢结构屋盖动力响应（一）

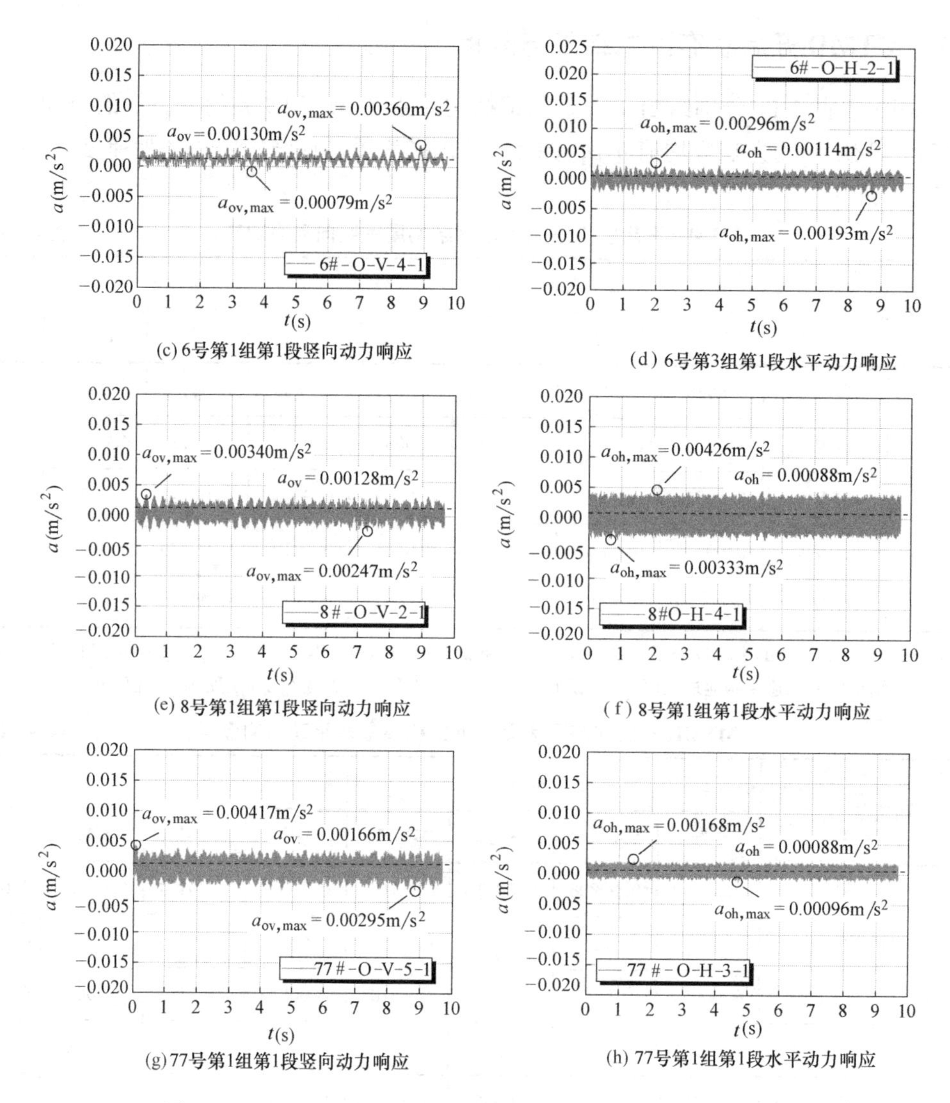

图 4-7 MTMD 开启状态下大罩棚钢结构屋盖动力响应（二）

分析结果表明：

(1) 大罩棚钢结构屋盖的竖向和水平动力响应均值在不同的测试时间段内变化均较为稳定，说明现场测试环境能够在测试时间内保持稳定变化，可以为后期数据对比提供有效保证。

(2) 1 号、6 号、8 号和 77 号测点竖向加速度响应均值 a_{ov} 分别稳定在 0.00190m/s^2、0.00130m/s^2、0.00128m/s^2 和 0.00166m/s^2；相应峰值 $a_{ov,max}$ 分别稳定在 0.00441m/s^2、0.00360m/s^2、0.00340m/s^2 和 0.00417m/s^2。

(3) 1 号、6 号、8 号和 77 号测点水平加速度响应均值 a_{oh} 分别稳定在 0.00335m/s^2、0.00114m/s^2、0.00231m/s^2 和 0.00088m/s^2；相应峰值 $a_{oh,max}$ 分别稳定在 0.00564m/s^2、0.00296m/s^2、0.00426m/s^2 和 0.00168m/s^2。

4.3.3　减振效果评价

表4-12和表4-13分别给出了大罩棚钢结构屋盖的竖向减振系数δ_v和水平减振系数δ_h，主要规律如下：

大罩棚钢结构屋盖竖向减振系数　　表4-12

测试点	δ_v				
	R-V-1	R-V-2	R-V-3	R-V-4	R-V-5
1号	0.1678	0.2293	0.2754	0.2348	0.1688
6号	0.5563	0.3526	0.3313	0.5714	0.2193
8号	0.4149	0.4501	0.4915	0.4456	0.3350
77号	0.4136	0.3527	0.3533	0.2634	0.2604

注：R-V-1表示第1组竖向动力响应减振效果，其余类推。

大罩棚钢结构屋盖水平减振系数　　表4-13

测试点	δ_h				
	R-H-1	R-H-2	R-H-3	R-H-4	R-H-5
1号	0.0668	0.2271	0.2084	0.2044	0.1860
5号	0.1685	0.1524	0.2283	0.2711	0.2085
8号	0.5040	0.4109	0.4463	0.5039	0.4341
77号	0.1153	0.1105	0.0964	0.1131	0.0897

注：R-H-1表示第1组水平动力响应减振效果，其余类推。

（1）大罩棚钢结构屋盖的竖向减振系数δ_v和水平减振系数δ_h均较小，竖向减振系数δ_v可以控制在0.60以内，水平减振系数δ_h可以控制在0.50以内，一定程度上说明了本工程采用MTMD可以有效控制结构在外部风荷载作用下产生的振动。

（2）1号、6号、8号和77号测点的减振系数δ均较为稳定，1号测点的δ_v和δ_h分别稳定在0.23和0.20；6号测点的δ_v和δ_h分别稳定在0.35和0.20；8号测点的δ_v和δ_h均稳定在0.45；77号测点的δ_v和δ_h分别稳定在0.3和0.10，表明在测试过程中外界环境较为稳定，较好地保证了测试数据的有效性。

4.4　小结

对大、小罩棚钢结构屋盖在多重调谐质量阻尼器（MTMD）关闭与开启状态下的动力响应进行了详细对比分析，获得MTMD在实测环境下的减振效果：

（1）小罩棚钢结构屋盖的竖向减振系数δ_v和水平减振系数δ_h均较小，竖向减振系数δ_v可以控制在0.30以内，水平减振系数δ_h可以控制在0.20以内；大罩棚钢结构屋盖的竖向减振系数δ_v和水平减振系数δ_h亦较小，竖向减振系数δ_v可以控制在0.50以内，水平减振系数δ_h可以控制在0.50以内。

（2）由MTMD关闭与开启状态下体育场大悬挑部分预应力钢结构屋盖实测动力响应的对比分析可知，采用MTMD可以有效控制大悬挑钢结构屋盖风振，减振效果显著。

第5章　龙鳞金属屋面系统设计与施工

蚌埠体育中心建筑造型优美，整体呈蛟龙形态，首次采用龙鳞金属屋面系统。本章主要介绍蚌埠体育中心龙鳞金属屋面系统的组成及构造，阐述龙鳞金属屋面板的强度、稳定和变形设计方法；介绍龙鳞金属屋面系统的精准分区、分块和定位方法，总结龙鳞金属屋面系统的安装流程、施工方法及控制要点，为类似复杂金属屋面系统工程的设计和施工提供科学参考。

5.1　金属屋面系统

蚌埠体育中心体育场、体育馆、多功能综合馆均采用直立锁边铝锰镁金属屋面系统（图 5-1），覆盖龙鳞装饰板作为装饰层，龙鳞装饰板为空间双曲面造型；钢飘带造型复杂，面板形状多样，不同部位的风场不均匀性较为突出。

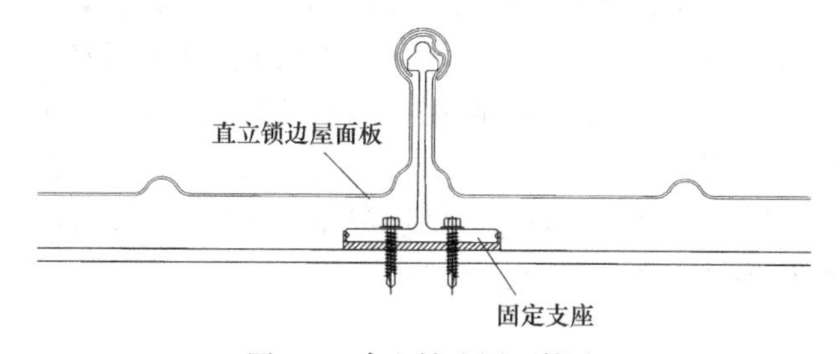

图 5-1　直立锁边屋面构造

5.1.1　体育场金属屋面系统

体育场平面形状呈圆形，直径为 258m，钢结构主体由东、西两个罩棚钢结构组成。体育场金属屋面系统可分为阳光板屋面系统和龙鳞屋面系统两部分。罩棚钢结构上端悬挑处采用 30mm 厚聚碳酸酯阳光板系统；罩棚钢结构中下部采用龙鳞板屋面系统；天沟以上部分采用直立锁边屋面板加龙鳞装饰板构造；天沟以下部分采用百叶窗屋面加龙鳞装饰板构造。如图 5-2 所示。

（1）阳光板屋面系统

阳光板屋面系统中的阳光板主檩条采用 H300×150×3.2×4.5（mm）型钢，次檩条

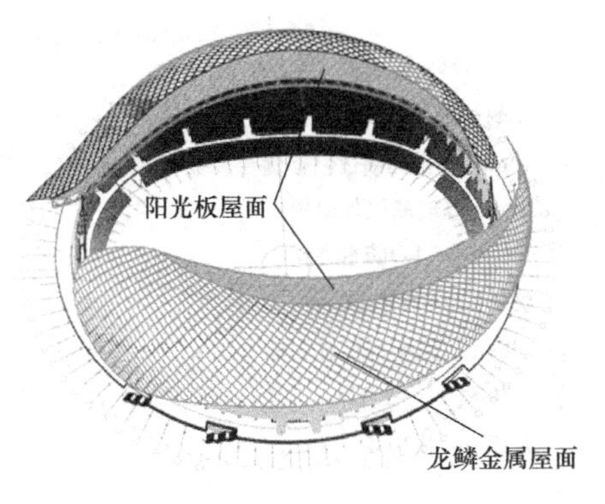

(a) 体育场金属屋面

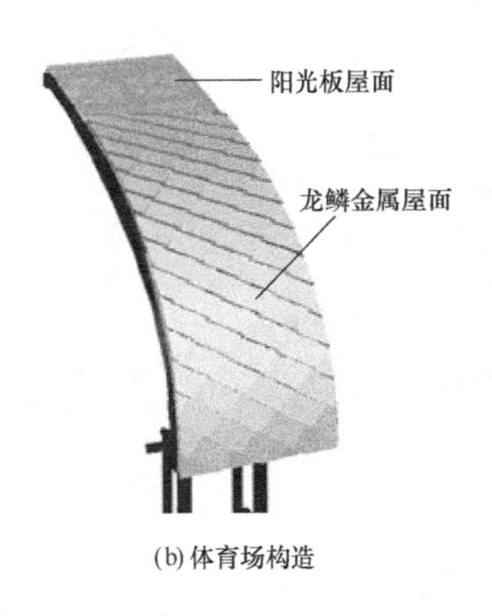

(b) 体育场构造

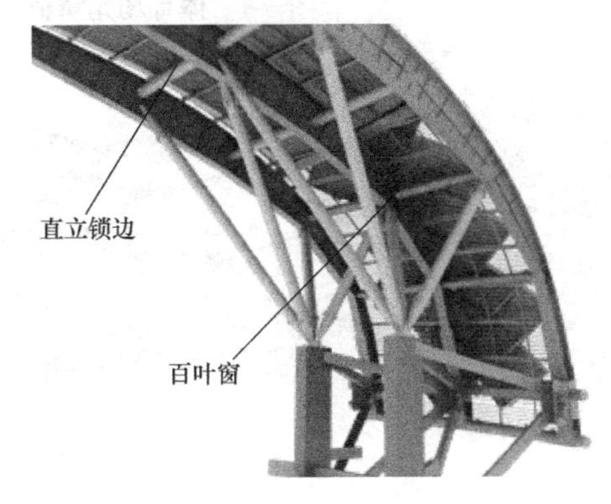

(c) 龙鳞金属屋面系统构造

图 5-2　体育场金属屋面系统

采用 80×60×3（mm）矩形管，材质均为 Q235B，表面均油漆处理。阳光板采用 30mm 厚聚碳酸酯阳光板，如图 5-3 所示。

图 5-3　阳光板屋面系统构造

（2）龙鳞金属屋面系统

如图 5-4 所示，体育场龙鳞金属屋面系统从上而下依次为：①装饰面层为 4.0mm 厚复合铝板；②面层固定方式为铝合金转换锁夹和龙鳞装饰板骨架；③屋面防水层为 0.9mm 厚直立锁边铝镁锰合金屋面板；④保温层为 50mm 厚玻璃丝保温棉；⑤防水层为 1.2mm 厚 TPO 防水卷材；⑥隔声层为双层 12mm 厚水泥纤维加压板；⑦衬檩为 2.0mm 厚几字形镀锌衬檩；⑧支撑层为 0.8mm 厚压型钢板；⑨檩条层为屋面主/次檩条。龙鳞装饰板如图 5-5 所示。

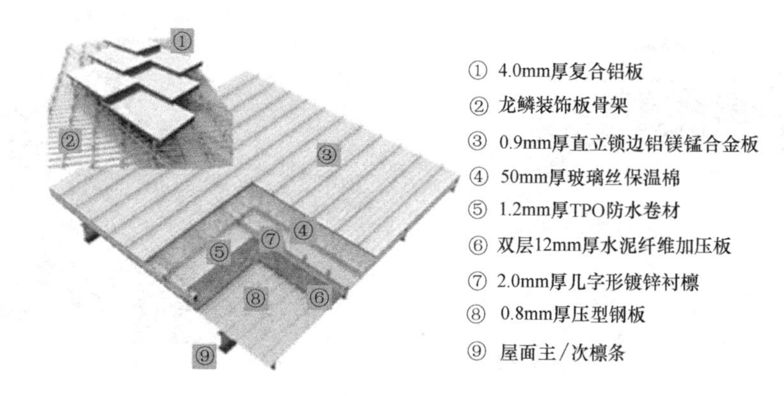

图 5-4 体育场龙鳞金属屋面系统构造

图 5-5 龙鳞装饰板

5.1.2 体育馆、多功能综合馆金属屋面系统

体育馆、多功能综合馆金属屋面系统如图 5-6 所示。在钢结构节点上部设置屋面主檩，主檩条间距约为 3000mm，在主檩条上设置次檩条，次檩条间距不超过 1200m。屋面采用 0.9mm 厚（65/400，PVDF 涂层）铝镁锰合金直立锁边金属屋面系统，主要构造有：铝镁锰合金屋面防水板、保温层、柔性防水层、纤维水泥板支撑层、岩棉支撑层、隔汽层、压型钢底板支撑层、主/次檩条、主/次檩檩托、屋面附加钢结构、屋面系统配件、屋面天窗系统、屋面排水系统（不含虹吸）、屋面避雷系统等。

图 5-6 体育馆、多功能综合馆金属屋面

如图 5-7 所示，体育馆、多功能综合馆龙鳞金属屋面系统的构造从上而下依次为：① 装饰面层为 4.0mm 厚复合铝板；② 面层固定方式为铝合金转换锁夹和龙鳞装饰板骨架；③ 屋面防水层为 0.9mm 厚直立锁边铝镁锰合金屋面板；④ 保温层为 50mm 厚玻璃丝保温棉；⑤ 防水层为 1.2mm 厚 TPO 防水卷材；⑥ 保温隔音层为 50mm 厚岩棉板（80kg/m^3）；⑦ 支撑层为 0.8mm 厚压型钢板；⑧ 檩条层为屋面主次檩条。

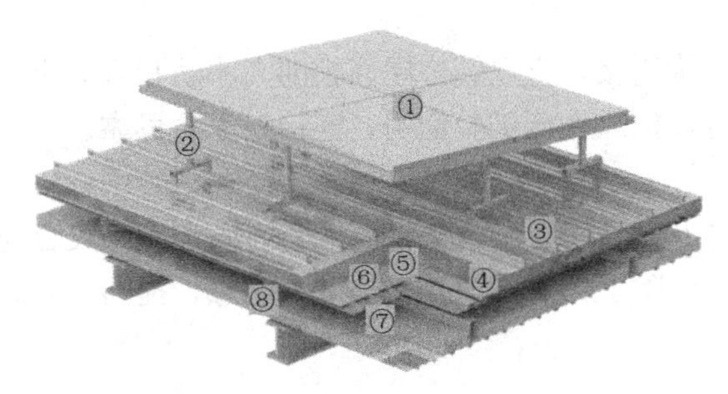

图 5-7 体育馆、多功能综合馆龙鳞金属屋面系统构造

5.1.3 连桥金属屋面系统

体育场与体育馆的南北之间采用连桥连接。连桥主要由混凝土柱、型钢混凝土柱、混凝土楼板、罩棚钢结构等组成。连桥上部屋盖为叶片形状的网壳结构，通过下部二次分叉的树杈柱落在 6m 标高的连桥上。叶子状钢罩棚共 3 个，呈曲线状，长度达 73.6m，如图 5-8 所示。连桥上金属屋面板采用 4.0mm 厚银灰色铝复合板，使用 10mm 不锈钢拉锁和不锈钢夹具固定，如图 5-9 所示。

(a) 连桥金属屋面板

(b) 连桥叶子状外观模型

图 5-8 连桥金属屋面

(a) 连桥叶子顶部视图

(b) 连桥叶子底部视图

图 5-9 连桥金属屋面系统构造

5.1.4 工程特点与难点

1. 工程特点

蚌埠体育中心龙鳞金属屋面主要采用直立锁边金属屋面系统。这种金属屋面系统除了具有传统金属屋面的特点外，还具有以下优势：

（1）力学性能良好

固定支座通过自攻螺钉与下部结构连接，直立锁边屋面板的大小肋扣入固定支座顶的梅花卡头上，采用专用设备机械咬合，抗风性能试验证明，连接安全、可靠。

（2）防排水性能出众

T形固定支座隐藏于金属面板之下，采用专用设备将面板肋与固定支座咬合连接，通长屋面上无螺钉外露且无任何穿孔，消除了传统屋面存在的漏水隐患，提高了金属屋面的防水性能。

（3）变形性能优异

金属屋面板肋与固定支座存在一定空隙，在温度变化情况下，金属屋面板能沿板长边方向滑动，可有效吸收屋面板因热胀冷缩产生的纵向变形；金属屋面板的折边可以吸收因热胀冷缩产生的横向变形。另外，金属屋面板可以固定支座为轴自由转动，从而抵消下部钢结构的不均匀沉降产生的垂直变形。如图5-10所示。

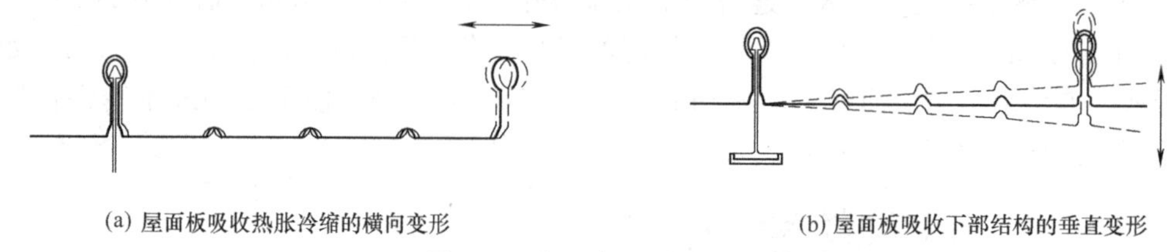

(a) 屋面板吸收热胀冷缩的横向变形　　(b) 屋面板吸收下部结构的垂直变形

图5-10　屋面板吸收变形图

（4）面板成型灵活

金属面板现场压制成型，可生产各种造型和各种长度的板材，能够满足特殊造型屋面的需求。

（5）造型优美

金属屋面材料轻质高强、设计灵活、色彩丰富，可满足各种造型要求，能使建筑产生更强的现代感与时代气息。

2. 工程难点

（1）龙鳞金属屋面系统为国内首创，龙鳞装饰板施工体量大、造型复杂、安装精度要求高，需对每块板进行单独精确定位，才能完美展现出整体蛟龙的建筑造型。

（2）龙鳞装饰板安装于直立锁边屋面板之外，相互交错，风易灌入装饰板内部。龙鳞装饰板的抗风揭问题是屋面板工程的重大难题。

（3）屋面节点复杂、穿出物众多、防漏水难度大。与此同时，屋面表面曲率大，屋面易产生积水，防水、排水难度大。

（4）屋面表面曲率较大、弯曲弧度大，靠近屋檐处水平夹角接近90°，施工难度大。

（5）龙鳞装饰板安装时，既要保证连接安装的牢固可靠，又要保证直立锁边屋面板的整体性能不受破坏。

5.2　龙鳞金属屋面板设计方法

5.2.1　龙鳞金属屋面板强度计算

龙鳞金属屋面板的强度计算包括抗弯强度计算、腹板局部抗压（折屈）强度计算以及龙鳞金属屋面板在弯矩和局部压力共同作用下的弯矩和剪力验算。

1. 龙鳞金属屋面板有效截面计算

龙鳞金属屋面板强度计算的关键是有效截面计算。有效截面是指在构件整体承载能力计算中，取部分有效截面代替原构件截面以考虑板件出现局部屈曲对整体构件刚度的削弱影响。

（1）有效宽度法

采用有效宽度法时，加劲板件、部分加劲板件和非加劲板件的有效宽厚比 b_e 按下式计算[224]：

当 $\lambda \leqslant 0.673$ 时，
$$b_e = b \tag{5-1}$$

当 $\lambda > 0.673$ 时，
$$b_e = \rho b \tag{5-2}$$

其中
$$\rho = \left(1 - \frac{0.22}{\lambda}\right)\lambda \tag{5-3}$$

$$\lambda = \sqrt{\frac{f}{\sigma_{cr}}} = \sqrt{\frac{12f(1-\mu^2)(b/t)^2}{K\pi^2 E}} = (1.052/\sqrt{K})(b/t)\sqrt{f/E} \tag{5-4}$$

式中：b——板件宽度；

λ——长细比；

μ——板件泊松比；

E——板件弹性模量；

f——材料强度设计值；

ρ——计算系数；

K——板件局部屈曲系数。

（2）直接强度法

直接强度法是一种采用全截面有效应力设计板件，且考虑板件局部屈曲、畸变屈曲和整体屈曲相关影响的全新方法。该方法已被大量试验数据证实，其板件极限承载力按下式计算[224]：

$$P_u = tbf_{av} = Af_{av} \tag{5-5}$$

式中：b——板件宽度；

t——板件厚度；

A——板件截面面积；

f_{av}——有效应力；

P_u——板件极限承载力。

（3）有效厚度法

对于压型铝合金板，当考虑受压板件的有效截面属性时，采用有效厚度的概念，加劲板件、非加劲板件、中间加劲板件和边缘加劲板件的有效厚度按下式计算[21]：

$$\frac{t_e}{t}=\alpha_1\frac{1}{\bar{\lambda}}-\alpha_2\frac{0.22}{\bar{\lambda}^2}\leqslant 1 \tag{5-6}$$

对于非双轴对称截面中的非加劲板件或边缘加劲板件，t_e 还应满足：

$$\frac{t_e}{t}\leqslant\frac{1}{\bar{\lambda}^2} \tag{5-7}$$

式中：t_e——考虑局部屈曲的板件有效厚度；

$\bar{\lambda}$——板件的换算柔度系数，$\bar{\lambda}=\sqrt{f_{0.2}/\sigma_{cr}}$；

σ_{cr}——受压板件的弹性临界屈曲应力；

α_1、α_2——计算系数，取值见现行国家标准《铝合金结构设计规范》GB 50429[21] 中的规定。

2. 龙鳞金属屋面板抗弯强度计算

龙鳞金属屋面板抗弯强度应按下式进行验算：

$$M/M_u\leqslant 1.0 \tag{5-8}$$

式中：M——截面所承受的最大弯矩；

M_u——截面弯曲承载力设计值，$M_u=W_e f$；

W_e——截面有效模量，龙鳞金属屋面板的截面不对称，W_e 应取截面中和轴较小一侧的截面有效模量。

3. 龙鳞金属屋面板的腹板局部受压承载力计算

龙鳞金属屋面板支座处的腹板局部受压（折屈）承载力应按下式进行验算[21]：

$$R\leqslant R_w \tag{5-9}$$

$$R_w=\alpha t^2\sqrt{fE}\,(0.5+\sqrt{0.02l_c/t})[2.4+(\theta/90)^2] \tag{5-10}$$

式中：R——单个腹板所承受的支座反力；

R_w——单个腹板的局部受压承载力设计强度；

α——计算系数，中间支座取 0.12，端部支座取 0.06；

l_c——支座处的支承长度，$10\text{mm}<l_c<200\text{mm}$，端部支座可取 $l_c=10\text{mm}$；

θ——腹板倾角，$45°<\theta<90°$。

4. 龙鳞金属屋面板在弯矩和支座反力共同作用下受力计算

龙鳞金属屋面板在弯矩和支座反力共同作用下的承载力可按下式进行验算[21]：

$$M/M_u\leqslant 1.0 \tag{5-11}$$

$$R/R_w\leqslant 1.0 \tag{5-12}$$

$$0.94(M/M_u)^2+(R/R_w)^2\leqslant 1 \tag{5-13}$$

5. 龙鳞金属屋面板在弯矩和剪力共同作用下受力计算

龙鳞金属屋面板腹板同时承受弯矩和支座反力作用时，腹板将在较低应力状态发生破坏。因此，龙鳞金属屋面板同时承受弯矩和剪力的截面，可按下式进行验算：

$$\left(\frac{M}{M_u}\right)^2+\left(\frac{V}{V_u}\right)^2\leqslant 1.0 \tag{5-14}$$

式中：V_u——腹板的受剪承载力设计值，对于压型钢板，$V_u=(ht\sin\theta)\tau_{cr}$；对于压型铝合金板，$V_u$ 取 $(ht\sin\theta)\tau_{cr}$ 和 $(ht\sin\theta)f_v$ 中的较小值；

f_v——材料的抗剪强度设计值；

τ_{cr}——腹板的弹性剪切屈曲应力，见式（5-16）～式（5-19）；

h——腹板净长；

θ——腹板倾角，腹板为曲面时，h 为起弧点间的直线长度，θ 为该直线与地面的夹角。

5.2.2 龙鳞金属屋面板整体稳定性计算

龙鳞金属屋面板整体稳定性计算包括屋面板中腹板的剪切屈曲计算和金属支座的稳定计算。屋面板腹板指的是与屋面夹角很小的板面；屋面板翼缘指的是与腹板水平面大于45°的板面。

1. 龙鳞金属屋面板中腹板的剪切屈曲

龙鳞金属屋面板受到垂直荷载时，发生竖向剪切，如果腹板厚度过薄，刚度较小，则屋面板翼缘在构件弯曲时将发生较大的竖向位移，导致屋面板严重屈曲而发生失稳现象。因此，应限制腹板高厚比，使其具有足够的刚度，对用于围护结构的金属面板，腹板承载力计算不考虑利用板件屈曲后的强度。

根据弹性屈曲理论，腹板的弹性剪切屈曲应力为：

$$\tau_{cr}=\frac{K\pi^2E}{12(1-\mu^2)(h/t)^2} \tag{5-15}$$

式中：h/t——腹板高厚比；

K——四边简支板的局部屈曲系数，当 $a/h<1$ 时，$K=4+5.34/(a/h)^2$；当 $a/h\geqslant 1$ 时，$K=5.34+4/(a/h)^2$；

a——腹板长度。

对于压型钢板，腹板的剪应力可按下列公式进行验算[17]：

当 $h/t<100$ 时，
$$\begin{cases}\tau\leqslant\tau_{cr}=\dfrac{8550}{(h/t)}\\ \tau\leqslant f_v\end{cases} \tag{5-16}$$

当 $h/t\geqslant 100$ 时，
$$\tau\leqslant\tau_{cr}=\frac{855000}{(h/t)^2} \tag{5-17}$$

对于压型铝合金板，腹板的剪应力可按下列公式进行验算[21]：

当 $h/t<875/\sqrt{f_{0.2}}$ 时，
$$\begin{cases}\tau\leqslant\tau_{cr}=\dfrac{320}{(h/t)}\sqrt{f_{0.2}}\\ \tau\leqslant f_v\end{cases} \tag{5-18}$$

当 $h/t\geqslant 875\sqrt{f_{0.2}}$ 时，
$$\tau\leqslant\tau_{cr}=\frac{280000}{(h/t)^2} \tag{5-19}$$

式中：$f_{0.2}$——铝合金板的名义屈服强度。

2. 金属支座的稳定计算

龙鳞金属屋面板通过如图5-11所示的T形固定支座连接至檩条，固定支座除需进行轴压构件的强度计算外，还要进行稳定计算。

为避免不同金属材料接触时产生电化学腐蚀，固定支座宜选用与压型金属板相同材料制成，对这类固定支座可简化为等截面柱模型进行稳定计算[21]：

$$\frac{R}{\varphi A} \leqslant f \tag{5-20}$$

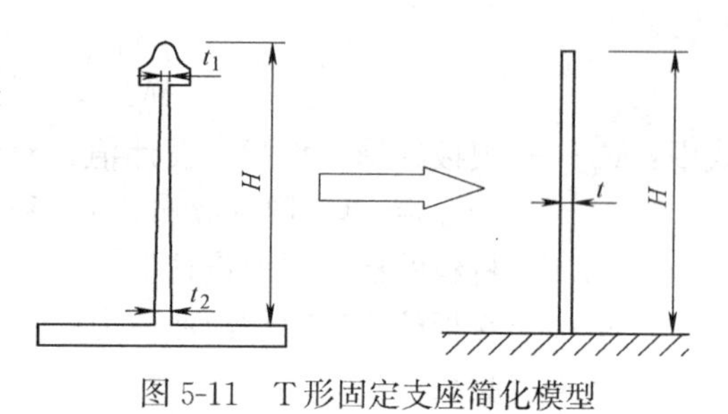

图 5-11　T 形固定支座简化模型

式中：R——支座反力；

φ——轴心受压构件的稳定系数；

A——毛截面面积，$A=tL_s$；

t——T 形支座等效厚度，按 $(t_1/t_2)/2$ 取值；

L_s——支座长度。

计算龙鳞金属屋面板 T 形支座稳定系数 φ 时，其计算长度 l_0 可按下式计算[21]：

$$l_0=\mu H \tag{5-21}$$

式中：μ——支座计算长度系数，可取 1.0 或根据试验确定；

H——支座悬臂高度。

5.2.3　龙鳞金属屋面板变形计算

目前国内外规范对金属屋面板的挠度计算均采用连续梁的简化计算模型，以三跨屋面板为例，如图 5-12 所示。

在均布荷载作用下压型金属板构件的跨中挠度可按下列公式计算：

悬臂时，
$$w=\frac{q_k l^4}{8EI_e} \tag{5-22}$$

简支时，
$$w=\frac{5q_k l^4}{384EI_e} \tag{5-23}$$

多跨连续压型板，
$$w=\frac{3q_k l^4}{384EI_e} \tag{5-24}$$

式中：w——跨中最大挠度；

l——跨长或悬臂长度；

q_k——均布荷载标准值；

E——压型金属板材料的弹性模量；

I_e——压型金属板有效截面绕弯曲轴的惯性矩。

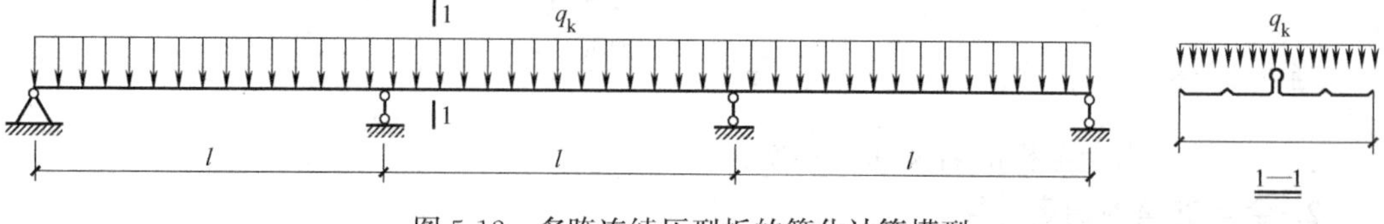

图 5-12　多跨连续压型板的简化计算模型

5.3 龙鳞金属屋面系统建造技术

5.3.1 基于BIM的龙鳞金属屋面深化设计

1. 龙鳞板模型精准划分

为了确保龙鳞金属屋面安装的精准性，深化设计时，采用Grasshopper[225]及犀牛软件[226]对金属屋面进行三维表皮建模（图5-13），确保建筑外轮廓造型。对金属屋面表皮进行分区分块，每一区块独立进行屋面板及龙鳞装饰板设计，极大地提高了深化设计工效。

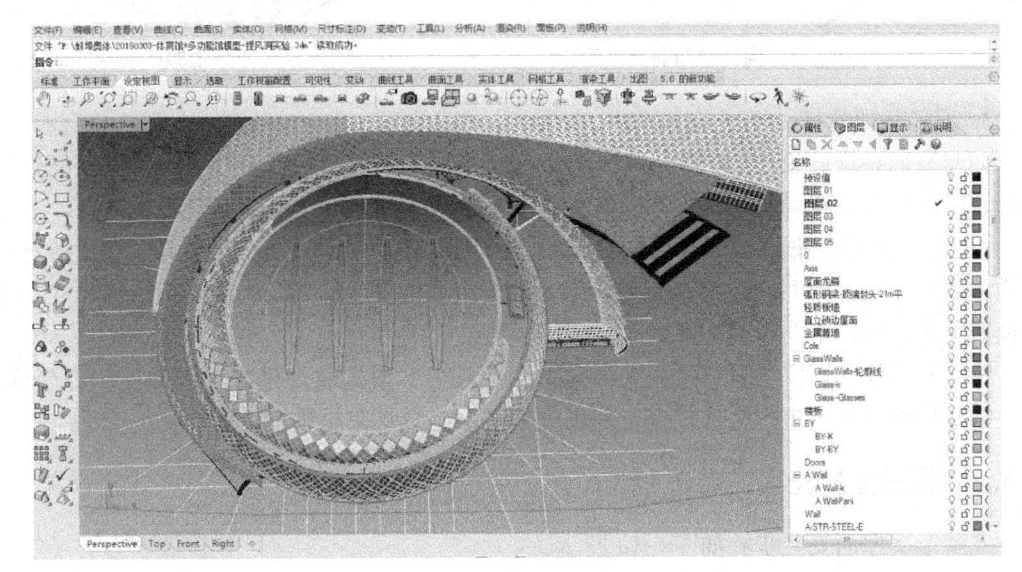

图5-13 犀牛软件模型

2. 设计过程控制

为了实现蚌埠体育中心蛟龙鳞片的建筑形态，在金属屋面上采用构造做法安装了龙鳞装饰板。龙鳞装饰板为空间双曲面造型，每块装饰板各自独立，须对其进行单独的精确定位，才能完美展现整体蛟龙的建筑造型。

为了确定每一块龙鳞装饰板的具体位置坐标，利用Grasshopper[225]及犀牛软件[226]建立模型的三维尺寸控制坐标原点（0，0，0），根据设计施工图建立金属屋盖的外表皮三维模型，并对其进行合理的板面曲线划分。在金属屋盖外表皮模型上选取合适的三维控制点及面，作为金属屋面工程施工测量、材料加工、施工复核的坐标依据，从而控制单块龙鳞装饰板的精度安装。

基于BIM技术应用犀牛软件建立钢结构构件中心线所在的空间曲面，如图5-14和图5-15所示。根据构造层次完成面高度向外偏移钢结构构件中心线所在的空间曲面，形成屋面板，完成空间曲面。再根据构造层次完成面高度向外偏移钢结构构件中心线所在的空间曲面，形成装饰板龙骨所在的曲面。以装饰板龙骨所在的曲面作为龙鳞装饰板其中一个最低点H_0的基准面。以H_0所在曲面为基准面，分别按照高度H_1、H_2偏移出两个曲面，便可以找出龙鳞板的另外两个点（点1和点2）。根据三点（H_0、点1、点2）确定一个面的原则，完成其中一块龙鳞装饰板的定位，并依次给出定位点三维坐标。由此可以依次得到每一块龙鳞装饰板的具体安装坐标，从而建立龙鳞金属屋面的整体模型。

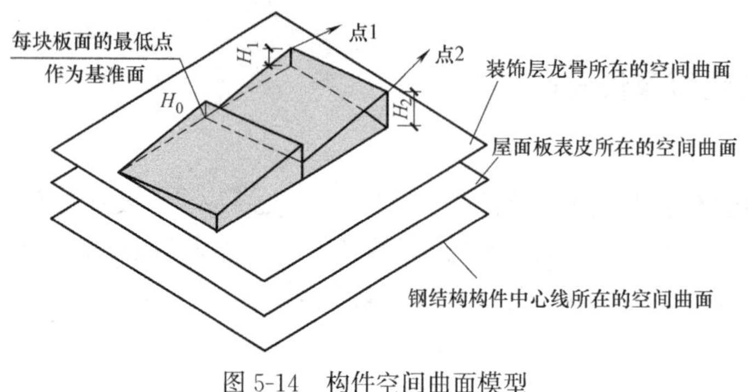

图 5-14　构件空间曲面模型

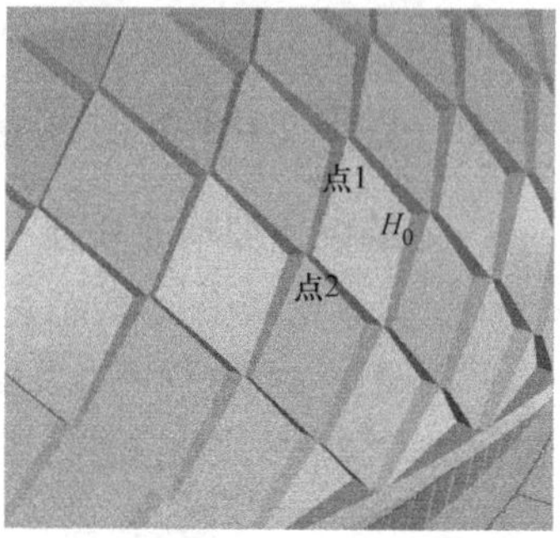

图 5-15　龙鳞金属屋面板曲面定位

3. 现场数据复核

金属屋面系统的工作面位于金属屋盖上，金属屋盖的安装精度直接决定了屋面的整体造型，所以应保证现场钢结构主体的施工精度，使现场屋盖与三维表皮模型相吻合。为了防止由于钢结构安装误差导致外装饰面造型尺寸不准确，现场采用全站仪等测量设备对钢结构主体安装实时监测，观察其安装精度，根据钢结构安装结果及时调整钢结构尺寸和外皮模型，重新提出更为准确的龙鳞金属屋面模型。

钢结构主体工程完工后，进入龙鳞金属屋面安装。根据软件模型得到的控制点坐标，对龙鳞金属屋面安装进行精准控制，现场严格按照坐标系来精确定位安装。

5.3.2　龙鳞金属屋面安装流程

龙鳞金属屋面安装步骤如图 5-16 所示。

（1）主/次檩条安装

檩条安装的工艺流程为：檩条安装位置、标高确定→檩托定位放线→连接件安装→主/次檩条安装→钢檩条顶弧作业→测量复核→标高、安装坡度调整→焊接固定。

檩托焊接在原钢结构主檩条上。由于本工程屋面整体造型为不规则曲线，屋面表面曲率较大、弯曲弧度大，对檩条和檩托安装的精度要求很高。为了保证金属屋面成型后的外观曲率满足设计要求，尤其是为后期屋面板安装提供一个标准承载面，应对钢檩托的安装精度进行复核，保证其准确性。檩托定位安装后要保证其与屋面钢结构主檩条相垂直，其角度偏差不得大于 1°，其位置偏差应控制在 5mm 之内。钢檩条的高度安装误差可以通过改变檩条高度进行调整，只要按照设计要求加工不同高度的檩托即可。

（2）压型底板安装

金属屋面底板采用 0.8mm 厚镀锌压型钢板，型号为 HV900 型，安装时可直接在檩条上进行铺设施工，底板施工时应保证其搭接长度。屋面底板与檩条通过自攻螺钉连接。

底板安装时应从一侧山墙边线处开始，逐步向另一侧展开施工。安装时应以山墙檐口处骨架为基准线，确定底板的安装轴线，其主要安装流程为：安装准备→安装作业平台的设置→安装前对钢结构及建筑标高等的复测→屋面底板的运输（运至安装作业面）→放基准线→首块板的安装→复核→后续屋面底板的安装→安装完成后的自检、整修、报验。

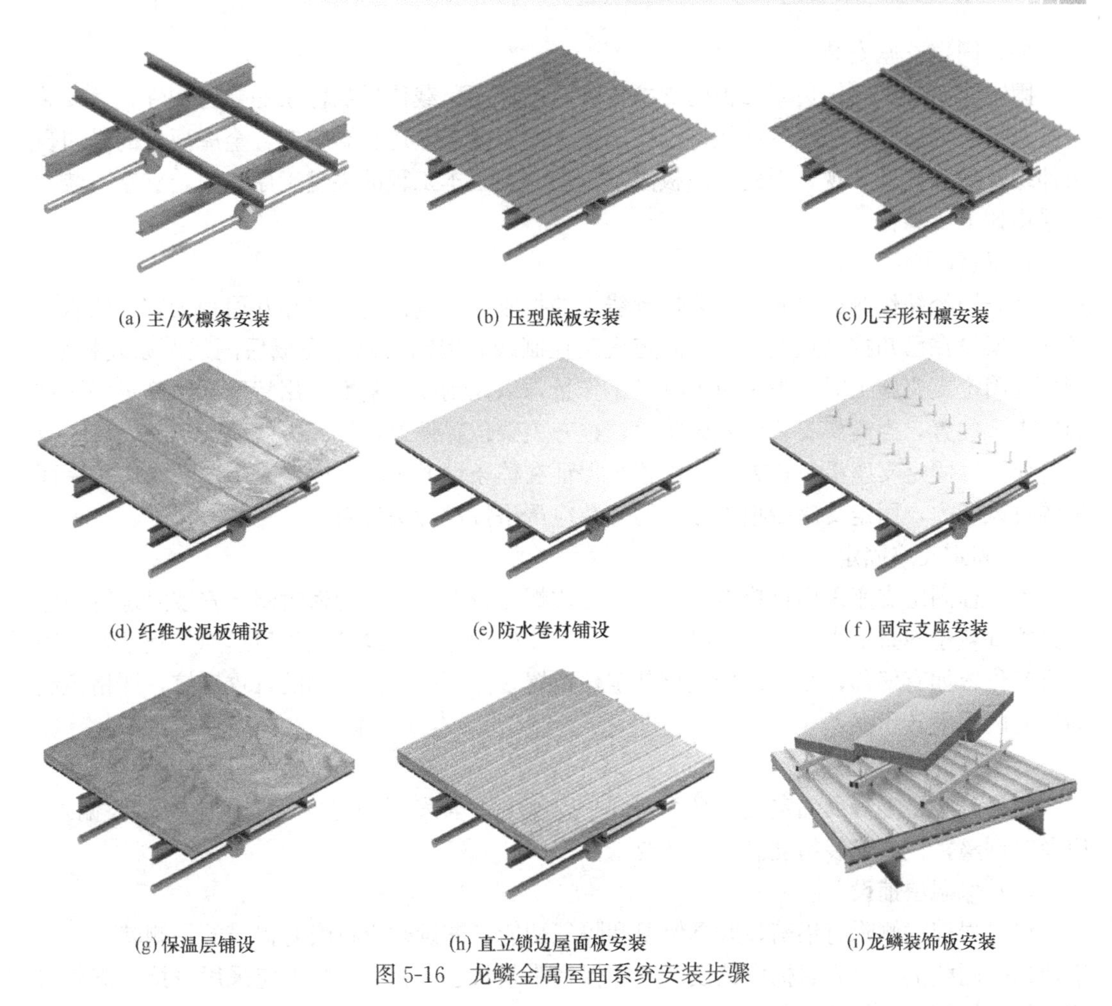

(a) 主/次檩条安装　(b) 压型底板安装　(c) 几字形衬檩安装

(d) 纤维水泥板铺设　(e) 防水卷材铺设　(f) 固定支座安装

(g) 保温层铺设　(h) 直立锁边屋面板安装　(i) 龙鳞装饰板安装

图 5-16　龙鳞金属屋面系统安装步骤

屋面底板的安装质量决定了金属屋面的整体造型和性能，须保证其安装精度。屋面底板安装施工前，对已完成的主檩条及各关键部位的标高进行复核校准。若发现檩条安装存在误差，应及时进行局部调整，保证底板安装精度。底板安装前，应按要求在檩条相应位置上标记出安装边线。底板安装边线一般以纵向或横向轴线作为基准，沿纵向或横向轴线按规定间距量测底边边线上两点，连接成线后便可得到底板安装边线。底板安装边线测放完成后应进行复查，满足要求后再进行底板安装，底板安装边线要求准确，以确保底板板肋顺直。每隔 10 块板测放一条底板安装复核线，安装时通过底板安装复核线及时调整底板误差，底板误差每 10 块板不超过 10mm 时，可在下步安装过程中通过 10 块板进行调节，如果误差超过 10mm，已安装的底板必须返工。底板安装完成后，应将屋面的纵横轴线弹在底板上，以作为后序工序安装的控制线，同时，对成品底板采取必要的保护措施。

(3) 几字形衬檩安装

几字形衬檩通过自攻螺钉与次檩条连接固定，并固定于次檩条上方。应严格控制相邻几字形衬檩支撑间距，不得大于 800mm。纵向相邻几字形衬檩，其端头应连续搭接，搭接长度 30～50mm。几字形衬檩的密度严格按设计掌控，直线度不得超标。

(4) 防水卷材铺设

本工程屋面为柔性防水系统，采用 1.2mm 厚 TPO 防水卷材。

（5）固定支座安装

固定支座是直立锁边屋面板的支撑构件，是屋面荷载传递到檩条的受力构件，其安装质量直接影响屋面板的抗风性能；面板固定支座安装误差还会影响铝合金屋面板的纵向自由伸缩及屋面板的外观。因此，面板固定支座安装是本工程的关键工序。固定支座安装主要采用如下步骤：

1）放线

首先用经纬仪测放出面板安装控制线上的控制点，点位间距以相互通视为宜，然后将经纬仪架设在已知控制点上，弹出固定支座控制线。控制线测量完成后测放两条复核线。直板区固定支座施工时，为了减少测量工作量，以控制线为基准，用特殊标尺确定每一排固定支座位置，当支架安装到复核线时，检查支架位置偏差，如超过规范要求，安装时应调整误差。固定支座沿板长方向的位置须保证在檩条顶面中心。固定支座的数量决定屋面板的抗风能力，固定支座沿板长方向的排数应严格按设计图排布。

2）固定支座固定

本工程固定支座采用自攻螺钉固定，自攻螺钉带有抗老化的密封圈。安装时螺钉与电钻必须垂直于檩条上表面，扳动电动开关，不能中途停止，螺钉到位后迅速停止下钻。固定支座位置如有偏移，必须重新校核其定位位置，方可打入另一侧的自攻螺钉，严格控制固定支座水平转角误差。

3）复查固定支座位置

用目测法检查每列固定支座是否在同一直线上，若发现固定支座位置出现较大偏差，应及时调整，使其安装精度满足设计要求。

（6）保温层铺设

保温岩棉一侧附有铝箔，兼具保温和隔气功能，铺设时应将附有铝箔的一侧朝下，无铝箔的一侧朝上。保温岩棉应铺设严密并保持张紧状态，相互接缝处应采用搭接，避免出现冷桥，保证优良的保温和隔气效果。

（7）直立锁边屋面板安装

1）放线

直立锁边屋面板的平面控制，一般以固定支座安装定位精度作为控制标准。在固定支座安装精度、安装质量满足设计要求的前提下，可进行直立锁边屋面板的定位安装。

2）就位

将直立锁边屋面板运送至指定安装位置，检查板边是否能完全扣入固定支座，无误后确认就位。然后将屋面板的大耳边用力压入前一块板的小耳边，并检查大耳边与小耳边是否紧密贴合。

3）锁边

直立锁边金属屋面板安装完成后，在屋面板端部安装泡沫塑料封条，然后采用锁边机进行机械锁边。锁边质量关键在于是否用强力使搭接边紧密接合。锁边过程中应保证锁边机运行连续、平整，不能出现扭曲和裂口。在锁边机前进过程中，其前方 1mm 范围内必须用力使搭接边接合紧密。

4）板边修剪

屋面板安装完成后，须修剪檐口和天沟处的板边，修剪后应保证屋面板伸入天沟的长度不得小于80mm，防止雨水在风作用下吹入屋面夹层中。

5）折边

折边的原则为水流入天沟处折边向下，下弯折边应注意先安滴水片再折弯板头。面板高端折边向上。折边时不可用力过猛，应均匀用力，折边的角度应保持一致，上弯折边后安装屋脊密封件。

（8）龙鳞装饰板安装

1）放线

龙鳞装饰板为空间双曲面造型，每块装饰板各自独立，需对其进行单独的精确定位，才能完美展现出整体蛟龙的建筑造型。安装前应进行放线定位，确定铝合金转换锁夹的定位精确。

2）铝合金转换锁夹安装

铝合金转换锁夹采用高强铝合金型材，主要由两部分组成，装配完成后用螺栓固定，如图5-17所示。采用铝合金转换锁夹能维持直立锁边屋面板的整体性，保证屋面板的防水、保温等性能。转换锁夹固定在锁边板板肋上，既要保证其锁紧卡死，又要防止其过紧而损害屋面板。

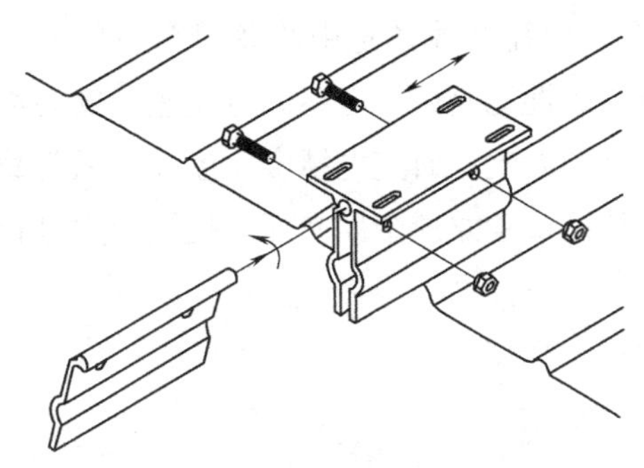
图5-17　铝合金转换锁夹安装示意

3）装饰板骨架安装

龙鳞装饰板骨架根据龙鳞板的造型制作完成后，吊装到安装位置。安装前应检查其底面与转换锁夹的契合度，保证转换锁夹与底面的完全贴合，防止出现受力不均现象。安装完成后，须对龙鳞装饰板安装面高度及平整度进行复核，以保证龙鳞装饰板的顺利安装。

4）龙鳞装饰板安装

龙鳞装饰板安装是体现建筑整体造型效果的关键工序。在安装过程中应保证龙鳞装饰板的平整度；安装完成后采用高精度全站仪和激光投线仪对装饰板安装位置进行复测，保证其安装精度。

5.4　小结

（1）蚌埠体育中心体育场、体育馆、多功能综合馆均采用直立锁边铝锰镁金属屋面系统，覆盖龙鳞装饰板作为装饰层，龙鳞装饰板为空间双曲面造型，建筑造型优美，整体呈蛟龙形态。

（2）本章阐述了龙鳞金属屋面板的设计方法，包括屋面板的强度计算、整体稳定计算和变形计算，建议了龙鳞金属屋面板的细部构造措施。

（3）采用犀牛软件和BIM技术，对龙鳞金属屋面表皮进行分区分块，根据三点定面原则，精确定位每块龙鳞板的空间坐标；详细给出了龙鳞金属屋面系统的安装流程、施工方法及控制要点，有效保证了龙鳞金属屋面板的精准安装，为类似金属屋面系统工程的设计和施工提供科学参考。

第6章 龙鳞金属屋面板抗风性能试验

为了解蚌埠体育中心龙鳞金属屋面板的整体抗风揭、抗风压承载力和破坏模式，确保蚌埠体育中心龙鳞金属屋面的性能可靠和连接安全，依托蚌埠体育中心龙鳞金属屋面工程，采用气囊法对龙鳞金属屋面板进行抗风揭、抗风压性能测试，考察固定支座、锁夹类型和数量等因素对龙鳞金属屋面抗风揭、抗风压性能的影响，研究龙鳞金属屋面在风荷载作用下的破坏模式，揭示其破坏机理和变化规律，从而检验龙鳞金属屋面的抗风能力是否满足设计要求，并提出相关加强措施。

6.1 试验方案

6.1.1 试件设计

蚌埠体育中心龙鳞金属屋面采用直立锁边屋面板，宽 400mm，厚 0.9mm，板肋高 65mm，屋面板支撑于固定支座上，采用直立锁边点支承连接形式与下部钢结构连接。龙鳞装饰板为 4.0mm 厚复合铝板，通过万向调节系统、转换锁夹等装置固定在直立锁边屋面板上。龙鳞装饰板错落分布，依托屋面板的整体造型，展现出飞龙在天的雄伟外观。龙鳞装饰板之间高低起伏、相互交错；风荷载作用时，风易从龙鳞装饰板之间的缝隙灌入。然而，目前对于直立锁边屋面板上的龙鳞装饰板抗风揭、抗风压性能的研究，尚缺乏理论依据。一方面，要了解龙鳞金属屋面板咬合处和锁夹咬合处的受力情况，得出其抗风破坏规律；另一方面，要了解龙鳞金属屋面系统抗风承载力，验证连接构造的可靠性和安全性。

根据实际工程共设计并加工 5 个龙鳞金属屋面板试件，如表 6-1 所示。试件 A1～A5 除固定支座类型、锁夹类型和数量不同外，其他参数均相同。本次气囊法试验采用的屋面系统各组成构件（包括直立锁边屋面板、龙鳞装饰板、檩条、自攻螺钉等）和施工机械均与工程项目现场实际做法一致。龙鳞装饰板大小为 4800mm×2400mm，由 2 块龙鳞装饰板单元（尺寸为 4800mm×1200mm）通过扣件搭接而成，通过锁夹以及龙鳞装饰板骨架固定在直立锁边屋面板试件正中位置。试件布置如图 6-1 所示。

试件信息一览表　　表 6-1

试件编号	固定支座	锁夹类型	锁夹数量	试验类型
A1	T 形支座	铝合金锁夹	8 个	抗风揭试验
A2	T 形支座	不锈钢锁夹	8 个	抗风揭试验
A3	滑移支座	不锈钢锁夹	8 个	抗风揭试验
A4	滑移支座	不锈钢锁夹	8 个	抗风压试验
A5	滑移支座	不锈钢锁夹	12 个	抗风揭试验

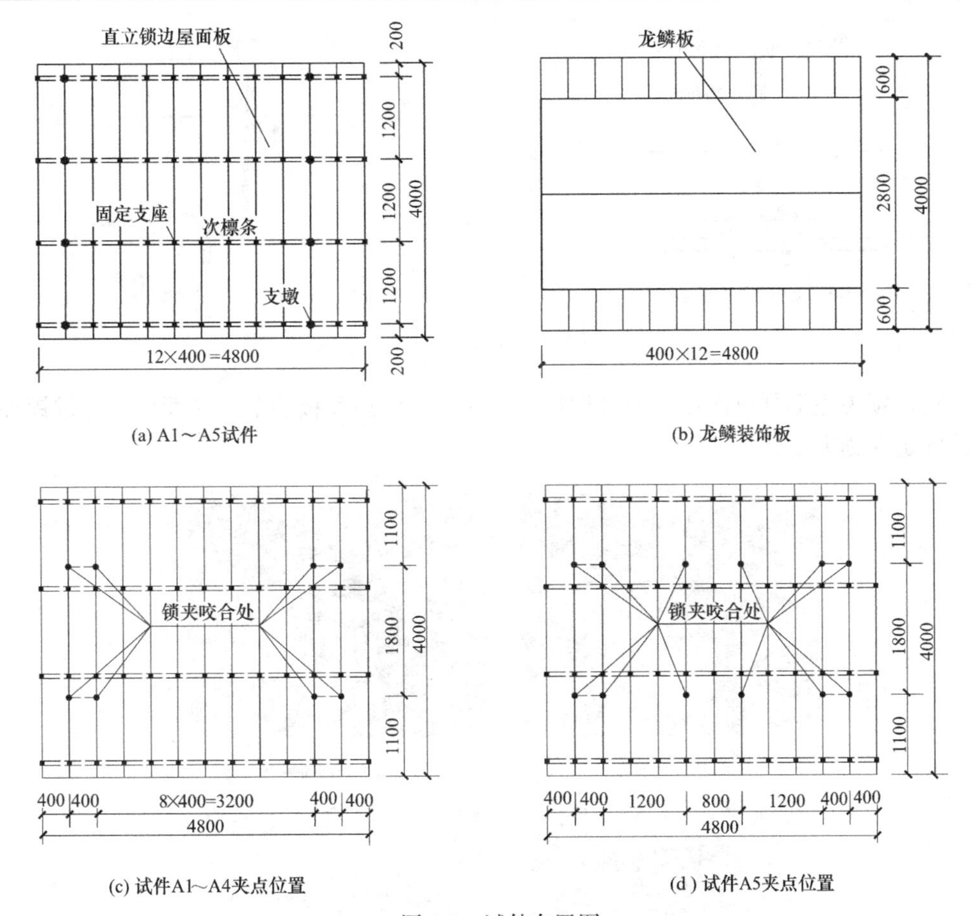

图 6-1　试件布置图

如图 6-2 所示，固定支座分为 T 形支座和滑移支座。采用 T 形支座时，表面屋面板通过 180°卷边方式与支座连接，但屋面板与屋面板之间、屋面板与支座之间均可相对滑动。采用滑移支座时，表面屋面板通过 360°卷边方式与支座连接，但面板与面板之间、面板与支座之间均不可相对滑动，为一体式连接，避免了金属屋面板滑移支座与直立锁边屋面板公肋或母肋内侧面的频繁摩擦，提高了结构连接强度，延长了直立锁边屋面板的使用寿命。

如图 6-3 所示，锁夹分为铝合金锁夹和不锈钢锁夹。铝合金锁夹包括锁夹公扣、锁夹母扣和螺栓，锁夹底端制成弧形，内侧制成齿状，锁夹公扣与锁夹母扣固设在直立锁边屋面肋上，通过螺栓紧固，屋面设施通过与锁夹上表面连接固定在锁夹上。不锈钢锁夹为一

(a) T形支座

(b) 滑移支座

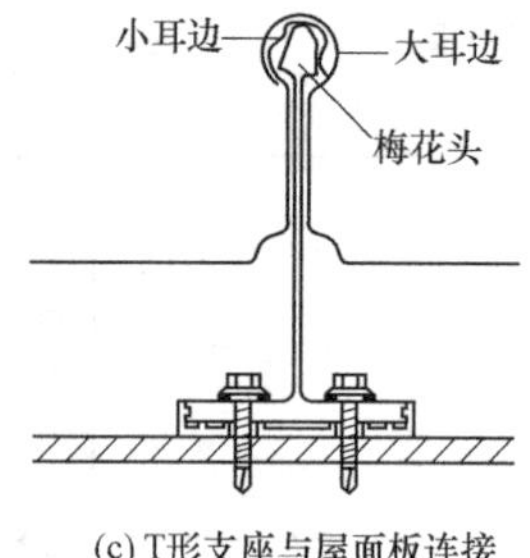

(c) T形支座与屋面板连接

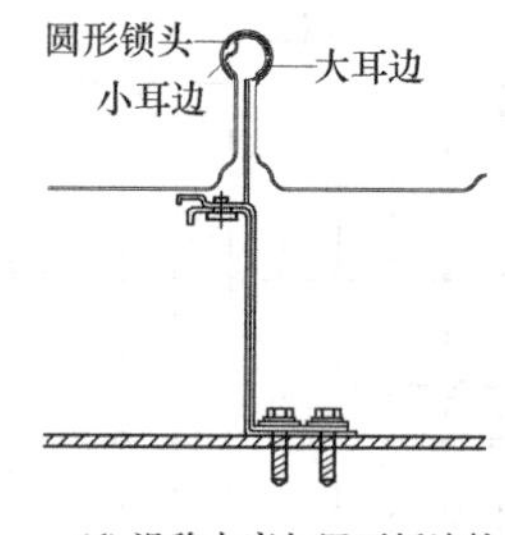

(d) 滑移支座与屋面板连接

图 6-2　固定支座

体式锁夹，锁夹底端制成弧形，通过螺栓紧固在直立锁边面板肋上，屋面设施通过锁夹顶部螺栓固定在锁夹上。

(a) 铝合金锁夹

(b) 不锈钢锁夹

(c) 铝合金锁夹与屋面板连接

(d) 不锈钢锁夹与屋面板连接

图 6-3　锁夹

6.1.2　加载与量测

1. 试验方法

目前，金属屋面系统抗风承载力很难通过公式准确计算，数值模拟分析又较复杂，通过试验验证可以保证模拟的准确性。屋面板抗风揭试验方法主要有沙袋堆载法、气囊法、风洞试验法等。沙袋堆载法加载过程不连续、精度不高；风洞试验法精度虽高，但试验复杂、费用高昂；气囊法通过密闭的气囊将压力均匀地施加在屋面板表面，采用空气连续加载的方式模拟真实风荷载作用，具有普遍的适用性，故本试验采用气囊法。

2. 试验装置

试验在多功能抗风揭联合实验室进行，采用金属屋面系统抗风揭试验台，外框尺寸为7.5m×4.5m，该尺寸稍大于试件尺寸，能较好地消除边缘效应，达到模拟的准确性。

抗风揭试件安装时，首先将龙鳞金属屋面板试件安装在加载架上，并在龙鳞装饰板与下部结构之间铺设一层厚度不小于0.15mm的聚乙烯薄膜，然后，通过外部锁具将装有试件的加载框架与测试平台牢固连接，形成内部封闭的舱室。为了模拟屋面承受负风压（风吸力）的情况，采用强力引风机将空气引入试验台内部封闭舱室；随着外部空气逐步充入，试验台内的气膜逐渐充气、膨胀，形成均布压强直接作用在整个龙鳞装饰板上，直至试件发生破坏，试验结束。

抗风压试件安装时，首先将龙鳞金属屋面板试件安装在加载架上，并在龙鳞装饰板上表面铺设一层厚度不小于0.15mm的聚乙烯薄膜，然后，通过外部锁具将装有试件的加载框架与测试平台牢固连接，形成内部封闭的舱室。为了模拟屋面承受正风压（风压力）的情况，采用强力引风机将试验台内部封闭舱室空气吸出；随着内部封闭舱室空气被逐步吸出，试验台外的气膜在大气压作用下逐渐收缩，形成均布压强直接作用在整个龙鳞装饰板上，直至试件发生破坏，试验结束。试验装置如图6-4所示。

图6-4　气囊法试验装置

3. 加载制度

龙鳞金属屋面板整体抗风压、抗风揭试验主要采用强力引风机吹风和吸风方式来模拟横向均布风荷载。强力引风机有自主控制系统，可以通过自动调整进风量、放空阀的开关程度及风机转速来控制试验台内部气囊气压。试验采用分级加载，每级加载0.1kPa，直至0.5kPa，每级加载静置时间为1min；0.5kPa后每级加载0.05kPa，每级加载静置时间为1min，直至试件出现破坏。

4. 测试仪器

通过合理布置应变片和位移计可测得结构的应变和变形。试件的应变、变形等数据采用多功能静态应变测试系统JM3812（无线型）采集，如图6-5所示。

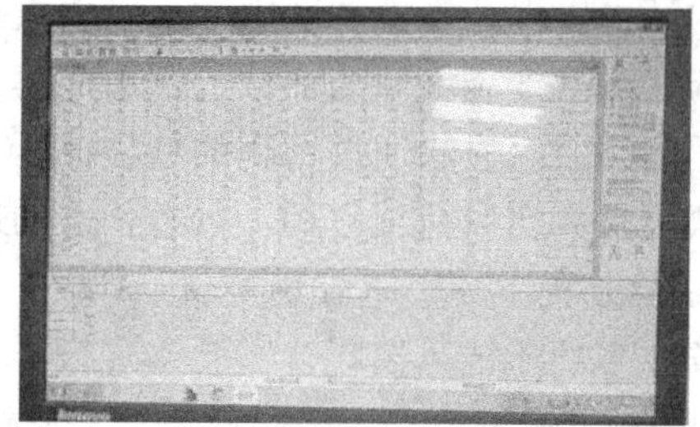

图 6-5　数据采集设备

5. 试件破坏的判断标准

对于本试验的龙鳞金属屋面板试件，以锁夹与直立锁边屋面板的咬合出现破坏、直立锁边屋面板之间的咬合出现破坏、直立锁边屋面板与支座的咬合出现破坏、板件的严重局部屈曲、板件的整体破坏、板件的变形过大、屋面板支架连接处的连接破坏等现象为试验破坏标准。

6. 测点布置

本试验的主要量测内容包括：次檩条、直立锁边屋面板及龙鳞装饰板关键部位的竖向位移，次檩条、直立锁边屋面板及龙鳞装饰板关键部位的应力和应变。

为了解试件的应变分布规律，在试件各关键部位布置应变片以记录其应变响应。试件A1～A5应变片布置数量与位置均相同，每个试件布置36个应变片，如图6-6所示，中间两根檩条处共布置12个应变片，分别位于檩条的上、下表面，测试檩条的受力状态，即S1～S12；直立锁边屋面板板面上共布置14个应变片，测试锁夹夹点处和屋面板关键部位的受力状态，即S13～S26；龙鳞装饰板表面布置10个应变片，测试龙鳞装饰板的应变分布，即S27～S36。

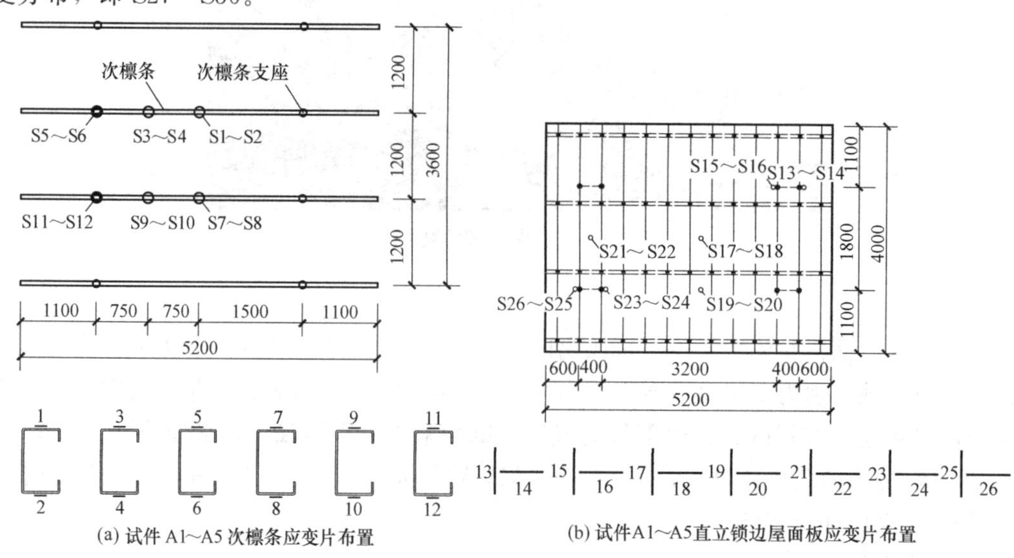

图 6-6　应变片布置（一）

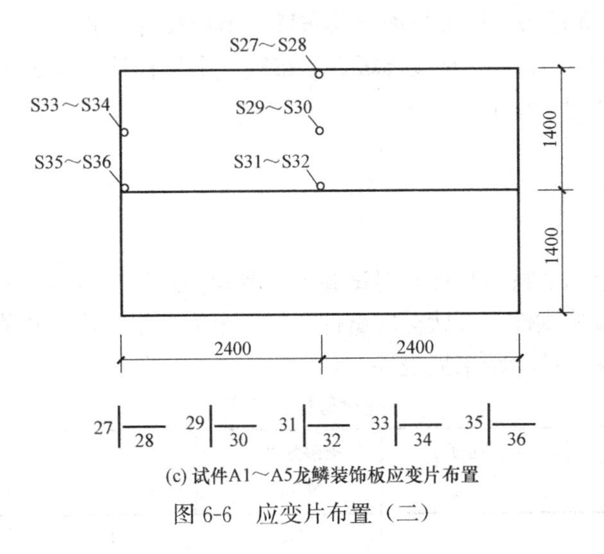

(c) 试件A1～A5龙鳞装饰板应变片布置

图 6-6 应变片布置（二）

为了解试件关键位置的位移变化规律，在试件各关键部位布置应变片以记录其位移变化。试件 A1～A5 位移计布置数量与位置均相同，均布置 8 个位移计，位移计布置如图 6-7 所示，中间檩条布置 2 个位移计，分别在跨中和 1/4 跨处，测试次檩条的竖向变

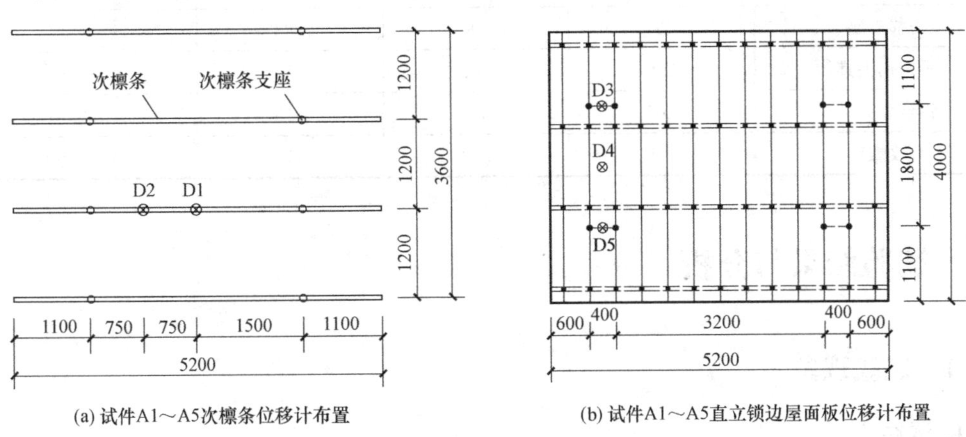

(a) 试件A1～A5次檩条位移计布置

(b) 试件A1～A5直立锁边屋面板位移计布置

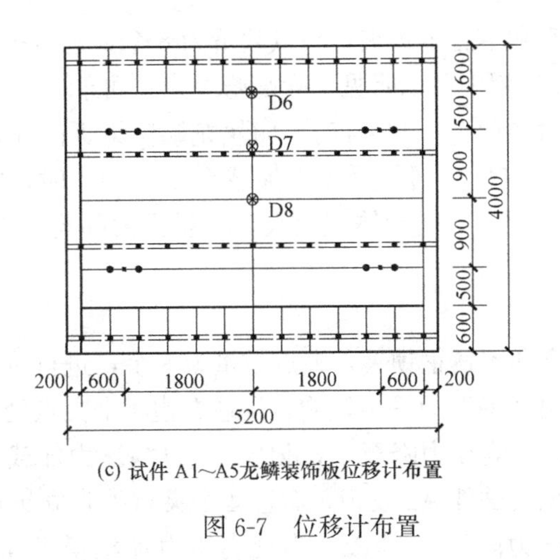

(c) 试件 A1～A5龙鳞装饰板位移计布置

图 6-7 位移计布置

形，即 D1、D2；直立锁边屋面板板面上共布置 3 个位移计，测试锁夹夹点处和屋面板跨中的竖向变形，即 D3～D5；龙鳞装饰板表面布置 3 个位移计，测试龙鳞装饰板边缘及跨中的竖向位移变形情况，即 D7～D9。

6.2 材性试验

为了得到试验金属的材料特性，对试验中主要构件进行材性试验[227]。金属材性试验为单向拉伸试验，拉伸试件为板状标准试件，每 3 个为一组，取平均值作为本次抗风性能试验的金属材料特性，试验结果见表 6-2。

钢材材性一览表 表 6-2

试件	屈服强度 f_y (N/mm^2)	极限强度 f_u (N/mm^2)	f_u/f_y (%)	弹性模量 E (N/mm^2)
直立锁边屋面板	220	280	127	7.0×10^4
次檩条	235	290	123	2.0×10^5
龙鳞装饰板	195	245	126	7.0×10^4
T 形支座	265	300	113	7.0×10^4
滑移支座	235	290	123	2.0×10^5
不锈钢夹具	235	280	119	2.0×10^5
铝合金夹具	265	312	118	7.0×10^4
自攻螺钉	315	353	112	2.0×10^5

6.3 试验结果与分析

6.3.1 试验现象

1. 试件 A1

试件 A1 采用 T 形支座和铝合金锁夹，夹点数量为 8 个，进行抗风揭试验。当气囊压力加载至 0.5kPa 时，加载过程中可以听见“嘭嘭嘭”声，可能是龙鳞装饰板扣件上的铆钉被拉开所致。当气囊压力加载至 0.9kPa 时，两块龙鳞装饰板间扣件略有拉开，两块龙鳞装饰板间出现细微缝隙和错位。当气囊压力加载至 1.15kPa 时，发生“砰”的一声巨响，右边 4 个铝合金锁夹被拉开，气囊体积变大，气囊压力降至 0.3kPa，加载停止，如图 6-8 所示。

2. 试件 A2

试件 A2 采用 T 形支座和不锈钢锁夹，夹点数量为 8 个，进行抗风揭试验。当气囊压力加载至 0.95kPa 时，发出“啪”的一声轻响，发现右边 4 个夹点处直立锁边屋面板发生轻微变形，气囊体积变大，气囊压力降至 0.55kPa。当气囊压力加载至 0.75kPa 时，再次发出“啪”的一声轻响，观察试件 A2 发现，右边 4 个夹点处直立锁边屋面板发生轻微变形，气囊体积变大，气囊压力降至 0.6kPa。当气囊压力加载至 0.65kPa 时，发生“砰”

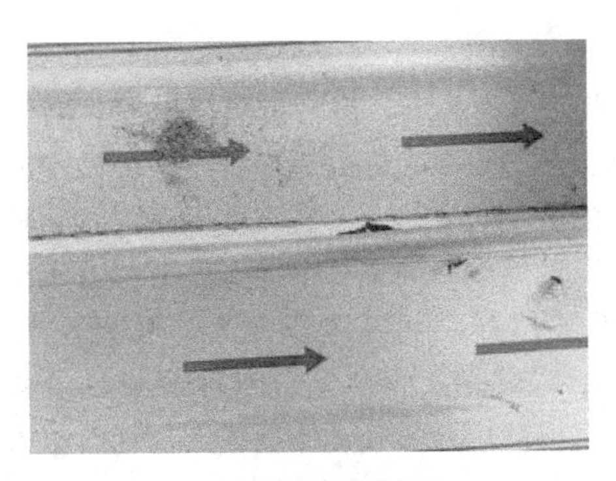

(a) 屋面板肋轻微变形

(b) 龙鳞装饰板扣件变形

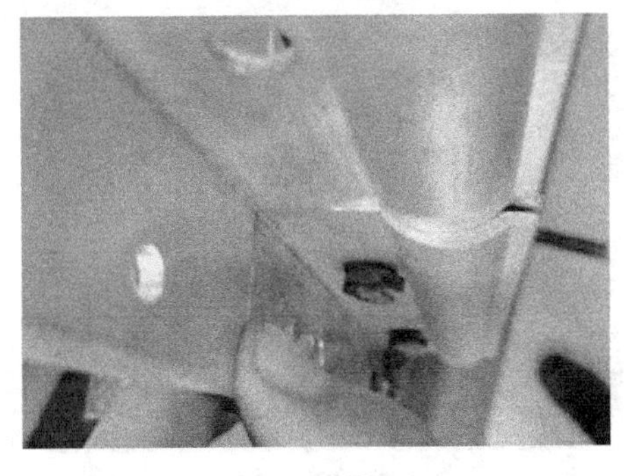

(c) 铝合金锁夹变形

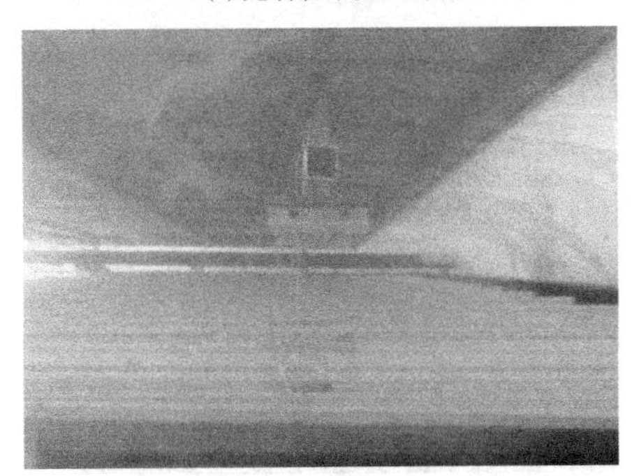

(d) 铝合金锁夹脱扣

图 6-8 试件 A1 的破坏现象

的巨响，右边 4 个夹点处 T 形支座与直立锁边屋面板肋咬合处脱扣，直立锁边屋面板与固定支座连接失效破坏，加载停止，如图 6-9 所示。

(a) 屋面板屈曲变形

(b) 固定支座脱扣

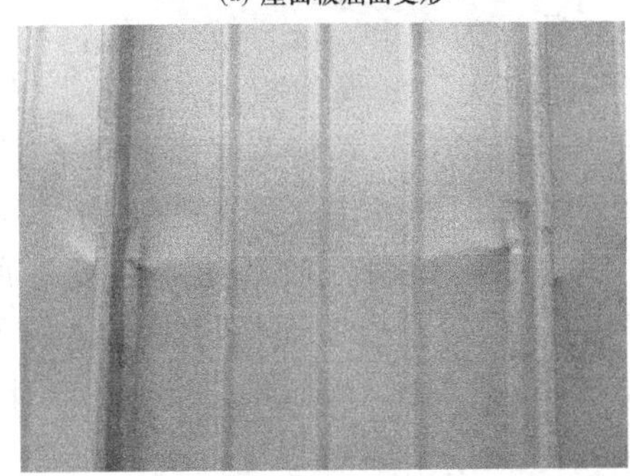

(c) 屋面板残余变形

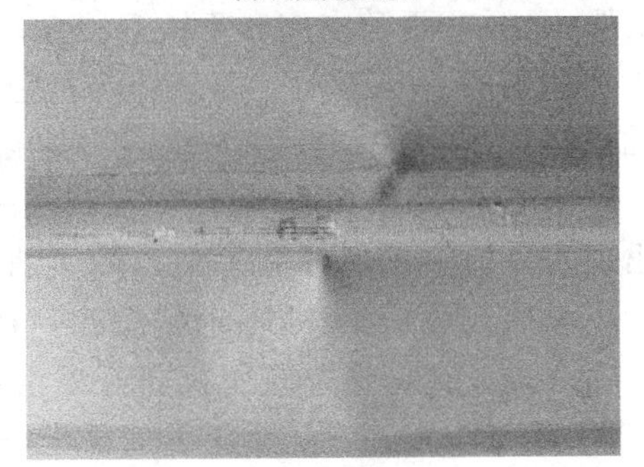

(d) 屋面板肋变形

图 6-9 试件 A2 的破坏现象

3. 试件 A3

试件 A3 采用滑移支座和不锈钢锁夹，夹点数量为 8 个，进行抗风揭试验。当气囊压力加载至 1.10kPa 时，发出“啪啪啪”的轻响，右边 4 个夹点处屋面板发生轻微变形。当气囊压力加载至 1.20kPa 时，发出“啪啪啪”的轻响，左边 4 个夹点处屋面板发生轻微变形。当气囊压力加载至 1.50kPa 时，发生“砰”的巨响，右边 4 个夹点处滑移支座与直立锁边屋面板肋咬合处脱扣，直立锁边屋面板被拉开，气囊体积变大，气囊压力降至 0.75kPa。当气囊压力加载至 1.15kPa 时，发生“砰”的巨响，左边 4 个夹点处滑移支座与直立锁边屋面板肋咬合处脱扣，直立锁边屋面板被拉开，气囊体积变大，气囊压力降至 0.85kPa，加载停止，如图 6-10 所示。

(a) 屋面板屈曲变形

(b) 滑移支座变形

(c) 固定支座脱扣

(d) 屋面板残余变形

图 6-10　试件 A3 的破坏现象

4. 试件 A4

试件 A4 采用滑移支座和不锈钢锁夹，夹点数量为 8 个，进行抗风压试验。当气囊压力加载到－0.9kPa 时，龙鳞装饰板位移急剧变大，气囊体积加速变小。当气囊压力加载至－1.20kPa 时，不断发出“啪啪啪”的轻响声，可能是夹点附近直立锁边屋面板发生变形所致。当气囊压力加载至－2.25kPa 时，发出“砰”的巨响，右边屋面板出现明显的下沉，可能是夹点附近直立锁边屋面板肋处或滑移支座变形所致。当气囊压力加载至－2.65kPa 时，发出“砰”的巨响，左边屋面板出现明显的下沉，可能是夹点附近直立锁边屋面板肋处或滑移支座变形所致，加载过程中不断伴随着“啪啪啪”的轻响声。当气囊压力加载至－3.30kPa 时，由于屋面板变形过大，加载停止，如图 6-11 所示。

(a) 龙鳞装饰板位移变大

(b) 屋面板严重变形

(c) 龙鳞装饰板扣件脱落

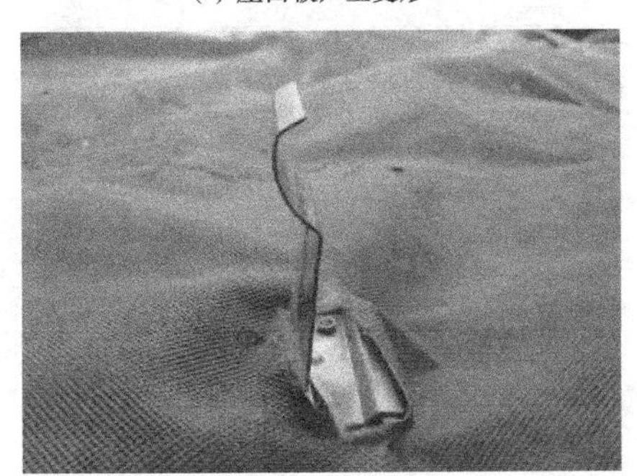

(d) 固定支座变形

图 6-11　试件 A4 的破坏现象

5. 试件 A5

试件 A5 采用滑移支座和不锈钢锁夹，夹点数量为 12 个，进行抗风揭试验。当气囊压力加载至 1.40kPa 时，发出“啪啪啪”的轻响，可能是夹点处直立锁边屋面板发生变形。当气囊压力加载至 1.90kPa 时，发生“砰”的巨响，中间 4 个夹点处滑移支座与直立锁边屋面板肋咬合处脱扣，直立锁边屋面板被拉开，气囊体积变大，气囊压力降至 1.13kPa。当气囊压力加载至 1.55kPa 时，发生“砰”的巨响，右边 4 个夹点处滑移支座与直立锁边屋面板肋咬合处脱扣，直立锁边屋面板被拉开，气囊体积变大，气囊压力降至 1.00kPa。当气囊压力加载至 1.50kPa 时，发生“砰”的巨响，左边 4 个夹点处滑移支座与直立锁边屋面板肋咬合处脱扣，加载停止，如图 6-12 所示。

6. 破坏模式

根据试验观察与试验结果，龙鳞金属屋面板的破坏模式总结如下：

(1) 龙鳞金属屋面板在风揭作用下在夹点附近直立锁边屋面板发生局部屈曲，变形过大导致破坏；直立锁边屋面板与固定支座连接处破坏；锁夹与直立锁边屋面板连接处破坏。

(2) 龙鳞金属屋面板在风压作用下在夹点附近直立锁边屋面板发生严重屈曲，变形较大或被撕裂导致破坏；部分支座被压弯而失效；直立锁边屋面板咬合口开口，连接失效。

通过观察试验全过程，可以发现试件的主要破坏现象有：A—两块龙鳞装饰板之间扣件变形甚至脱落；B—夹点处直立锁边屋面板严重屈曲，变形过大或被撕裂；C—滑移支座严重变形；D—铝合金锁夹发生变形；E—固定支座与直立锁边屋面板脱扣，连接失效；

(a) 龙鳞装饰板扣件变形

(b) 滑移支座变形

(c) 屋面板残余变形

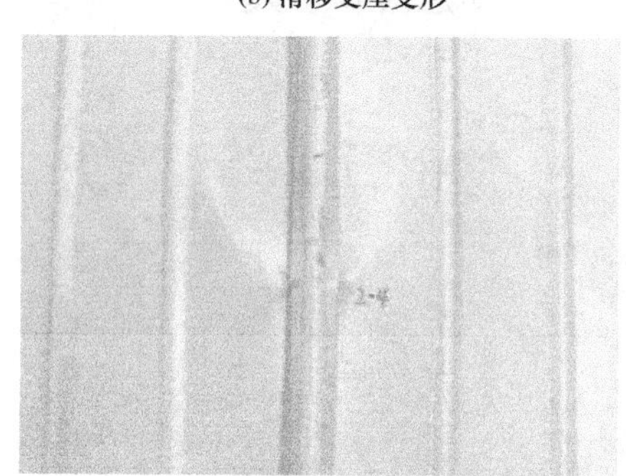

(d) 屋面板肋变形

图 6-12　试件 A5 的破坏现象

F—铝合金锁夹与屋面板之间脱扣，连接失效。表 6-3 汇总了各试件的极限承载力和破坏模式。

试件极限承载力和破坏模式　　**表 6-3**

试件名称	极限承载力(kPa)	破坏现象	破坏模式
A1	1.15	A、D、F	锁夹脱扣
A2	0.95	A、B、E	支座脱扣
A3	1.50	A、B、C、E	支座脱扣
A4	3.30	B、C、E	屋面板严重屈曲
A5	1.90	A、B、C、E	支座脱扣

6.3.2　应变与位移分析

1. 应变分布规律

(1) 次檩条应变分布

根据试验结果，获得如图 6-13 所示的次檩条的荷载-应变关系曲线。图 6-13 给出了各试件中间跨次檩条跨中位置（即 1 号、2 号应变片）和支座位置（即 5 号、6 号应变片）的荷载-应变关系曲线。试件 A4 为抗风压试件，故不参与对比。

由材性试验可得次檩条的屈服应变为 1175$\mu\varepsilon$，分析图 6-13 中次檩条应变随荷载的分

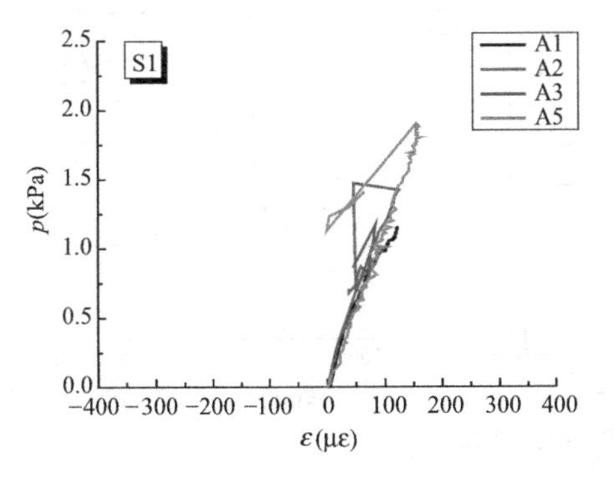

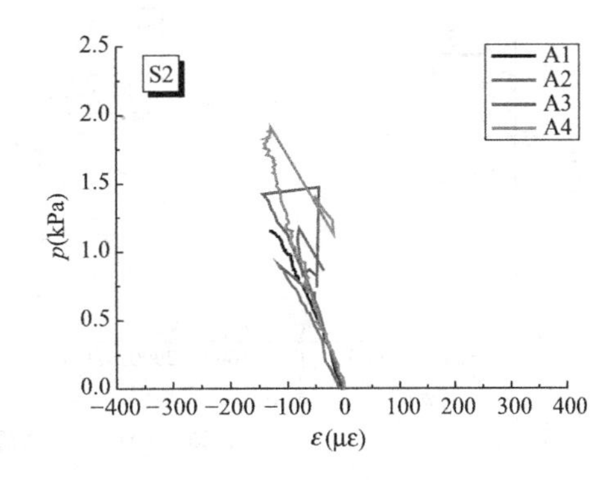

(a) 次檩条跨中处的荷载-应变关系曲线

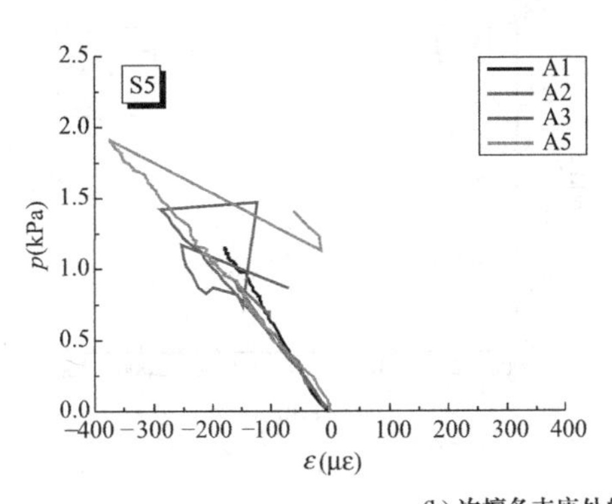

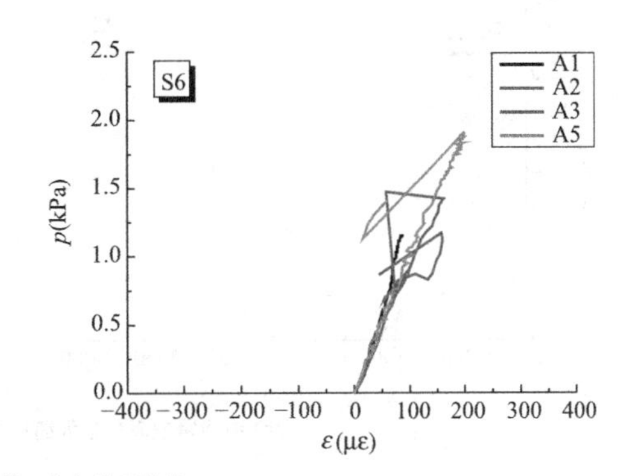

(b) 次檩条支座处的荷载-应变关系曲线

图 6-13 次檩条的荷载-应变关系曲线

布规律可得：

1）各试件次檩条跨中截面上部受拉、下部受压；次檩条支座处截面上部受压、下部受拉。

2）次檩条支座处应变稍大于跨中处。

3）从加载开始到破坏阶段，次檩条应变基本呈线性变化；破坏时极值应变较小，均未达到其屈服应变，仍处于弹性阶段。

（2）直立锁边屋面板应变分布

根据试验结果，可得如图 6-14 所示的直立锁边屋面板的荷载-应变关系曲线。图 6-14 给出了各试件锁夹夹点处（13 号、14 号应变片）、中间跨屋面板单元跨中处（17 号、18 号应变片）、锁夹夹点屋面板单元跨中处（23 号、24 号应变片）的荷载-应变关系曲线。

由材性试验可得直立锁边屋面板的屈服应变为 3143$\mu\varepsilon$，分析图 6-14 中直立锁边屋面板应变随荷载的分布规律可得：

1）各板件平行次檩条方向屋面板的应变较垂直檩条方向大。

2）平行次檩条方向屋面板受拉。

3）越靠近夹点处，屋面板应力越大；试件 A2、A3、A5 夹点处屋面板应力已达到屈服应力。

（3）龙鳞装饰板应变分布

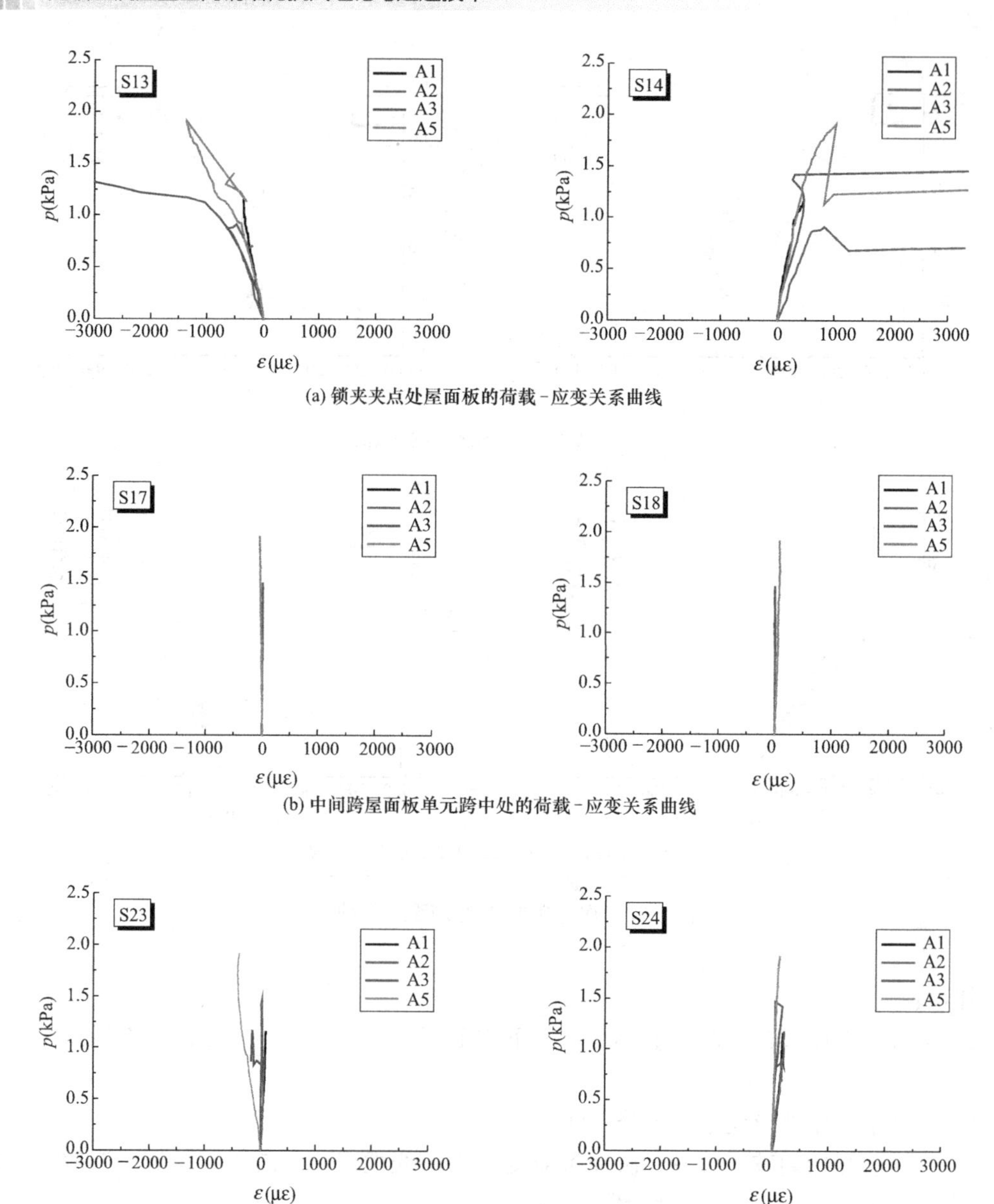

(a) 锁夹夹点处屋面板的荷载-应变关系曲线

(b) 中间跨屋面板单元跨中处的荷载-应变关系曲线

(c) 锁夹夹点屋面板单元跨中处的荷载-应变关系曲线

图 6-14　直立锁边屋面板的荷载-应变关系曲线

根据试验结果，可以获得如图 6-15 所示的龙鳞装饰板的荷载-应变关系曲线。图 6-15 给出了各试件龙鳞单元板跨中处（29 号、30 号应变片）、龙鳞装饰板跨中处（31 号、32 号应变片）的荷载-应变关系曲线。

由材性试验可得龙鳞装饰板的屈服应变为 2786$\mu\varepsilon$。由图 6-15 可知，龙鳞装饰板各部分均未发生屈服。

2. 典型位移分析

为了探究试件的破坏机理，在试件各关键部位布置了位移计以观察其位移变化。遴选檩条跨中、夹点处直立锁边屋面板跨中、龙鳞装饰板单元跨中等重要部件的典型位置位移进行分析，如图 6-16 所示。试件 A4 为抗风压试件，故不参与对比。

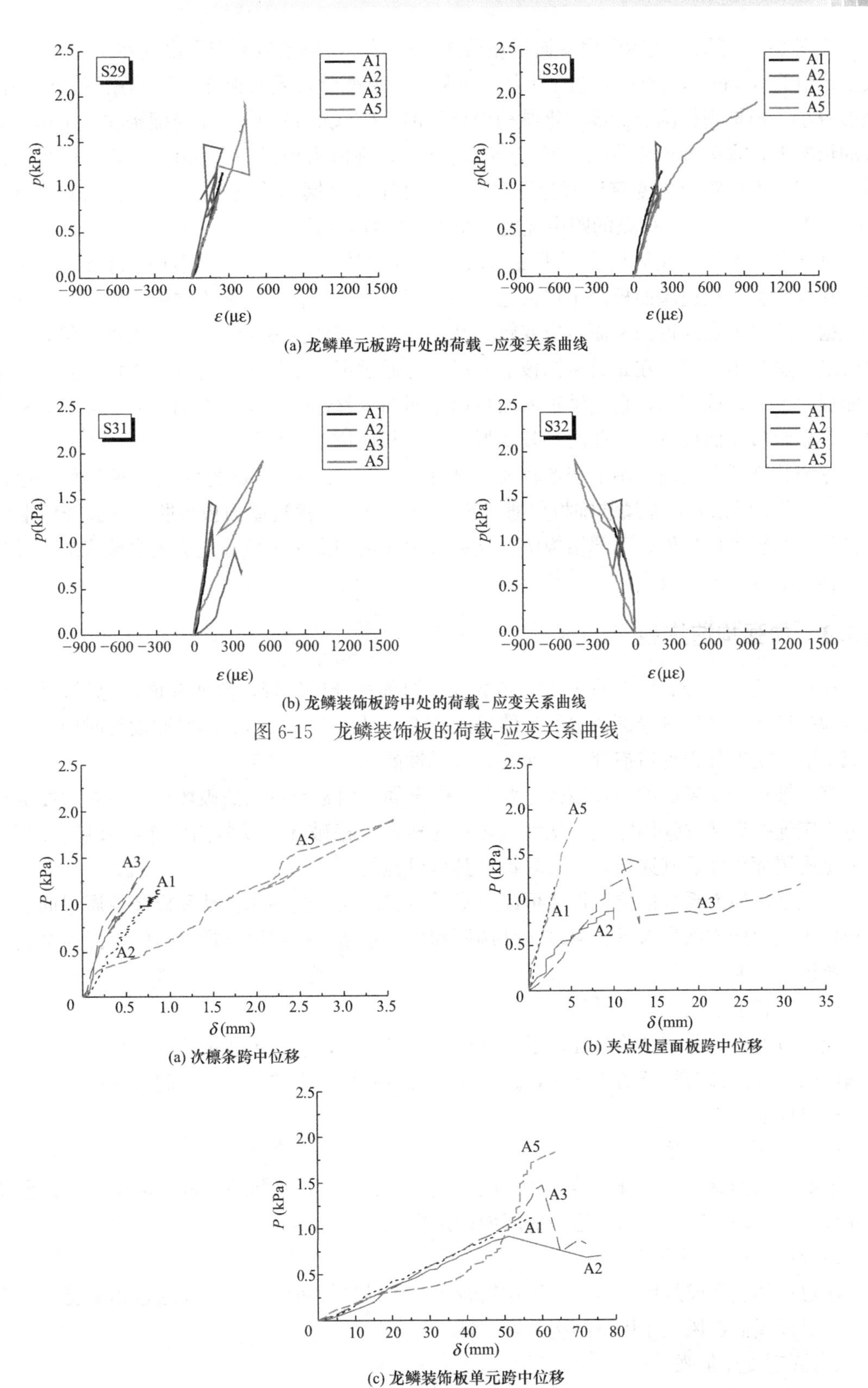

(a) 龙鳞单元板跨中处的荷载-应变关系曲线

(b) 龙鳞装饰板跨中处的荷载-应变关系曲线

图 6-15 龙鳞装饰板的荷载-应变关系曲线

(a) 次檩条跨中位移

(b) 夹点处屋面板跨中位移

(c) 龙鳞装饰板单元跨中位移

图 6-16 试件典型位移

由图 6-16 可知，龙鳞金属屋面板在风揭作用下，次檩条最大变形出现在试件 A5，最大变形值为 3.6mm，此时气囊压力为 1.90kPa。龙鳞金属屋面板在风揭作用下，檩条的变形较小。根据现行国家标准《钢结构设计标准》GB 50017[228]，屋盖檩条在支承压型钢板的情况下，永久和可变荷载标准值产生的挠度容许值为跨度的 l/200。试验屋面板和吊顶板中间檩条的跨中挠度容许值为 3000/200＝15mm（檩条跨度 3000mm）。因此，试件 A1、A2、A3 和 A5 的檩条的跨中挠度均小于挠度容许值。

直立锁边屋面板在风揭作用下变形较大，且除试件 A3 外，当试件达到极限承载力时，夹点处直立锁边屋面板跨中位移达到最大值。通过分析布置在直立锁边屋面板上应变片数据，锁夹夹点附近的屋面板应变较大甚至屈服，其他区域屋面板应变较小，仍处于弹性阶段。这是由于作用在龙鳞装饰板上的风揭力通过锁夹以集中力的方式作用在直立锁边屋面板肋上，加载初期，直立锁边屋面板尚未屈曲，整体竖向位移差别不大。当锁夹夹点附近直立锁边屋面板发生屈曲时，其变形突增，其他位置变形不大。

龙鳞装饰板在风揭作用下变形较大，试件 A1、A2、A3、A5 龙鳞装饰板位移均超过 50mm，其主要原因是龙鳞装饰板仅通过锁夹固定于直立锁边屋面板板肋上。除龙鳞装饰板自身存在较大位移外，下部结构中直立锁边屋面板和支座等位移变形还会被累加，导致其位移变形数值严重放大。

6.3.3 加强构造措施

通过对近年来金属屋面系统风灾典型事故的调查分析发现，金属屋面的悬挑、屋脊、转角和弧度较大区域等局部位置所受的风压较大，易出现破坏。金属屋面设计时应对上述区域采取一定的加强构造措施，以保证其抗风性能。

直立锁边金属屋面的破坏模式主要有：①金属屋面板严重屈曲破坏；②金属屋面板与固定支座连接破坏；③固定支座塑性破坏；④檩条失稳破坏；⑤紧固件连接破坏。因此，加强金属屋面构件及其连接，可有效提高其抗风性能。

增强金属屋面系统的抗风性能可以从降低金属屋面承受的风荷载和提高金属屋面系统自身抗风能力两方面来考虑。通过文献调研和规范总结，提出以下加强措施以提高金属屋面系统抗风性能。

（1）设置泄压孔

经大量实际工程和试验验证，通过在屋顶适当位置设置一定数量的泄压孔，可以平衡金属屋面系统内部与外部的气压差，减小作用在金属屋面上的风荷载，起到提高金属屋面系统抗风性能的作用。

（2）屋面构造措施

金属屋面的悬挑、屋脊、转角和弧度较大区域为金属屋面抗风性能的薄弱位置。金属屋面板设计和施工时，可采取适当的屋面构造措施，包括：

1）设置檩条加密区

在建筑物边缘或悬挑区域，风压作用较大，应设置檩条加密区，并通过相应受力计算验算，保证屋面在风压作用下结构的安全性。

2）固定支座加强

风灾事故中，时常出现金属屋面板被掀开、固定支座被拔起的现象。因此，须考虑对固定支座采取一定的加强措施。对于边缘区域等受风压较大部位，应增加固定支座数量，并加强固定支座与檩条的连接；对于局部受风压大的部位，可采用周边加强型固定支座。如图 6-17 所示。

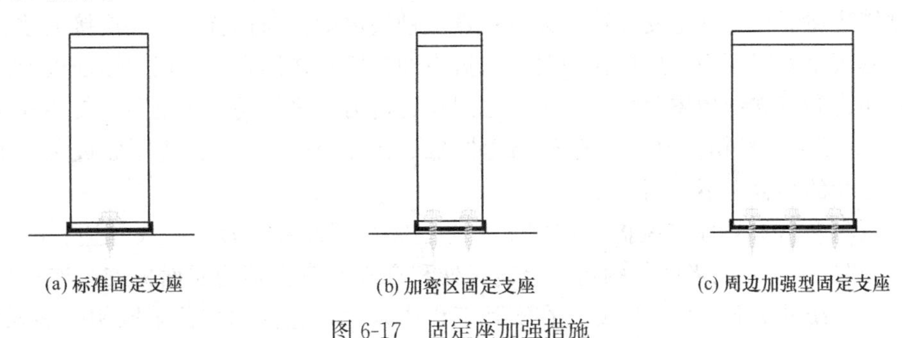

图 6-17　固定座加强措施

（3）增设抗风压条

在金属屋面上增设抗风压条，约束金属屋面板的变形，提高金属屋面的抗风承载力，是一种简单有效的方法，适用于金属屋面整体抗风性能不足的情况，如图 6-18 所示。其主要缺陷是金属屋面防水性难以保证，影响整体美观。

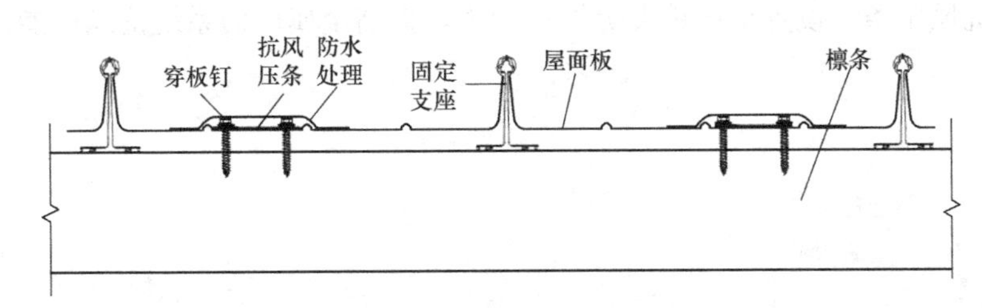

图 6-18　增设抗风压条

（4）设置抗风锁夹

设置抗风锁夹是直立锁边金属屋面最常见也是最为有效的加固方式之一，即在直立锁边金属屋面板大、小耳与固定支座扣合处施加固定夹具（图 6-19），既可以增加大、小耳之间的扣合力，也可以增强金属屋面板与固定支座的连接强度。

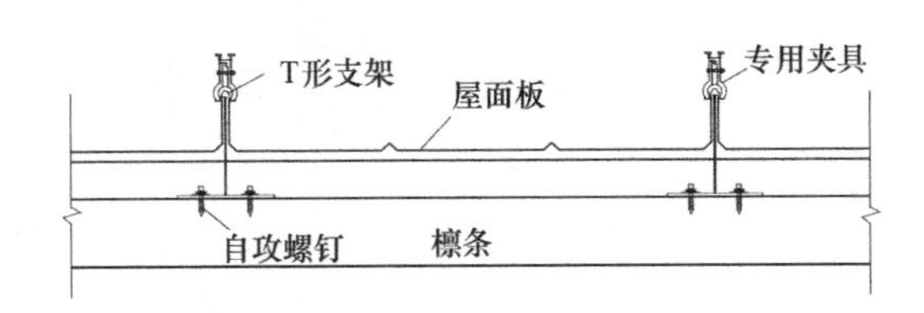

图 6-19　设置抗风锁夹

6.4　小结

（1）风洞试验结果表明，金属屋盖表面极值风压的变化范围为－1.7～1.6kPa，试件

A1、A2、A3 不满足抗风揭设计要求，试件 A4 满足抗风压设计要求，试件 A5 满足抗风揭设计要求。

（2）龙鳞金属屋面板受风揭作用时的主要破坏模式为：直立锁边屋面板严重屈曲变形；直立锁边屋面板与固定支座连接失效；直立锁边屋面板与铝合金锁夹连接失效。

（3）龙鳞金属屋面板受风揭作用时，风揭力通过锁夹作用在直立锁边屋面板上。锁夹通过自身扣合和直立锁边屋面板大、小耳之间扣合传力，将风揭力传至固定支座处。试件 A1 因铝合金锁夹自身扣合力不足破坏，试件 A2、A3、A5 因直立锁边屋面板大、小耳与固定支座之间的扣合力不足而破坏。

（4）龙鳞金属屋面板在风揭力作用下，直立锁边屋面板小耳边、大耳边、固定支座（梅花头或圆形锁头）三者间的锁边咬合连接处和锁夹与直立锁边屋面板咬合连接处是龙鳞金属屋面系统的薄弱部位。因此，在实际工程中须对这些薄弱部位采取相应加强措施，以提高整个龙鳞金属屋面系统的抗风揭承载力。

（5）不锈钢锁夹的咬合力大于铝合金锁夹，不锈钢滑移支座的结构连接性能强于 T 形铝合金支座，采用不锈钢滑移支座和不锈钢锁夹能提高龙鳞屋面板的抗风揭承载力；增加夹点数量能提高龙鳞金属屋面的抗风揭承载力。

（6）针对不满足设计要求和特殊区域的龙鳞金属屋面，可采用设置泄压孔、屋面构造措施、增设抗风压条、设置抗风锁夹等加强措施，提高金属屋面系统抗风性能。

第7章　体育场大悬挑部分预应力钢结构施工技术

为了确保大跨度空间钢结构在施工阶段的安全，保障结构在使用阶段的适用性、稳定性和耐久性，施工全过程的实时监测发挥着至关重要的作用。本章依托蚌埠体育中心体育场项目，针对大悬挑部分预应力钢结构提出一种新的施工方案，并对其进行分析研究；建立大悬挑部分预应力钢结构的整体模型，模拟分析钢构件拼装、预应力张拉和逐步卸载的施工全过程，对关键杆件的应力状态和关键节点的变形情况进行现场监测，对比分析现场实测值与数值计算值的吻合程度，对新施工方案进行合理评价；为大悬挑部分预应力钢结构的安全施工提供科学保障。

7.1　体育场大悬挑部分预应力钢结构施工方案

7.1.1　工程概况

蚌埠体育中心体育场的大、小罩棚钢结构相互独立，通过型钢混凝土柱与混凝土看台进行连接。体育场大悬挑部分预应力钢结构屋盖采用变截面径向钢梁—三向多点圆管支撑的结构形式，主要由变截面径向钢梁、环向连系杆、水平支撑杆和斜向支撑杆等构件组成，如图 7-1 所示。

径向钢梁采用变截面 H 型钢梁，截面最大高度为 3000mm，最小高度为 1000mm，钢梁长度最短为 2111mm，最长为 60876mm，最大悬挑长度为 27m。径向钢梁间跨度约为 9800mm，变截面径向钢梁之间的连接杆件主要有环向连系杆和水平支撑杆，截面形式主要包括（单位为 mm）：ϕ400×18、ϕ600×25、ϕ800×18、ϕ800×25 和 ϕ800×80。体育场刚性撑杆有圆管与 H 型钢梁两种，其中小罩棚钢结构屋盖的圆管刚性支撑截面为 ϕ800×18，劲性 H 型钢刚性支撑截面为 H300×200×8×12；大罩棚钢结构屋盖的圆管支撑截面为 ϕ800×18 和 ϕ800×25，H 型钢支撑截面为 H300×200×8×12。

多道环向连系杆及水平支撑杆将径向钢梁进行连接，下部采用叉状斜向支撑柱与型钢混凝土柱连接。由于多种构件的截面形状存在较大的差异，直接连接难度较大，还会造成构件连接位置的应力集中，故采用铸钢节点对构件截面进行转换，并通过焊接工艺将不同构件与铸钢节点进行连接，实现构件之间应力的平稳过渡。

由于小罩棚钢结构的径向钢梁悬挑程度和倾斜程度较大，在 35～46 轴之间的径向钢

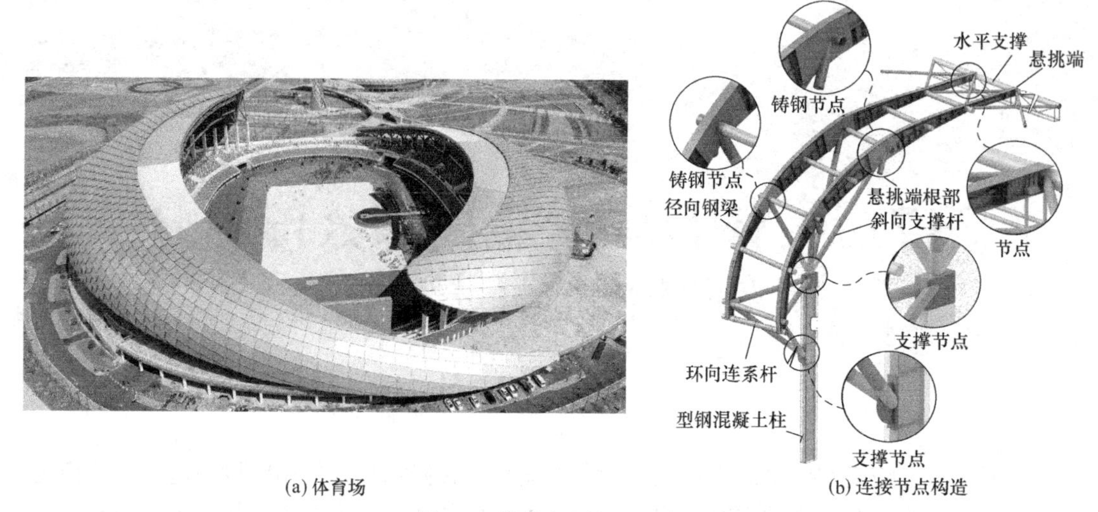

(a) 体育场　　(b) 连接节点构造

图 7-1　体育场罩棚钢结构

梁上翼缘下部两侧各设置一道预应力拉索以减小径向钢梁卸载的竖向位移，预应力拉索布置范围为从外支撑铸钢节点到悬挑侧梁端。

7.1.2　施工方法

体育场罩棚钢结构采取“分段吊装＋格构式胎架支撑”的方法进行施工。根据罩棚钢结构形式，将大、小罩棚钢结构划分为 8 个施工区域，大、小罩棚各分 4 个区域，分别为：A 区、B 区、C 区、D 区、E 区、F 区、G 区和 H 区。由于 C 区包含预应力施工，因此将 C 区细分为 5 个小区，即 C1～C5 区。罩棚钢结构的施工区域划分如图 7-2 所示。

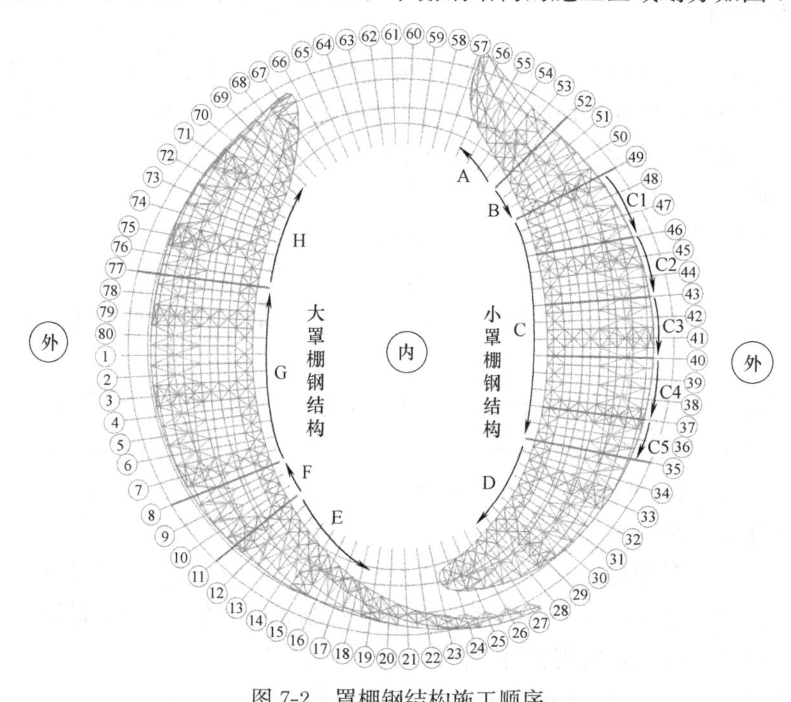

图 7-2　罩棚钢结构施工顺序

为保证环形道路通畅，将小罩棚钢结构的A区段和大罩棚钢结构的E区段预留在施工过程的最后进行拼装。外环采用一台750t履带吊负责吊装中间段径向钢梁及分段重量较大的尾段径向钢梁，一台300t履带吊、一台150t履带吊负责尾段径向钢梁及连系梁、圆管支撑的吊装；内环采用一台150t履带吊负责格构柱支撑、悬挑段径向钢梁、圆管支撑及马道部分的吊装。同时，在拼装场地配置100t汽车吊及25t汽车吊各两台，50t汽车吊一台，配合现场卸货及构件拼装。

罩棚钢结构在安装过程中，同步进行局部卸载，局部卸载共分为四个批次（即逐圈卸载）：第一批，一次性均匀卸载1号临时支撑。第二批，一次性均匀卸载3号临时支撑。第三批，一次性均匀卸载2号临时支撑。最后，根据有限元计算结果，存在应力比较大的区域需要多保留一些支撑，待结构整体施工完成后再整体卸载，其中，大罩棚钢结构施工区域67～80轴和1～4轴3号支撑（共18根），不参与周转，待全部罩棚钢结构施工完毕时，和4号支撑一起卸载；该区域3号支撑之间的环向支撑及3号、4号支撑之间的径向支撑均应保留，整体卸载过程为分级、等距、均匀地卸载4号临时支撑。径向钢梁的分段和临时支撑的布置如图7-3所示。

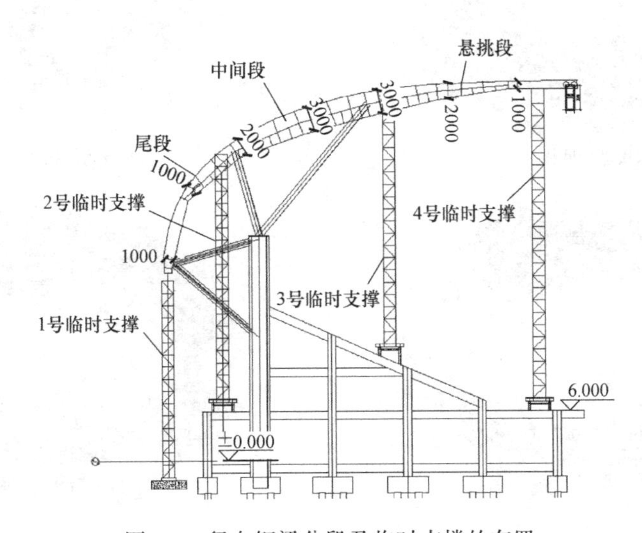

图7-3　径向钢梁分段及临时支撑的布置

由于罩棚钢结构的构件外形尺寸较大，须分段运输、分段安装，构件形状又多是不规则的，因此钢构件受力不均匀，必须搭设承重胎架。通过优化设计，采用安装和卸载同步穿插进行。同时，在施工过程中罩棚钢内部场地必须满足大型吊车的行车要求。

从52轴线按照顺时针方向对小罩棚钢结构的径向钢梁、斜向支撑杆和环向连系杆进行拼装，待小罩棚钢结构部分径向钢梁卸载完成后，将相应的临时支撑移至大罩棚钢结构的混凝土看台上进行安装，再按照顺时针方向从11轴线对大罩棚钢结构进行拼装。主要施工顺序如图7-4所示。钢构件拼装、预应力张拉和逐步卸载过程见表7-1。

(a) 从52轴线吊装第一榀径向钢梁

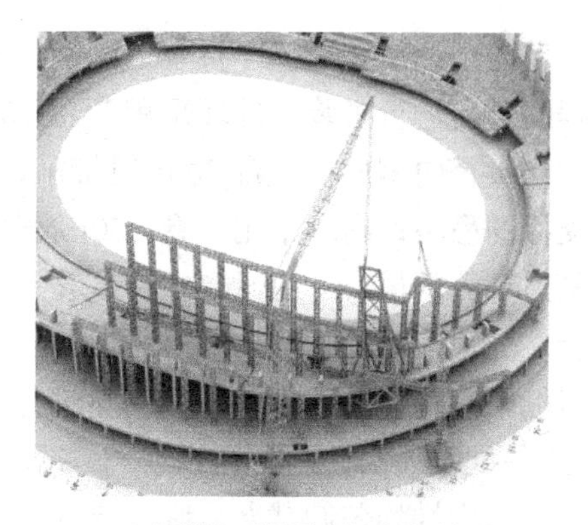

(b) 吊装第二榀径向钢梁和连系杆件

(c) 依次进行吊装

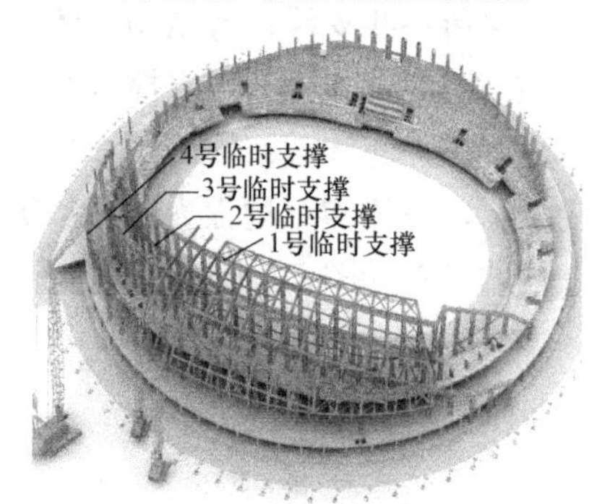

(d) 开始卸载临时支撑

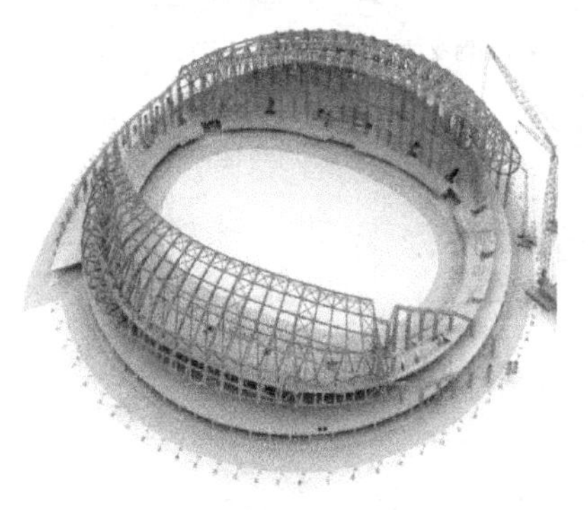

(e) 从11轴线安装大罩棚

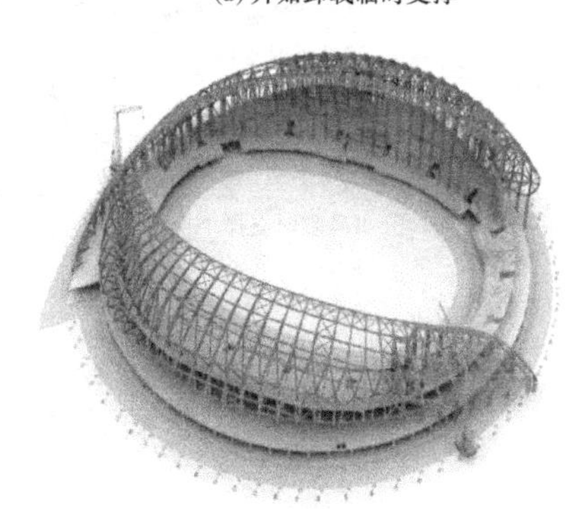

(f)最后安装A区段和E区段

图 7-4　体育场罩棚钢结构的主要施工顺序

罩棚钢结构施工方法　　**表 7-1**

位置	序号	具体施工方法
小罩棚钢结构	1	安装B区径向钢梁、斜向支撑杆和环向连系杆→等距卸载B区3号临时支撑，完全脱离后拆除→等距卸载B区1号和2号临时支撑，完全脱离后拆除
	2	安装C1区径向钢梁、斜向支撑杆和环向连系杆→等距卸载C1区3号临时支撑，完全脱离后拆除→C1区预应力施工
	3	安装C2区径向钢梁、斜向支撑杆和环向连系杆→等距卸载C2区3号临时支撑，完全脱离后拆除→C2区预应力施工
	4	安装C3区径向钢梁、斜向支撑杆和环向连系杆→等距卸载C3区3号临时支撑，完全脱离后拆除→C3区预应力施工

续表

位置	序号	具体施工方法
小罩棚钢结构	5	安装C4区径向钢梁、斜向支撑杆和环向连系杆→等距卸载C4区3号临时支撑,完全脱离后拆除→C4区预应力施工
	6	安装C5区径向钢梁、斜向支撑杆和环向连系杆→等距卸载C5区3号临时支撑,完全脱离后拆除→C5区预应力施工
	7	预应力张拉施工完毕后,拆除1号和2号临时支撑
	8	安装D区径向钢梁、斜向支撑杆和环向连系杆→等距卸载D区3号临时支撑,完全脱离后拆除→等距卸载D区1号临时支撑,完全脱离后拆除
	9	安装A区径向钢梁、斜向支撑杆和环向连系杆→等距卸载A区1号临时支撑,完全脱离后拆除
	10	等距卸载全区4号临时支撑,完全脱离后拆除
大罩棚钢结构	1	安装G区径向钢梁、斜向支撑杆和环向连系杆
	2	安装E区径向钢梁、斜向支撑杆和环向连系杆
	3	等距卸载8～15轴3号和4号临时支撑,完全脱离后拆除→逐个拆除8～15轴1号临时支撑
	4	等距卸载16～20轴1号、3号和4号临时支撑,完全脱离后拆除→等距卸载21～27轴1号和4号临时支撑,完全脱离后拆除
	5	安装H区径向钢梁、斜向支撑杆和环向连系杆
	6	等距卸载G区3号临时支撑,完全脱离后拆除→等距卸载G区4号临时支撑,完全脱离后拆除→逐个拆除G区1号和2号临时支撑
	7	等距卸载H区1号和2号临时支撑,完全脱离后拆除→等距卸载H区3号和4号临时支撑,完全脱离后拆除
	8	安装合拢构件

7.1.3　体育场施工技术难点

蚌埠体育中心体育场的大悬挑部分预应力罩棚钢结构的施工全过程包括工厂制作、现场焊接、高空拼接、预应力张拉、卸载成型等多个施工阶段。施工技术难点可以归纳如下：

(1) 构件规格和数量繁多，现场焊接量巨大

大、小罩棚钢结构的构件规格多达30种，数量多达950件。构件之间采用对接或相贯焊进行连接，焊接方式涉及平焊、横焊、立焊和仰焊，焊接工作量大且多为高空作业，对焊接质量要求极高。

(2) 铸钢节点复杂、类型多

不同截面构件之间进行焊接连接时易造成应力集中，不利于构件受力。本工程为了克服应力集中的影响，在径向钢梁与圆管斜向支撑杆连接处和斜向支撑杆与型钢柱的连接处使用大型铸钢节点，实现不同截面构件的连接。

(3) 空间弯曲构件的制作和定位难度大

径向钢梁采用变截面H型钢梁，构件外形尺寸较大，同榀钢梁的截面最大高差达2m；不同曲率拼接段的加工精度大，现场的操作很难满足高空中的定位安装，作业难度

较大。

(4) 温度应力影响大，拼装精度控制难度大

罩棚钢结构通过下部的三向多点圆管支撑在型钢混凝土柱上，支座伸缩冗余量不大，施工过程中结构受到自重和温度变化影响均会产生变形，安装精度控制难。

(5) 减振系统安装工艺要求高

在径向钢梁的悬挑端处共设置 44 个多重调谐质量阻尼器（MTMD），每个阻尼器自重达 1t 左右，需要大型起重机械精确吊装至指定安装节点，对施工安全要求高。

(6) 预应力整体张拉难度大

预应力拉索用索夹具和锚具沿着空间弯曲径向 H 型钢梁下翼缘固定，整体呈曲线形态。分段张拉时拉索的受力情况和平衡条件复杂，对预应力的张拉技术要求高。

(7) 卸载技术要求高

罩棚钢结构的主要构件拼装到位后，需要拆除临时支撑胎架。工程卸载点多达 45 个，卸载过程复杂且易造成结构的损坏，需要分步、逐级卸载。

(8) 龙鳞金属屋面板模块化施工技术要求高

龙鳞造型的体育场屋盖为国内首创，大、小罩棚钢结构为空间双曲面造型，每块金属屋面板均需要相对独立定位，对于龙鳞金属屋面板模块化施工精度要求高。

(9) 施工监测技术要求高

施工全过程包括安装和卸载两个主要施工阶段，须对钢结构整体建模进行有限元仿真模拟，并且对关键构件进行全过程应力和变形监测，以保证施工安全。

7.2 体育场大悬挑部分预应力钢结构施工全过程仿真

7.2.1 小罩棚钢结构数值分析模型

小罩棚采用 MIDAS 软件[211] 进行结构施工全过程仿真模拟。该模型共有 798 个节点，1156 个梁单元。径向钢梁、环向连系杆和斜向支撑杆等构件均采用梁单元建模，预应力筋采用桁架单元建模。径向钢梁、环向连系杆和斜向支撑杆均采用 Q345B 钢材，钢材强度设计值为 265MPa；预应力索采用 Galfan 索，其强度设计值为 1640MPa。

施工全过程模拟需考虑径向钢梁、环向连系杆、斜向支撑杆及铸钢件等自重对结构产生的影响，并采用等效降温法[10] 对预应力的张拉过程进行模拟。由于预应力张拉过程为分批进行，在某处张拉预应力会引起其他预应力筋内力值的变化，因此在施加荷载时，需充分考虑由于结构变形引起的预应力筋受力变化。根据现行国家标准《钢结构设计标准》GB 50017[228] 的规定，设置了相应预警值：钢构件的应力限值为 265MPa；钢梁悬挑端与悬挑端根部位移值的差值应小于 $2l/250$。

罩棚上荷载取值：1.2G（G 为自重），系数 1.2 包括节点加劲及构造措施的影响；铸钢件重量按节点荷载添加，每一个铸钢件按 20t（即 200kN）考虑，小罩棚钢结构数值模型、边界条件及荷载情况如图 7-5 所示。

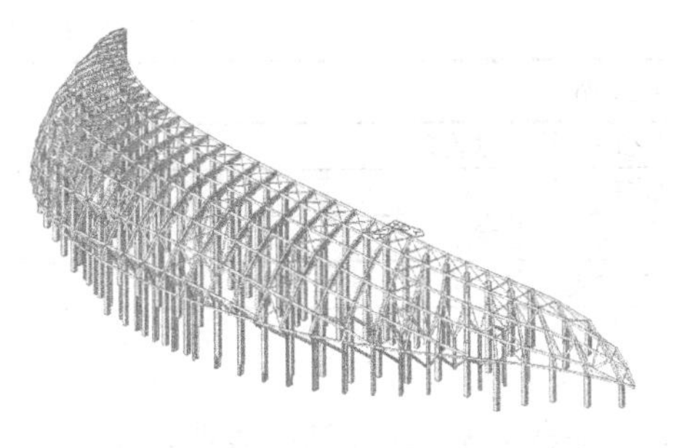
(a) 计算模型

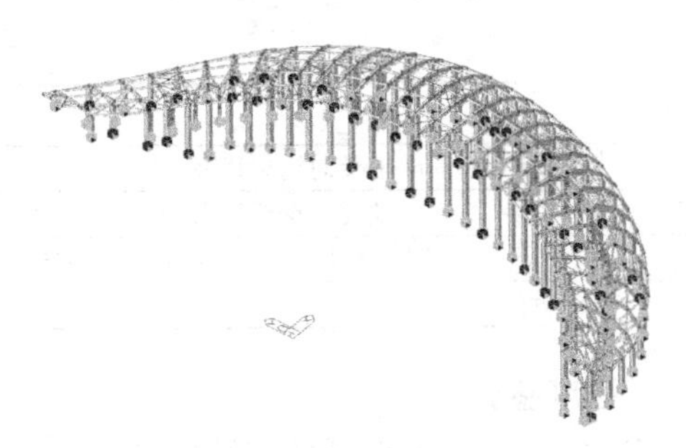
(b) 边界条件

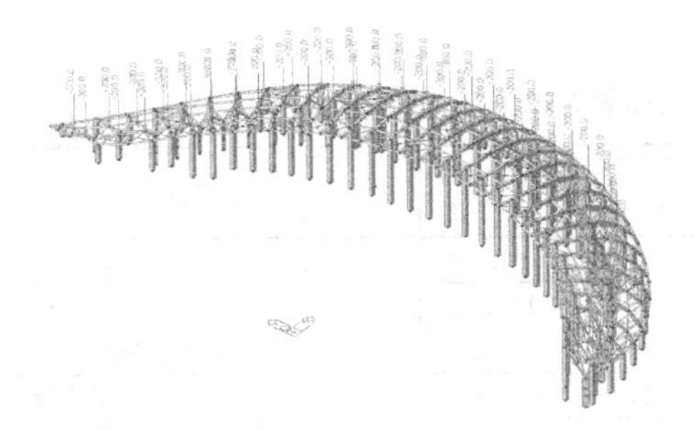
(c) 荷载施加

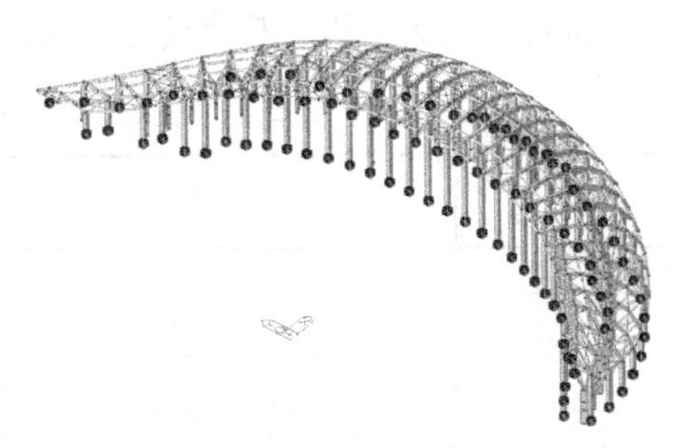
(d) 节点强制位移

图 7-5　小罩棚钢结构数值分析模型

7.2.2　小罩棚钢结构计算结果与分析

小罩棚钢结构施工模拟工况见表 7-2。

小罩棚钢结构施工模拟工况　　表 7-2

工况编号	工况说明
1	吊装环向连系杆，拆除 1 号支撑胎架，拆除部分 2 号支撑胎架
2	安装部分环向连系杆，拆除 29、30、35、36 轴 1 号支撑胎架
3	除 23、24、25 轴径向钢梁之间环向连系杆外，安装其余环向连系杆
4	安装部分 23、24、25 轴径向钢梁之间环向连系杆件，拆除 34 轴 1 号支撑胎架
5	安装 23、24 轴径向钢梁之间环向连系杆和水平支撑，拆除 33 轴 1 号支撑胎架
6	拆除 25、26、27、28 轴 1 号支撑胎架
7	拆除 31、32 轴的 1 号支撑胎架
8	安装 23 轴径向钢梁西侧环向连系杆
9	拆除 23、24 轴 1 号支撑胎架
10	安装 53 轴径向钢梁和水平支撑构件以及 1 号和 4 号支撑胎架
11	安装 54 轴径向钢梁和水平支撑构件以及 1 号和 4 号支撑胎架
12	安装 55 轴径向钢梁和水平支撑构件以及 1 号和 4 号支撑胎架
13	安装 56 轴径向钢梁和水平支撑构件以及 1 号和 4 号支撑胎架
14	安装 57 轴径向钢梁和水平支撑构件以及 1 号和 4 号支撑胎架
15	拆除 40～44 轴径向钢梁之间 4 号支撑胎架
16	拆除 35～39 轴径向钢梁以及 45～46 轴径向钢梁之间 4 号支撑胎架

续表

工况编号	工况说明
17	拆除 28～34 轴径向钢梁以及 47～48 轴径向钢梁之间 4 号支撑胎架
18	拆除 25～27 轴径向钢梁以及 49～51 轴径向钢梁之间 4 号支撑胎架
19	拆除 23～24 轴径向钢梁以及 52～53 轴径向钢梁之间 4 号支撑胎架
20	拆除 54～55 轴径向钢梁之间 4 号支撑胎架,后期拆除剩余支撑胎架

1. 强度验算

不同施工工况下小罩棚钢结构最大应力及位置见表 7-3。计算结果表明，小罩棚钢结构施工模拟计算的最大应力出现在施工工况 15，最大应力为 269.1N/mm^2，小于 Q345 钢材的设计强度，满足结构承载力设计要求。

不同施工工况下小罩棚钢结构最大应力及位置 **表 7-3**

工况编号	最大应力(MPa)	位置	工况编号	最大应力(MPa)	位置
1	−38.08	41 轴 4 号支撑胎架	11	−37.92	41 轴 4 号支撑胎架处
2	−43.76	27 轴 1 号支撑胎架	12	193.98	48 轴径向钢梁第 4、5 跨节点
3	−38.30	41 轴 4 号支撑胎架	13	−268.32	39 轴径向钢梁悬挑端位置
4	−38.31	41 轴 4 号支撑胎架	14	−268.1	40 轴径向钢梁悬挑端位置
5	−38.28	41 轴 4 号支撑胎架	15	−269.1	39 轴径向钢梁悬挑段腹板位置
6	−38.38	41 轴 4 号支撑胎架	16	−268.31	40 轴径向钢梁悬挑端位置
7	−38.40	41 轴 4 号支撑胎架	17	−268.14	40 轴径向钢梁悬挑端位置
8	−38.41	41 轴 4 号支撑胎架	18	−268.19	40 轴径向钢梁悬挑端位置
9	−38.48	41 轴 4 号支撑胎架	19	−268.29	40 轴径向钢梁悬挑端位置
10	−38.04	40 轴 4 号支撑胎架	20	−268.29	40 轴径向钢梁悬挑端位置

注：表中正值为拉应力，负值为压应力。

小罩棚钢结构主要施工工况下应力分布如图 7-6 所示，正值表示受拉，负值表示受

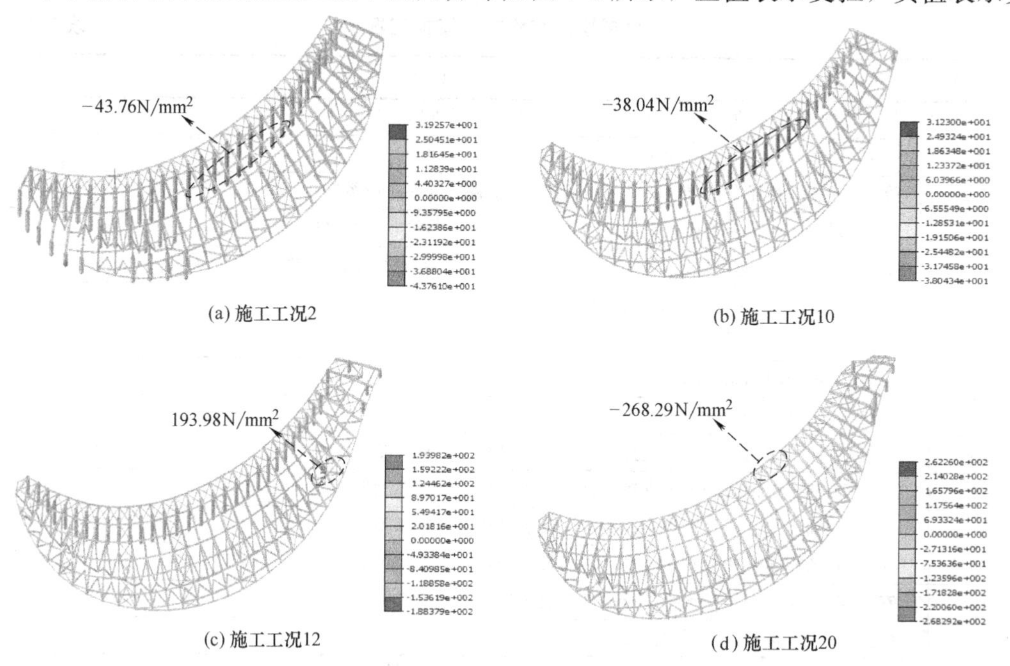

图 7-6 小罩棚钢结构主要施工工况下应力分布

压，单位为 N/mm^2。

2. 小罩棚钢结构变形计算结果

不同施工工况下小罩棚钢结构的最大竖向变形见表 7-4。计算结果表明，小罩棚钢结构施工阶段，随着承重支架的逐渐减少，悬臂梁的挠度也逐渐增大；钢结构的最大竖向变形出现在施工工况 16，最大竖向变形值为 125.2mm，位于第 41 轴径向钢梁悬挑前端节点处，远小于现行国家标准《钢结构设计标准》GB 50017 规定的正常使用极限状态下梁挠度限值 $2l/250$。

不同施工工况下小罩棚钢结构最大竖向位移　　表 7-4

工况编号	最大竖向位移(mm)	位置	工况编号	最大竖向位移(mm)	位置
1	14.7	44 轴径向钢梁悬臂端	11	14.06	36 轴径向钢梁悬臂端
2	14.6	44 轴径向钢梁悬臂端	12	14.18	36 轴径向钢梁悬臂端
3	14.6	44 轴径向钢梁悬臂端	13	32.39	40 和 41 轴径向钢梁之间悬臂端第 3 跨横向水平支撑处
4	14.6	44 轴径向钢梁悬臂端	14	35.0	40 和 41 轴径向钢梁之间悬臂端第 3 跨横向水平支撑处
5	14.6	44 轴径向钢梁悬臂端	15	92.1	42 轴径向钢梁悬臂端
6	14.7	44 轴径向钢梁悬臂端	16	125.2	41 轴径向钢梁悬臂端
7	14.7	44 轴径向钢梁悬臂端	17	108.15	37 轴径向钢梁悬臂端
8	14.7	42 轴径向钢梁悬臂端第 4 跨与横向连系梁节点处	18	102.64	37 轴径向钢梁悬臂端
9	14.72	40 和 41 轴径向钢梁之间悬臂端第 3 跨横向水平支撑处	19	107.67	37 轴径向钢梁悬臂端
10	14.21	44 轴径向钢梁悬臂端	20	106.91	37 轴径向钢梁悬臂端

小罩棚钢结构主要施工工况下竖向位移如图 7-7 所示。

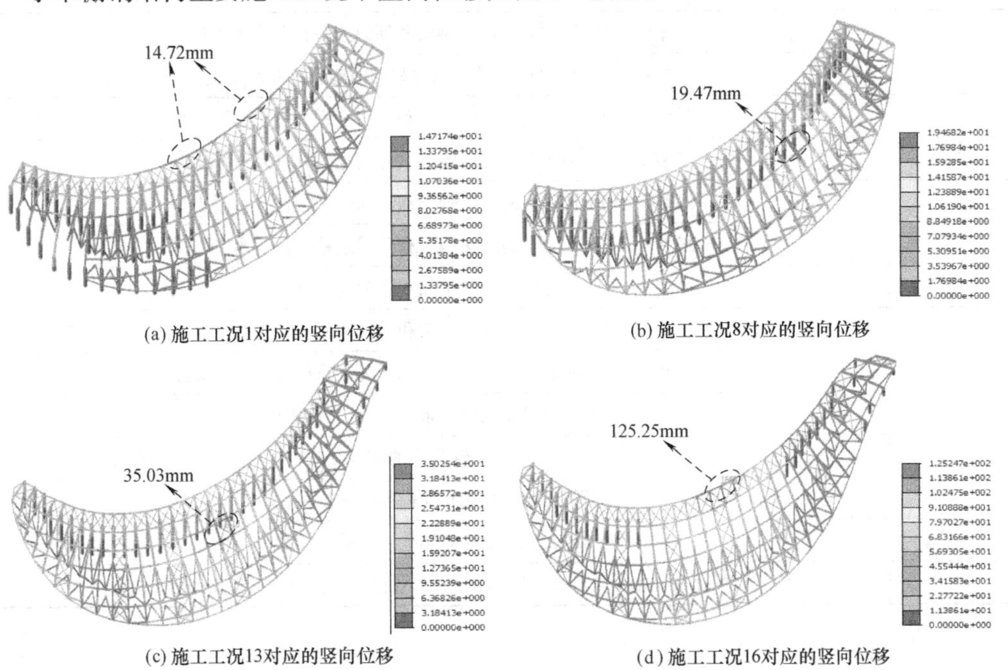

(a) 施工工况1对应的竖向位移　(b) 施工工况8对应的竖向位移

(c) 施工工况13对应的竖向位移　(d) 施工工况16对应的竖向位移

图 7-7　小罩棚钢结构主要施工工况下竖向位移

7.2.3 大罩棚钢结构数值分析模型

大罩棚钢结构采用 MIDAS 软件[211] 进行施工全过程仿真模拟。该模型共有 1770 个节点，2966 个梁单元。材料采用 Q345 和 Q235 钢材，由 32 个不同截面的钢构件组成。罩棚上荷载取值：1.2G（G 为自重），系数 1.2 为考虑节点构造及加劲措施的影响；铸钢件重量按节点荷载添加，每一个铸钢件按 20t（即 200kN）考虑，大罩棚钢结构计算模型如图 7-8 所示。其余参数设置同小罩棚钢结构。

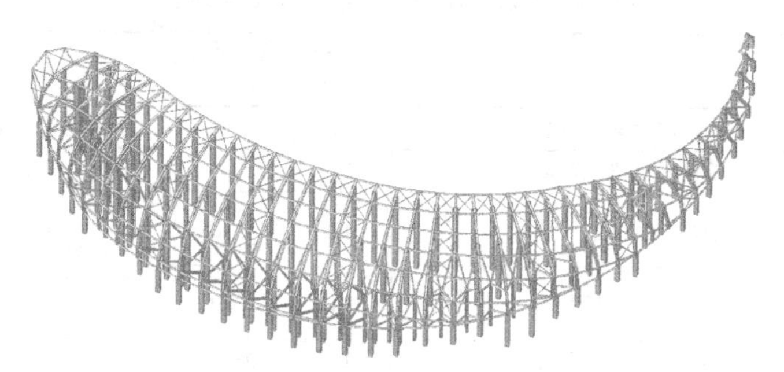

图 7-8　大罩棚钢结构计算模型

7.2.4 大罩棚钢结构计算结果与分析

大罩棚钢结构施工模拟工况见表 7-5。

大罩棚钢结构施工模拟工况　　表 7-5

工况编号	工况说明
1	吊装 7～12 轴之间的径向钢梁和环向连系杆及水平支撑
2	吊装 4～7 轴之间的径向钢梁和环向连系杆及水平支撑
3	吊装 80～4 轴之间的径向钢梁和环向连系杆及水平支撑
4	吊装 77～80 轴之间的径向钢梁和环向连系杆件及水平支撑
5	吊装 74～77 轴之间的径向钢梁和环向连系杆件及水平支撑
6	吊装 71～74 轴之间的径向钢梁和环向连系杆件及水平支撑
7	吊装 68～71 轴之间的径向钢梁和环向连系杆件及水平支撑
8	吊装 13～14 轴之间的径向钢梁和环向连系杆件及水平支撑
9	吊装 15～18 轴之间的径向钢梁和环向连系杆件及水平支撑
10	吊装 19～27 轴之间的径向钢梁和环向连系杆件及水平支撑
11	吊装大罩棚北侧剩余的 67 轴径向钢梁
12	拆除 4～9 轴之间的支撑胎架
13	拆除 78～4 轴径向钢梁之间的支撑胎架
14	拆除 72～13 轴径向钢梁之间的支撑胎架
15	大罩棚支撑胎架基本卸载完毕，剩余 67 轴径向钢梁上的支撑胎架未卸载

1. 强度验算

不同施工工况下大罩棚钢结构最大应力及位置见表 7-6。计算结果表明，钢结构施工模拟计算的大罩棚最大应力出现在施工工况 15，最大应力为−76.89N/m^2，小于 Q345 钢材的设计强度，满足结构承载力设计要求。

不同施工工况下大罩棚钢结构最大应力及位置　　表 7-6

工况编号	最大应力（MPa）	位置	工况编号	最大应力（MPa）	位置
1	−26.89	12 轴 1 号支撑胎架	9	−42.17	69 轴 1 号支撑胎架
2	−28.48	12 轴 1 号支撑胎架	10	−42.25	69 轴 1 号支撑胎架
3	−29.69	12 轴 1 号支撑胎架	11	−49.56	69 轴 1 号支撑胎架
4	−30.23	12 轴 1 号支撑胎架	12	−57.20	4 轴径向钢梁悬臂端位置处
5	−30.13	12 轴 1 号支撑胎架	13	−71.27	77 轴径向钢梁悬挑端位置处
6	−40.82	71 轴 1 号支撑胎架	14	−65.36	69 轴 1 号支撑胎架
7	−42.02	69 轴 1 号支撑胎架	15	−76.89	69 轴 1 号支撑胎架
8	−42.13	69 轴 1 号支撑胎架			

注：表中正值为拉应力，负值为压应力。

大罩棚钢结构主要施工工况下应力分布如图 7-9 所示，正值表示受拉，负值表示受压，单位为 N/mm^2。

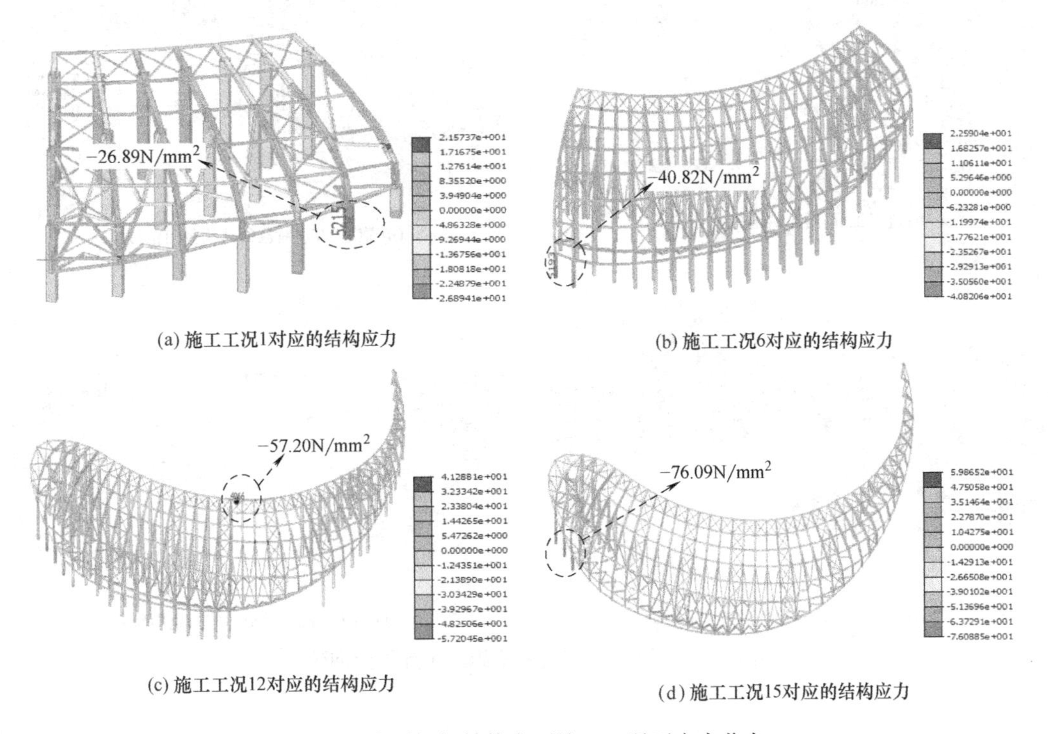

(a) 施工工况1对应的结构应力　(b) 施工工况6对应的结构应力

(c) 施工工况12对应的结构应力　(d) 施工工况15对应的结构应力

图 7-9　大罩棚钢结构主要施工工况下应力分布

2. 大罩棚钢结构竖向位移的计算结果

不同施工工况下大罩棚钢结构的最大应力见表 7-7。计算结果表明，整个施工阶段，随着承重支架的逐渐减少，结构梁的挠度逐渐增大。钢结构的最大竖向位移出现在施工工况 15，最大变形值为 118.69mm，位于第 41 轴框架梁悬挑前端节点处，远小于现行国家标准《钢结构设计标准》GB 50017 规定的正常使用极限状态下梁挠度限值 $2l/250$。

不同施工工况下大罩棚钢结构最大应力 **表 7-7**

工况编号	最大应力(MPa)	位置	工况编号	最大应力(MPa)	位置
1	74.23	7 轴径向钢梁悬臂端	9	13.85	72 轴径向钢梁悬臂端
2	74.44	7 轴径向钢梁悬臂端	10	13.86	72 轴径向钢梁悬臂端
3	86.19	3 轴径向钢梁与水平支撑交点	11	13.96	72 轴径向钢梁悬臂端
4	90.91	79 轴径向钢梁与水平支撑交点	12	73.00	3 轴径向钢梁悬臂端
5	89.32	79 轴径向钢梁与水平支撑交点	13	117.14	3 轴径向钢梁悬臂端
6	14.17	72 轴径向钢梁悬臂端	14	118.23	1 轴径向钢梁悬臂端
7	13.85	72 轴径向钢梁悬臂端	15	118.69	1 轴径向钢梁悬臂端
8	13.85	72 轴径向钢梁悬臂端			

大罩棚钢结构主要施工工况下竖向位移如图 7-10 所示。

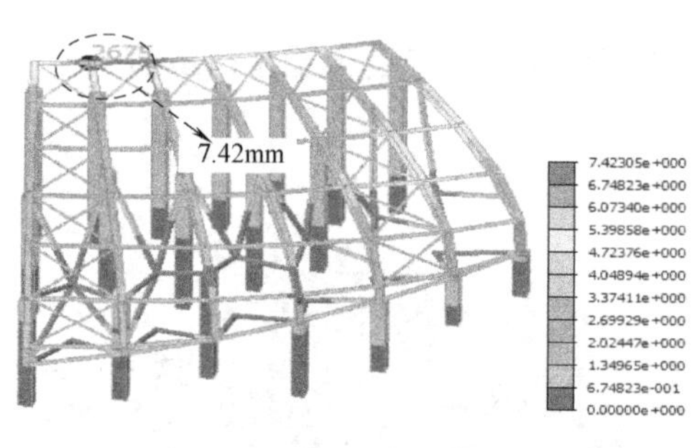

(a) 施工工况1对应的结构竖向位移

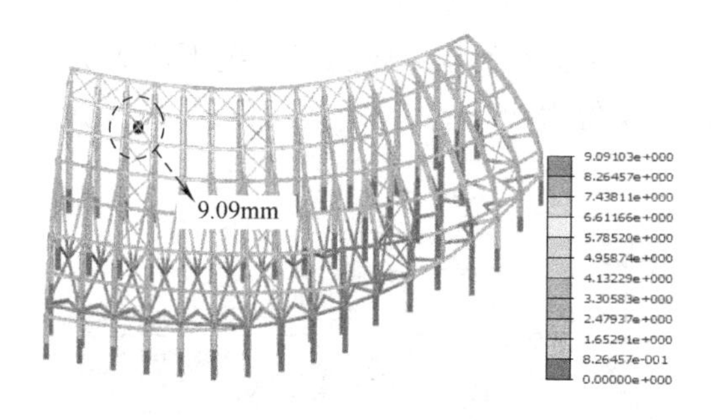

(b) 施工工况4对应的结构竖向位移

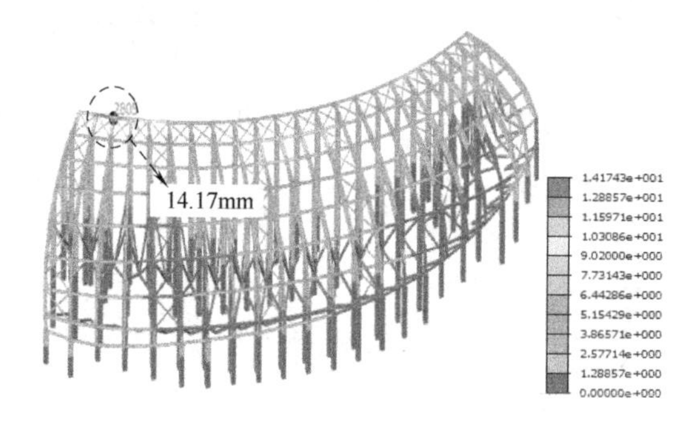

(c) 施工工况6对应的结构竖向位移

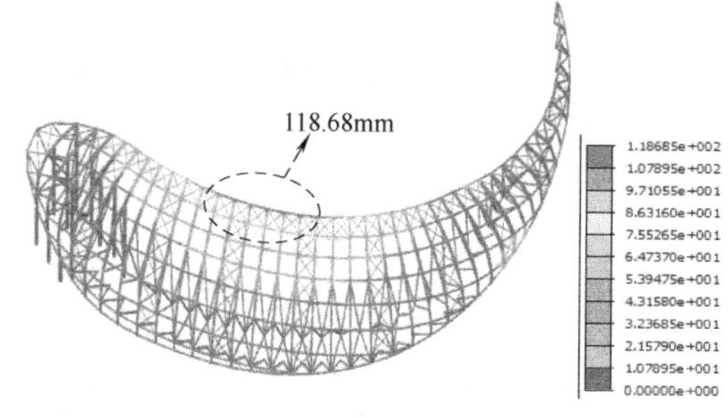

(d) 施工工况15对应的结构竖向位移

图 7-10 大罩棚钢结构主要施工工况下竖向位移

7.3 体育场大悬挑部分预应力钢结构施工监测

7.3.1 监测方案

钢罩棚结构的施工全过程中，构件的应力和位移一直处于变化状态。为了更好地控制结构构件的内力状态，需安排合理监测项目，主要包括：罩棚各榀径向钢梁的标高，主要构件的轴向应力，钢梁悬挑端与悬挑端根部的位移值。

1. 监测系统

本工程建立了一套无线监测系统，主要由传感器子系统、数据采集与传输子系统和数据管理与分析子系统组成，可实现监测数据连续采集、自动存储，有效地解决关键构件应力应变的监测问题。

采用先进的无线应变传感器对钢罩棚结构径向钢梁和斜向支撑杆的应变进行实时监测，消除温度影响，可获得关键构件的轴向应力值（图 7-11）。使用全站仪对径向钢梁的悬挑端和悬挑端根部的竖向位移进行监控，可获得钢梁悬挑段的竖向位移变化。

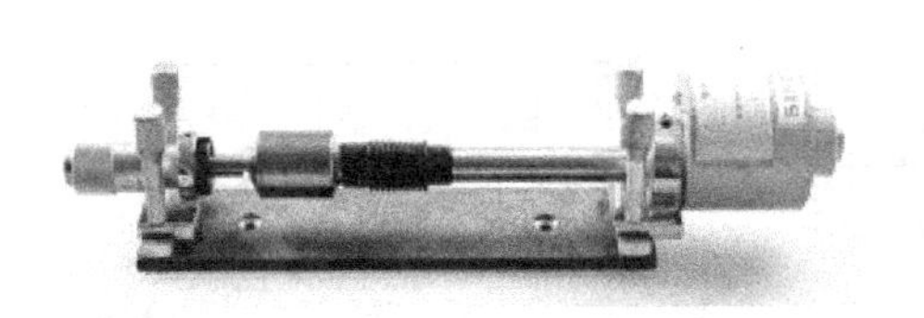

(a) 数码应变传感器

(b) 测量数据采集仪

图 7-11 测量仪器

2. 测点布置

由于体育场罩棚钢结构的施工范围较大，监测装置的布设数量和布设位置将对监测分析结果起决定性的作用。

本工程遵循“合理性、可实施性、经济性”的原则进行了监测装置的布设，在小罩棚的径向钢梁上布设了 18 个传感器（编号顺序为：钢梁表面从内向外为 1，2，3；斜向支撑杆从内向外为 4，5，6）和 10 个反光片（编号顺序为：悬挑端为 1，悬挑端根部为 2），35-L、35-R 和 40-L 上分别布置 6 个传感器和 2 个反光片，48-L 和 48-R 上仅 2 个反光片；在大罩棚上布设了 24 个传感器和 8 个反光片，分别布置在 8-R、1-R、77-R 和 72-R 上。应力和位移监测装置的具体布设情况分别如图 7-12 和图 7-13 所示。

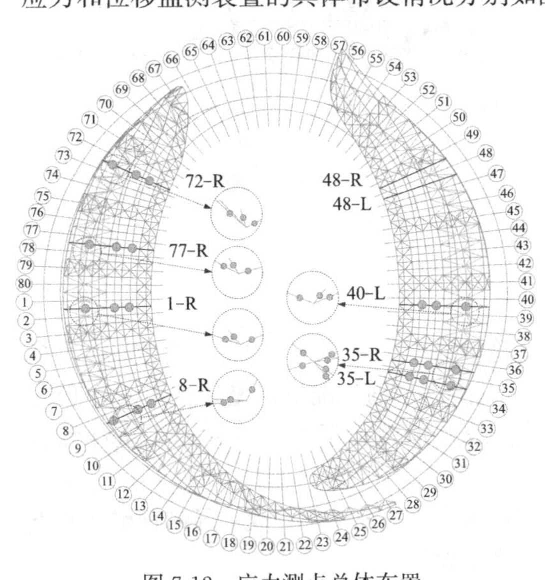

图 7-12 应力测点总体布置

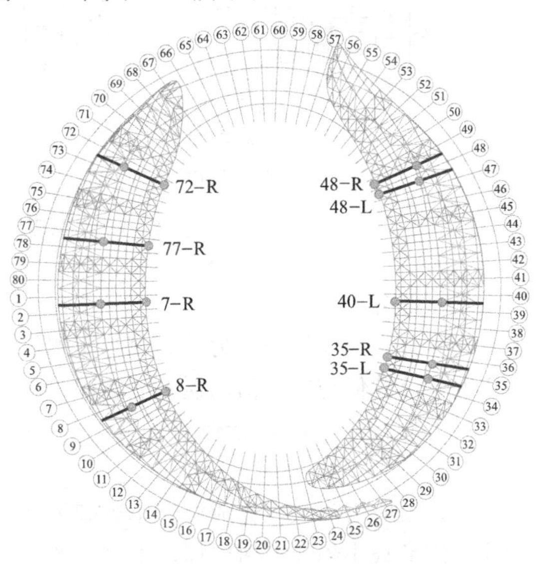

图 7-13 位移测点总体布置

7.3.2 罩棚钢结构监测结果与分析

为了验证罩棚钢结构施工方案的可靠性和数值模拟的准确性，将有限元计算值与现场监控的实测值进行对比分析，并对结构施工全过程作出合理性的评价。

1. 罩棚钢结构应力分析

从大、小罩棚钢结构的所有测点中选取部分测点进行实测值和计算值的对比，大、小罩棚各选取4个测点（35-L-3测点、35-R-4测点、40-L-1测点、35-L-6测点、77-R-3测点、72-R-3测点、8-R-3测点和1-R-3测点），并对其进行20个施工工况的对比分析，小罩棚和大罩棚的测点对比情况分别如图7-14和图7-15所示。

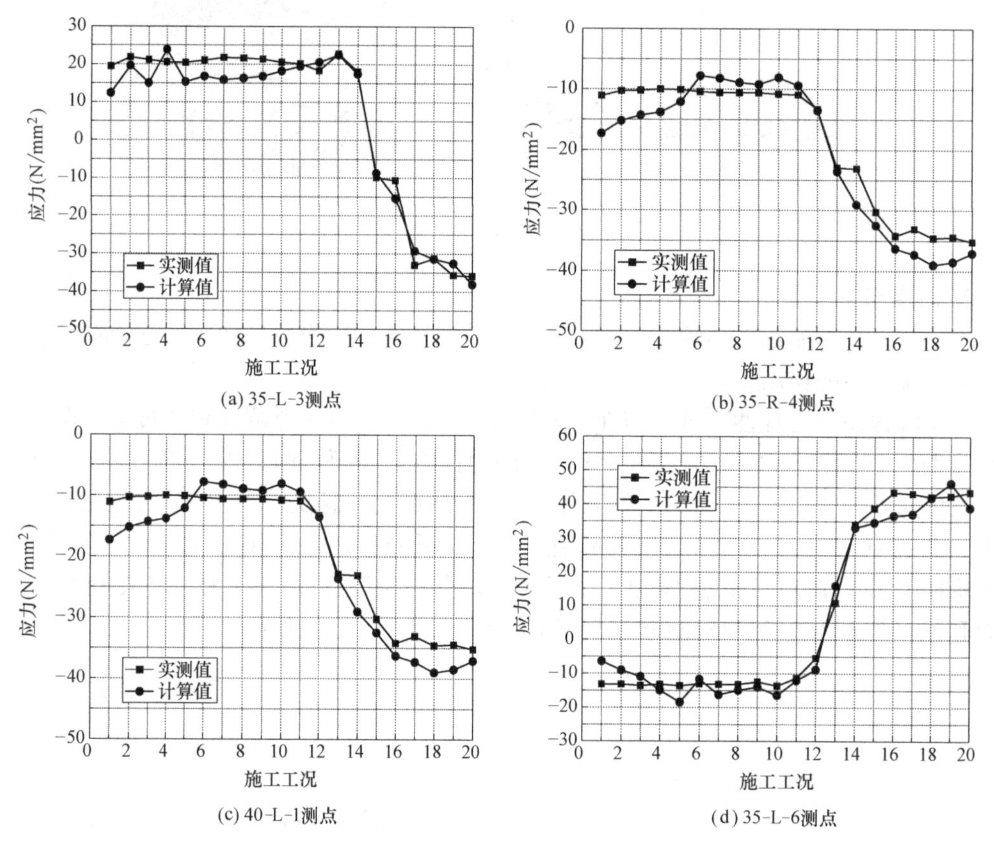

图7-14 小罩棚钢结构部分测点对比

根据部分测点的对比可知：

（1）有限元模拟的应力计算值与实测值变化趋势基本保持一致，吻合程度较好。大多数工况下计算值与实测值的误差能够保持在10%以内，个别工况下误差超过10%，但是由于应力值较小，可以近似看作其具有一致性，较好地验证了施工过程的安全性和合理性。

（2）预应力筋张拉完成后，小罩棚钢结构测点的应力值发生了突变，径向钢梁上测点的应力值呈减小趋势，斜向撑杆上测点的应力值呈增大趋势。

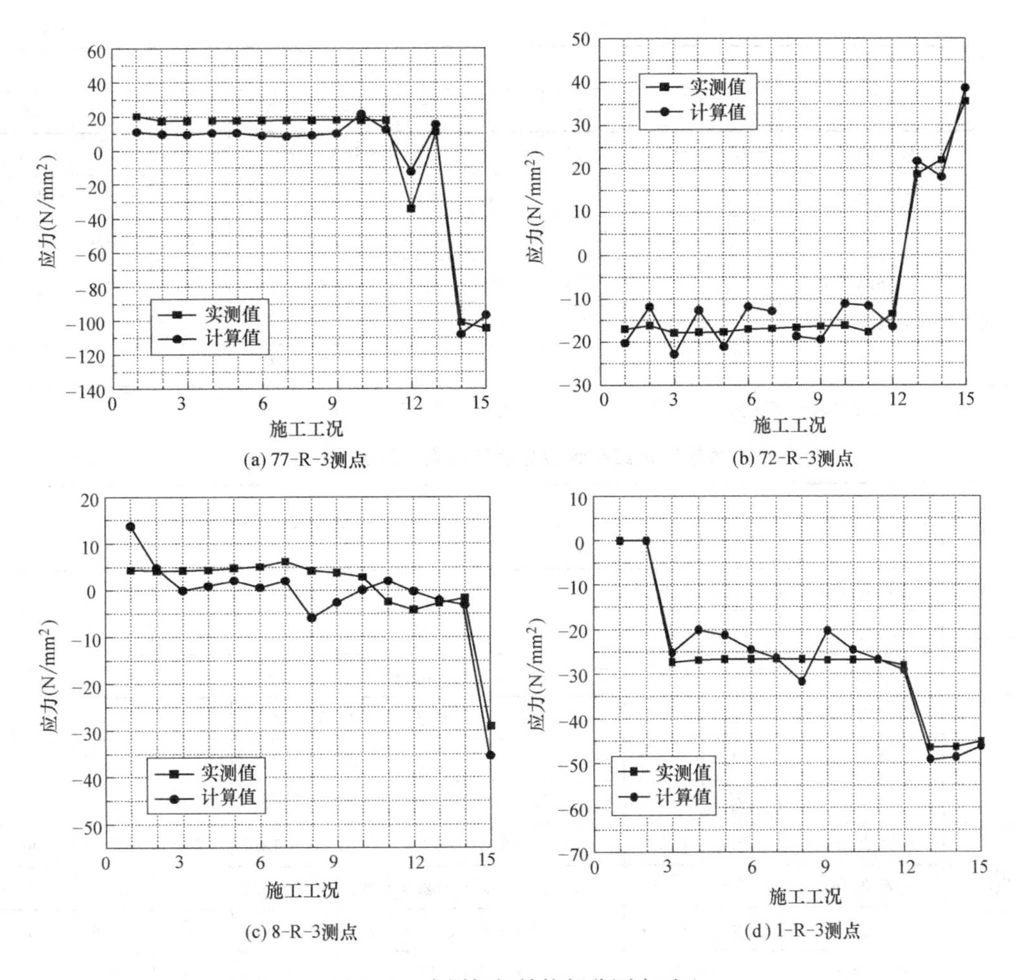

(a) 77-R-3测点 (b) 72-R-3测点

(c) 8-R-3测点 (d) 1-R-3测点

图 7-15 大罩棚钢结构部分测点对比

2. 罩棚钢结构变形分析

体育场罩棚钢结构径向钢梁悬挑端和悬挑端根部的竖向位移是钢结构施工过程中除杆件应力之外的另一重要指标。选取部分测点进行对比分析，小罩棚和大罩棚关键测点竖向位移实测值与计算值对比情况分别见表 7-8 和表 7-9。

小罩棚钢结构部分悬挑端测点竖向位移值 **表 7-8**

测点		施工工况									
		1	2	3	4	5	6	7	8	9	10
35-L-1	计算值(mm)	−13.9	−13.0	−12.3	−9.3	−6.3	−19.3	−93.0	−85.3	−91.1	−92.0
	实测值(mm)	−15.4	−5.0	−19.3	−10.2	−4.7	−21.1	−95.9	−90.1	−82.9	−101.0
	误差	9.7%	160.0%	36.3%	8.8%	34.0%	8.5%	3.0%	5.3%	9.9%	8.9%
35-R-1	计算值(mm)	−13.0	−13.6	−12.4	−1.4	−20.4	−38.9	−98.5	−91.1	−94.1	−97.5
	实测值(mm)	−11.9	−14.4	−14.3	−9.4	−26.4	−43.1	−96.6	−96.1	−100.1	−107.1
	误差	9.2%	5.6%	13.3%	85.1%	22.7%	9.7%	2.0%	5.2%	6.0%	9.0%

续表

测点		施工工况									
		1	2	3	4	5	6	7	8	9	10
40-L-1	计算值(mm)	−15.6	−27.7	15.9	13.9	−41.3	−109.0	−95.5	−89.2	−93.8	−92.9
	实测值(mm)	−17.1	−30.2	17.1	17.8	−38.7	−112.1	−103.4	−94.2	−98.7	−102.8
	误差	8.8%	8.3%	7.0%	21.9%	6.7%	2.8%	7.6%	5.3%	5.0%	9.6%
48-R-1	计算值(mm)	−6.7	−2.0	−20.0	−28.5	−37.3	−40.3	−39.6	−38.1	−39.1	−38.9
	实测值(mm)	−5.8	−6.3	−21.9	−30.2	−35.9	−40.0	−38.5	−37.2	−39.0	−41.3
	误差	14.8%	69.1%	8.9%	5.8%	4.0%	0.8%	2.7%	2.4%	0.1%	5.9%

注：误差=｜(计算值−实际值)/实际值｜×100%；表中负号表示竖直向下。

大罩棚钢结构部分悬挑端测点竖向位移值 **表 7-9**

测点		施工工况									
		1	2	3	4	5	6	7	8	9	10
8-L-1	计算值(mm)	−11.8	−16.2	−16.9	−9.3	−6.9	−8.7	−46.8	−44.3	−47.6	−46.3
	实测值(mm)	−12.8	−17.8	−15.7	−6.8	−7.4	−9.1	−43.4	−42.5	−45.1	−42.8
	误差	7.8%	9.0%	7.6%	36.8%	6.8%	4.4%	7.8%	4.2%	5.5%	8.2%
1-L-1	计算值(mm)	−21.2	−1.4	−12.4	−2.3	−12.3	−22.5	−41.7	−55.0	−66.3	−86.9
	实测值(mm)	−22.6	−0.9	−21.3	1.7	−14.3	−24.7	−45.9	−50.1	−63.6	−87.1
	误差	6.2%	55.6%	41.8%	235.3%	14.0%	8.9%	9.2%	9.8%	4.2%	0.2%
77-L-1	计算值(mm)	−3.8	−9.8	−8.3	−5.2	−3.4	−16.6	−13.7	−51.8	−79.9	−96.1
	实测值(mm)	−5.5	−10.7	−7.7	−4.3	−2.9	−17.8	−15.2	−49.8	−73.6	−99.6
	误差	30.9%	8.4%	7.8%	20.9%	17.2%	6.7%	9.9%	4.0%	8.6%	3.5%
72-L-1	计算值(mm)	−13.9	−13.7	−13.7	−18.7	−13.7	−16.7	−13.6	−23.2	−31.3	−56.9
	实测值(mm)	−14.2	−14.5	−15.1	−20.3	−15.1	−17.6	−15.8	−25.6	−33.6	−55.1
	误差	2.1%	5.5%	9.3%	7.9%	9.3%	5.1%	13.9%	9.4%	6.8%	3.3%

注：误差=｜(计算值−实际值)/实际值｜×100%；表中负号表示竖直向下。

通过表 7-8 和表 7-9 的对比分析可以得出：

（1）在前期施工过程中，由于设置了临时支撑，径向钢梁悬挑端的竖向位移较小；后期由于临时支撑的逐步卸载，悬挑端的位移逐渐变大，同时也逐渐趋向稳定。

（2）竖向位移值较小，现场施工的各种因素会对监测结果产生干扰。但总体上，模拟和监测效果较好，竖向位移的实测值与计算值吻合较好，变化趋势能够保持一致。

7.4 体育场大悬挑钢结构部分预应力分段分级张拉技术

7.4.1 工程概况

小罩棚钢结构有 34 榀悬挑钢梁，其中最长悬挑长度约为 27m，为了保证结构整体的安全性，在其中 14 榀悬挑钢梁上布置预应力拉索（35 轴北～48 轴北），拉索选用 ϕ82 的高钒索。根据整体受力要求和计算结果，在35轴、43～48轴每榀钢梁上布置2根预应力拉索，36～42轴每榀钢梁布置4根预应力拉索，如图7-16所示。预应力张拉工程技术难点见表7-10。

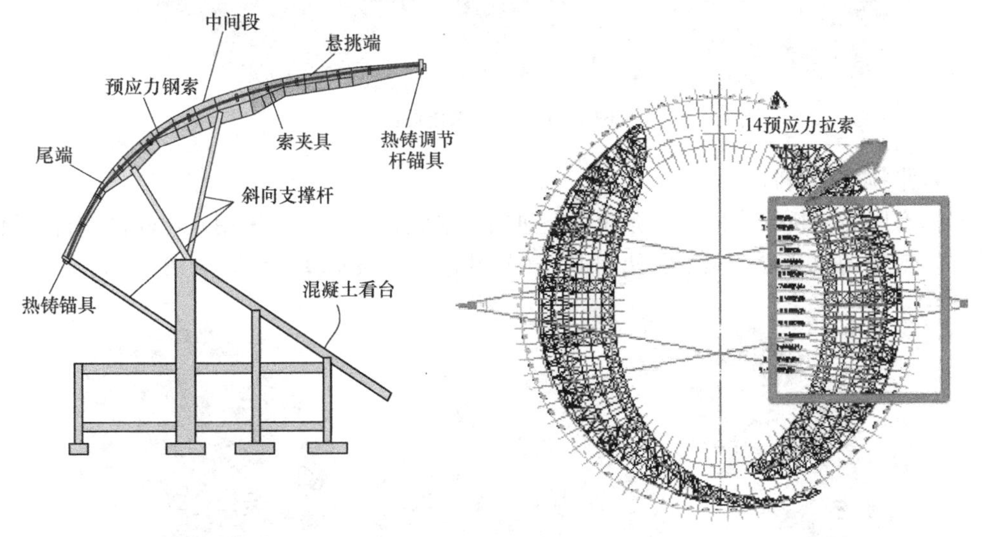

图7-16　预应力拉索布置平面和剖面图

预应力张拉工程技术难点　表7-10

序号	施工技术难点
1	钢结构悬挑高度最大为40m，拉索安装难度大
2	单根拉索重量大，高空吊装难度大
3	预应力钢索对材料性能要求严格
4	索夹位于工字钢下翼缘，拉索就位空间小
5	拉索安装位置高，拉索张拉施工困难

施工重点在于拉索的安装和张拉，现场通过卷扬机将拉索提升到屋面上，就位端部索头，再通过临时工装就位悬挑端索头，具体施工顺序为：图纸深化确认→拉索加工制作→拉索运输到现场→产品验收合格→拉索就位→拉索安装→拉索张拉→结构监控并张拉调整→施工结束。

拉索安装过程中，先安装拉索固定端，再将拉索调节端的可调量全部调出以安装拉索调节端。中间往两侧对称同步张拉，一次张拉100%。施工监测技术跟随整个张拉过程：拉索安装之前监测整体结构变形情况→张拉完成后监测结构情况→撤出临时支架后监测结构情况。

7.4.2　关键工艺深化

（1）节点深化设计

根据设计图采用专业软件对节点进行三维实体放样，再确定节点的形式和尺寸，如图7-17所示。节点深化设计内容包括索具与铸钢连接节点的匹配设计、铸钢连接节点与钢构件的匹配设计等，节点深化设计完成后方可进行索找形、下料。

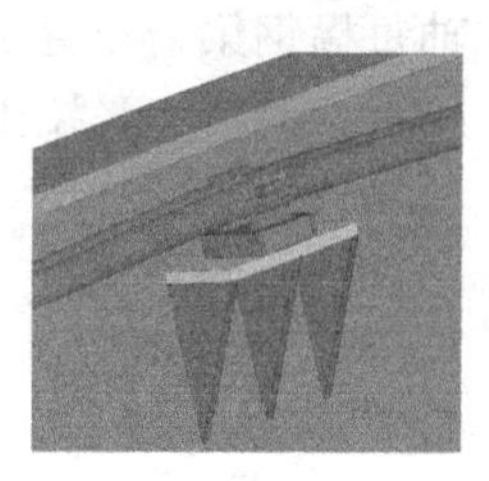
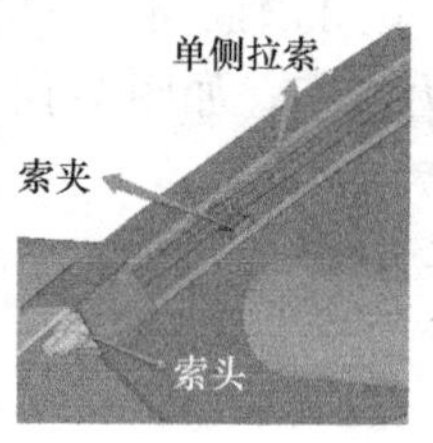

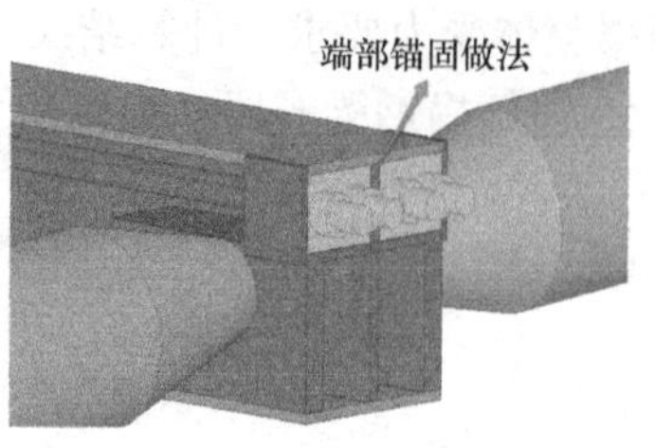

图 7-17　节点深化设计

（2）张拉工装设计

根据有限元分析给出的最终张拉力值进行工装设计，设计图采用专业软件进行三维实体放样，最终的工装设计图纸需使用 Revit 软件进行复核验算，如图 7-18 所示。

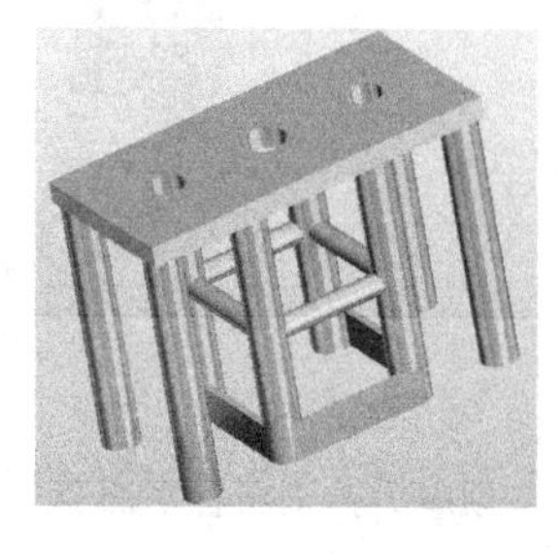
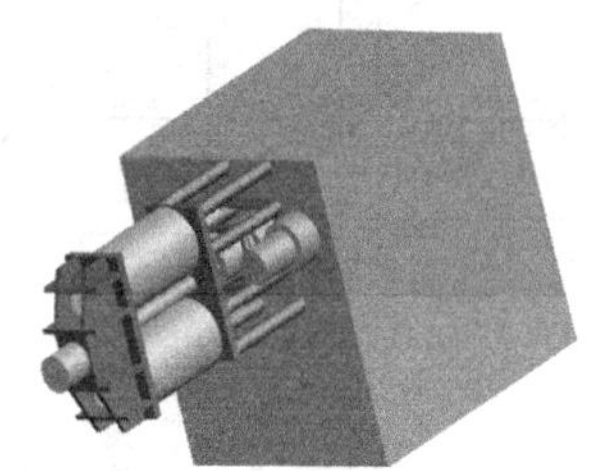

图 7-18　张拉工装设计

（3）结构找形分析及索材下料

索结构的特点是张拉前刚度非常小，为柔性结构，故拉索的下料尤为重要，本方案利用 MIDAS 软件[211] 编写索结构找形分析程序，通过找形分析计算得出各索在零应力状态下的下料长度，并形成拉索成品装配图，如图 7-19 所示。

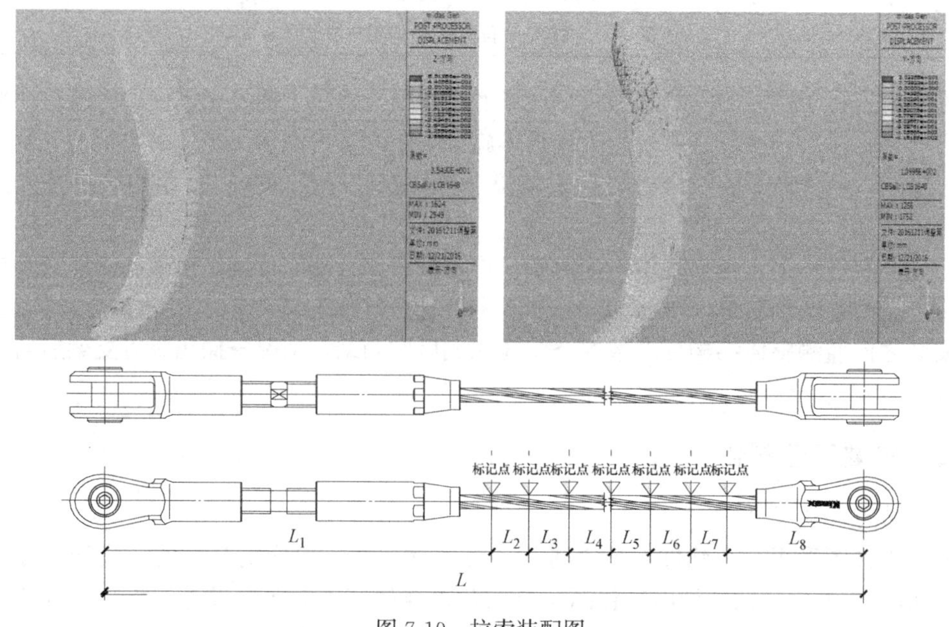

图 7-19　拉索装配图

7.4.3　张拉施工过程仿真

根据施工部署，利用有限元软件进行15个工况的张拉仿真分析验算，结果见表7-11。

预应力张拉过程仿真分析　　　　**表7-11**

工况编号	工况说明	张拉力比例	数值仿真结果			
			结构 x 向变形(mm)	结构 y 向变形(mm)	结构 z 向变形(mm)	单根拉索最大索力(kN)
1	结构有支撑情况下TL8施加索力+D+L	100%	−11.48	−1.65	−8.28	1700
2	结构有支撑情况下TL7施加索力+D+L	100%	−10.84	−2.11	−9.90	1750
3	结构有支撑情况下TL6施加索力+D+L	100%	−10.76	−1.91	−8.71	1500
4	结构有支撑情况下TL9施加索力+D+L	100%	−11.39	−1.26	−11.11	1750
5	结构有支撑情况下TL5施加索力+D+L	100%	−11.09	−1.19	−11.00	1500
6	结构有支撑情况下TL10施加索力+D+L	100%	−12.14	−1.07	−11.11	1750
7	结构有支撑情况下TL4施加索力+D+L	100%	−12.11	−1.11	−11.10	1500
8	结构有支撑情况下TL11施加索力+D+L	100%	−12.39	−1.18	−11.06	1750
9	结构有支撑情况下TL3施加索力+D+L	100%	−12.40	−1.18	−11.05	1000
10	结构有支撑情况下TL12施加索力+D+L	100%	—-11.86	−2.06	−10.96	1250
11	结构有支撑情况下TL2施加索力+D+L	100%	−11.87	−2.06	−10.96	1000
12	结构有支撑情况下TL13施加索力+D+L	100%	−12.14	−1.88	−10.99	1250
13	结构有支撑情况下TL1施加索力+D+L	100%	−12.15	−3.68	−11.00	1000
14	结构有支撑情况下TL14施加索力+D+L	100%	−11.97	−3.67	−10.98	1500
15	结构卸载支撑情况下	100%	−47.76	−35.03	−83.93	1700

有限元数值仿真结果如图7-20所示，罩棚钢结构在张拉过程中均处于弹性变形范围，

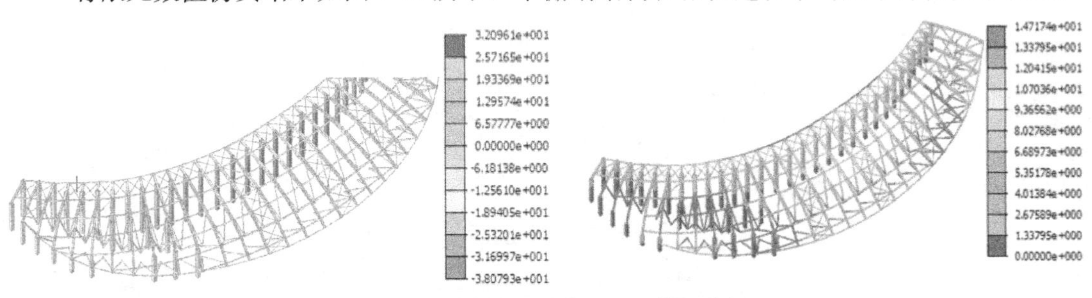

图7-20　预应力张拉典型工况模拟分析

且应力数值均较小，张拉施工对结构应力和变形的影响不大。预应力张拉施工完成后，单索最大索力为 1750kN，满足拉索的承载性能。

7.5 小结

（1）蚌埠体育场大悬挑预应力罩棚钢结构的体型复杂，构件的连接形式多样，施工难度较大。提出了一种“分段吊装+格构式胎架支撑”新施工方法，主要包括钢构件累积拼装、预应力张拉、逐步卸载等过程。

（2）有限元分析模型能够精确地预测大悬挑预应力罩棚钢结构在施工过程中杆件的应力-应变状态和结构的变形规律。计算结果表明，提出的施工方法可以有效地保证大悬挑预应力罩棚钢结构在施工全过程中的安全性。

（3）实施的监测技术可以有效地监控结构构件的应力和结构变形。监测结果与数值计算吻合度较好，可以为结构安全施工提供可靠的信息，同时，验证了本书提出的施工方法可以在实际工程中广泛使用。

（4）罩棚钢结构在张拉过程中均处于弹性变形范围，且应力数值均较小，张拉施工对结构应力和变形的影响不大。预应力张拉施工完成后，单索最大索力为 1750kN，满足拉索的承载性能。

第8章 景观塔和体育馆钢结构施工技术

为了确保景观塔和体育馆结构在施工阶段的安全性，保障结构在使用阶段的适用性、稳定性和耐久性，本章研究景观塔的“筒中筒”和体育馆的空间桁架结构体系施工新方法，分析景观塔下部筏板基础温度与裂缝控制、上部塔身内筒混凝土剪力墙液压爬模施工以及外筒钢结构框架整体液压提升和安装等施工新技术对结构受力性能的影响；评估体育馆大跨度主屋盖分段吊装以及临时支撑分级同步卸载等施工新技术的可靠性。

8.1 景观塔筒中筒结构施工技术

8.1.1 工程概况

景观塔塔基采用筏板基础，筏板由厚度 800mm、半径 12.85m 的圆形底板和 17.8m×11.8m 的不规则扇形底板构成。塔身为内筒混凝土剪力墙和外筒扭曲斜交钢网格结合的“筒中筒”结构体系，其中，内筒混凝土剪力墙由外圈半径为 3400mm、墙厚为 300mm 的圆形混凝土剪力墙和内圈尺寸为 2.48m×2.48m、墙厚为 300mm 的方形电梯井构成；外筒钢结构由扭曲的斜交钢网格、观光平台钢结构以及塔顶避雷针三部分组成。景观塔结构如图 8-1 所示。

外筒扭曲斜交钢网格由 16 根截面尺寸为 $\phi140\times10$（mm）的圆管螺旋向上组成；观光平台钢结构由环向箱形梁及径向 H 型钢梁组成；塔顶避雷针由 4 根螺旋向上的三角形截面钢管组成。外筒钢网格在 X 形吊装单元中心点通过径向 H 型钢梁连接内筒混凝土剪力墙，内筒混凝土剪力墙和方形电梯井之间设置现浇混凝土旋转楼梯。

8.1.2 景观塔施工技术难点

景观塔的筒中筒结构施工全过程主要包括：下部筏板基础施工、上部塔身内筒混凝土剪力墙液压爬模施工、上部塔身外筒钢结构高空吊装等多个施工阶段。施工技术难点归纳如下：

（1）筏板基础混凝土温度与裂缝控制难度大

基础筏板由半径 12.85m 的圆形底板和 17.8m×11.8m 不规则扇形底板构成，厚度为 800mm，混凝土强度等级为 C30。筏板基础混凝土平面浇筑面积约为 535m^2，混凝土体积

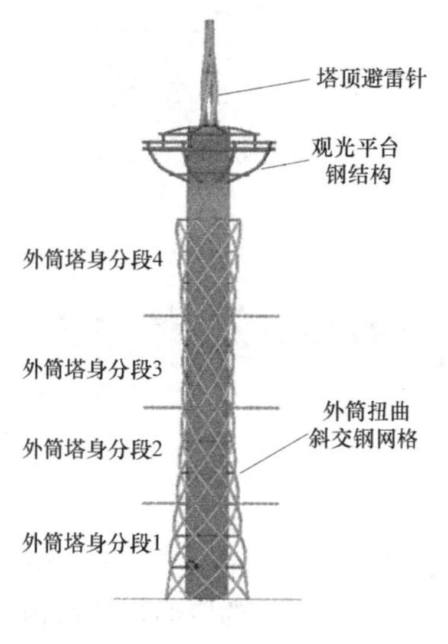

图 8-1　景观塔结构

较大，水泥产生大量集中水化热；由于混凝土的导热性能较差，易导致大体积混凝土在结构内部不断堆积热量，产生混凝土内外温差，进而使得筏板基础混凝土产生温度裂缝。因此，筏板基础混凝土在施工过程中的温度与裂缝控制是保障结构安全性的难点之一。

（2）内筒圆形混凝土剪力墙液压爬模施工精度要求高

在高耸建筑（如高大筒仓结构）施工方法选择中，液压爬模施工工艺因具有安全可靠、节约成本、效率高等诸多优点受到广泛青睐。为了保证景观塔圆形筒体的垂直度精度和混凝土观感，对景观塔内筒混凝土剪力墙结构采用液压爬模施工工艺。景观塔内筒半径为 3400mm 的圆形混凝土剪力墙，对模板系统的制造精度和液压系统的稳定性要求高。

（3）外筒钢结构液压同步提升施工安全要求高

外筒钢结构总重约 400t，为了控制钢结构构件在安装过程中由于自重对景观塔整体结构的应力和变形产生的影响在允许的弹性范围内，同时考虑场地条件限制，本工程对塔顶避雷针以下的钢结构部分采用“划分结构单元＋地面拼装＋整体液压同步提升”的安装方法。液压同步提升技术对地面钢构件拼装精度和构件提升点的设计要求高。

（4）空间弯曲构件的制作和定位难度大

景观塔外筒钢结构的环向连系梁采用圆形截面钢管，构件外形尺寸较大且具有一定弧度，不同曲率拼接段的加工精度大，受现场场地限制，对高空定位安装作业精度要求高。

8.1.3　景观塔施工关键技术

1. 筏板基础大体积混凝土的温度与裂缝控制

大体积混凝土的温度和裂缝控制主要有在混凝土表面覆盖塑料薄膜、草席等保温材料的保温法以及在内部预埋水管进行冷却的降温法，此外，蓄水养护也是一种经济可行的养护手段。考虑到工程特点和施工场地限制，采取以下措施进行温度和裂缝控制：

（1）采用一次连续浇筑法浇筑筏板基础（图 8-2），避免分段浇筑产生的施工缝对筏板基础抗震性、抗渗性和整体性的不利影响。同时，一次连续浇筑法具有节省工期和人力、施工便捷、造价经济、有效减少结构质量裂缝等优势。

(2) 考虑到筏板基础对混凝土的性能要求，也为了降低水泥水化作用带来的内外温差，采用外掺25%Ⅰ级粉煤灰的52.5级普通硅酸盐水泥，此外，为了避免基础混凝土在凝结硬化过程表面出现干缩裂缝，掺入10%的膨胀剂。粗集料采用粒径在5～25mm范围内的卵石碎石以改善骨料级配，从而减少水泥用量。

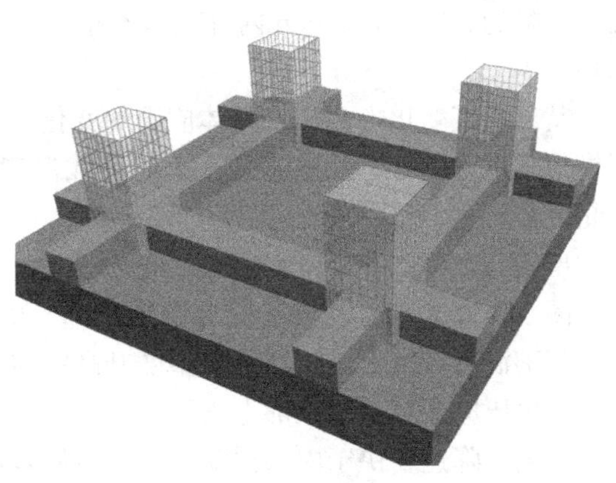

图8-2　筏板基础

(3) 考虑到施工场地限制、工期进度以及工程造价等因素，混凝土养护过程中采取保温法以控制基础混凝土内外温差不超过25℃。基础混凝土凝结硬化阶段，初期用喷雾器在其表面喷洒少量水，随后在其表面依次覆盖防水塑料薄膜、草席，以保持混凝土表面湿润，防止出现干缩裂缝。

虽然上述一系列措施可以有效控制混凝土内外温差而导致的裂缝，然而，由于施工过程中温度干扰因素较多，为了更好地进行温度控制和裂缝防治，使用MIDAS软件[211]根据实际工况对基础混凝土的温度波动以及应力分布进行模拟，以指导养护工作。

由于本工程筏板基础形状奇异、不规则，故截取部分基础，对其浇筑混凝土之后的1000h进行典型分析，为了更加真实地模拟大体积混凝土的传热过程，地基选用具有比热和热传导特性的材料。根据相关标准的规定，当无具体设计要求时，大体积混凝土内部和表面温差不宜超过25℃。

根据实际工程经验，温度场的计算结果一般需看第4、5、7、10、15、30天等的温度场。图8-3是基础第4天的温度等值线图，地基由于比热容对外界环境温度的缓冲以及热传导等因素的影响，总体温度较低，维持在20℃左右；基础由于水化作用放热，温度明显高于地基，但是由于筏板基础厚度较小（800mm），基础总体温度维持在26～32℃。

图8-4为基础1000h内顶部、中部、底部三个节点的温度变化，本工程浇筑的混凝土在第4天（100h）达到最高温度，持续时间约1天左右；随着热量通过对流和传导散失，

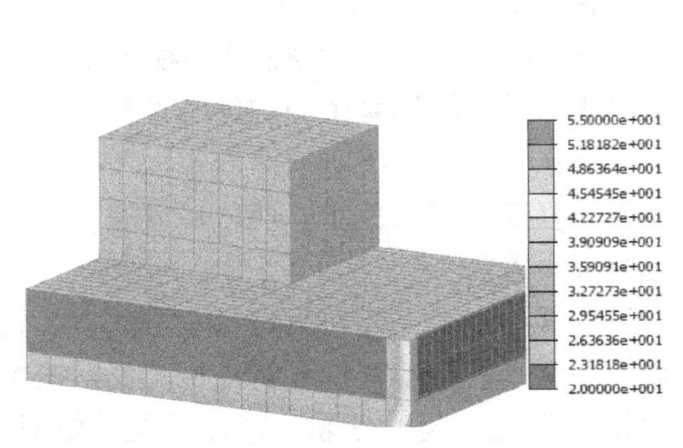

图8-3　筏板基础第4天温度等值线图

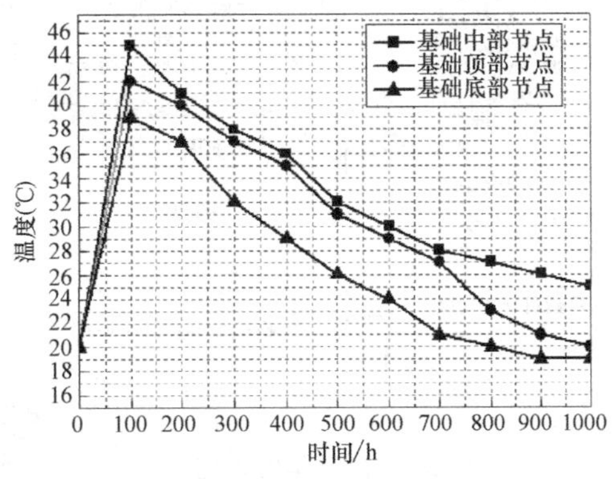

图8-4　筏板基础1000h温度应力变化

温度下降趋势明显，1000h 内外温差不超过 25℃，符合规范要求，可以有效地控制裂缝的出现。

基础温度变化也会带来整体应力的变化，对基础浇筑混凝土之后 1000h 的温度应力进行模拟分析。图 8-5 为基础第 4 天的等效温度应力云图，最大温度应力为 1.48N/mm^2，未超过 C30 混凝土的容许拉应力值 1.71N/mm^2，满足规范要求，可以有效地控制温度裂缝的出现。

图 8-6 为选取的筏板基础混凝土顶部、中部、底部三个节点 1000h 内温度应力的变化，基础混凝土由于水化作用，温度升高而体积膨胀，受地基的约束作用，在大部分混凝土内产生压应力；基础顶部上表面和底部下表面由于与空气发生对流以及与地基进行热传导，温度下降速度快于内部混凝土而产生温差，进而产生拉应力。第 100 小时的温度压应力和拉应力均上升至最大值，其中基础顶部最大拉应力为 1.34N/mm^2，小于 C30 混凝土的容许拉应力 2.01N/mm^2；基础中部最大压应力为−9.8N/mm^2，小于 C30 混凝土的容许压应力 20.1N/mm^2。

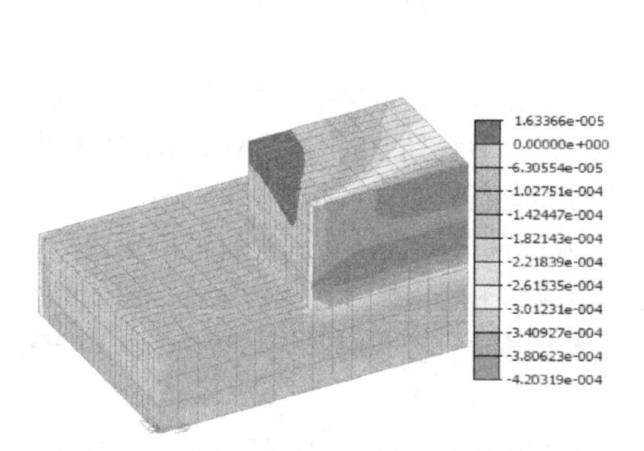

图 8-5　筏板基础第 4 天等效温度应力云图

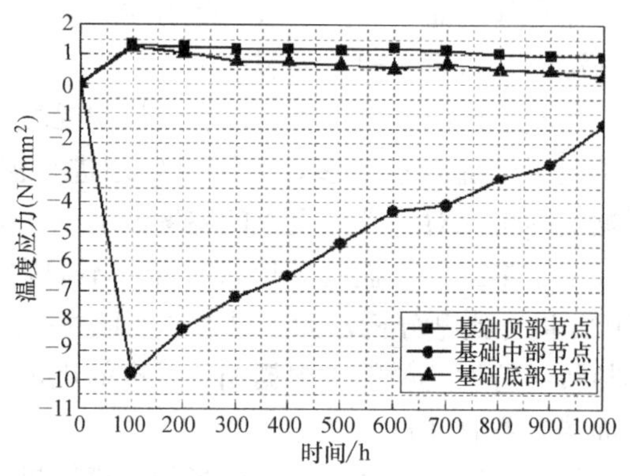

图 8-6　筏板基础 1000h 温度应力变化

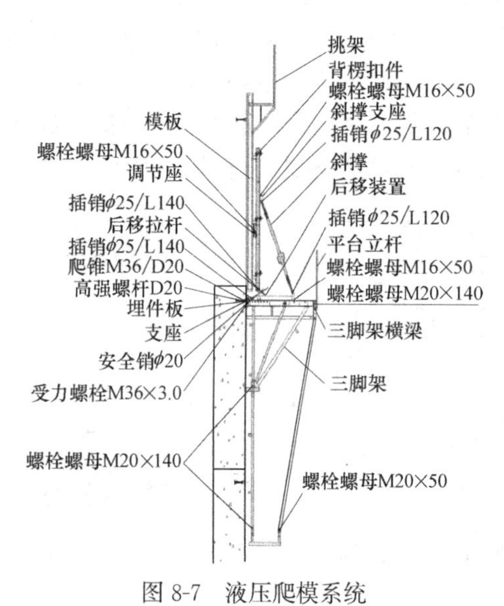

图 8-7　液压爬模系统

筏板基础的裂缝防治和温度控制密不可分，温度控制是裂缝防治的关键。本工程从温升控制角度出发，采取了一系列措施有效地控制了水泥水化热和筏板基础混凝土内外温差对大体积混凝土裂缝的影响，并采用有限元温度模拟法指导筏板基础混凝土的养护工作。

2. 核心筒混凝土剪力墙液压爬模施工

景观塔是蚌埠体育中心的标志性建筑物之一，其特殊的“筒中筒”结构形式以及核心筒墙体对垂直度的严格要求，使得墙体施工工艺的选择极为重要。

液压爬模施工工艺利用自身液压动力装置将模板和工作平台整体提升，液压爬模系统主要由锚固系统、爬升导轨、液压系统、模板、承重架组成，系统结构如图 8-7 所示。液压爬模对施工技术水平的要求较高，目前主要应用于高层建筑混凝土核心筒等高耸结构施工。

本工程工期紧张且外筒钢结构＋内筒混凝土剪力墙核心筒的结构形式复杂，如果采用内筒核心筒墙体与外筒钢结构同步施工方法，将难以如期履约。因此，内筒核心筒需先于外筒钢结构施工，采用液压爬模施工可以满足核心筒与外筒钢结构不等高施工，也可以有层次、同步且协调地施工，从而满足工程高质量要求，确保工程项目按期完成。此外，液压爬模施工技术可以在现场场地和大型机械等因素限制的条件下，解决塔式起重机现场调配困难的问题，具有安全性高、施工周期短、施工进度快、施工组织合理等优点。

核心筒为外圈半径 3400mm、墙厚 300mm 的圆形混凝土剪力墙。考虑到传统钢质模板生产周期长且安装工艺复杂，本工程采用了新型造型木圆柱模板：通过严格控制高温条件，将可弯曲的木质复合模板按照一定模数定型成契合核心筒曲表面尺寸的弧度，适用于曲面筒体建筑物混凝土的浇筑。该造型木圆柱模板由两个外加紧固箍的木质半圆形模板组装而成（图 8-8），具有重量轻、易组装、便于施工等优点，极大地提高了施工效率。

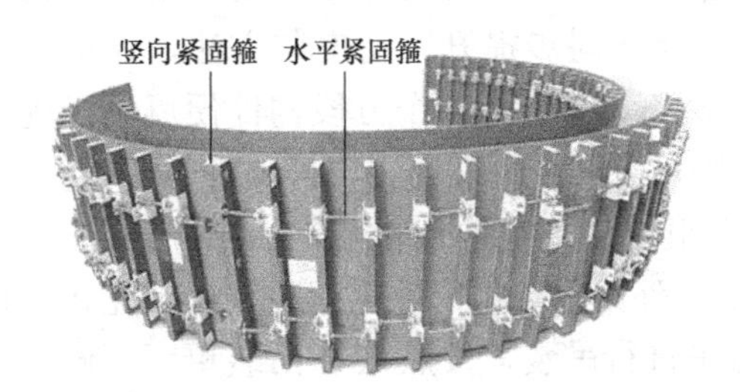

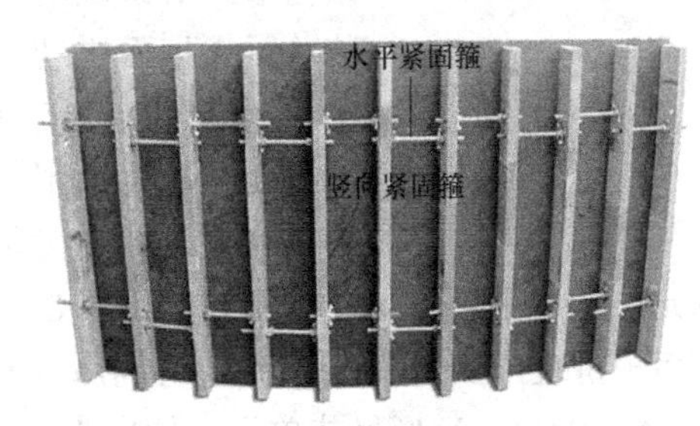

图 8-8　造型木圆柱模板

考虑到墙体垂直度、表面平整度及阴阳角的质量要求，本工程景观塔内筒核心筒混凝土剪力墙结构从第三层开始采用液压爬模施工工艺，方形电梯井和旋转楼梯采用定型木模进行混凝土浇筑，具体施工流程如表 8-1 所示。

内筒核心筒混凝土剪力墙液压爬模施工流程　　表 8-1

施工位置	工艺序号	具体施工方法
景观塔内筒核心筒混凝土剪力墙	1	模板拼装：第一节造型木圆形模板根据第三层以下塔身轮廓线立模，合模后用拉杆和紧固箍对模板进行加固，校核模板垂直度
	2	预埋套管的安装：绑扎墙体钢筋时预埋套管
	3	安装附墙装置：混凝土拆模后在预埋套管处安装附墙装置
	4	安装爬升装置：组装爬升装置，吊装至附墙装置位置处
	5	浇筑第二节混凝土：吊装安装模板，校正模板角度位置，进行第二节钢筋绑扎，安装预埋件，浇筑第二节混凝土
	6	轨道安装：第二节混凝土强度满足要求后，安装爬锥以及附墙座，在墩身的两个立面安装两根导轨，爬升侧面模板
	7	爬升导轨：调整换向装置方向并顶住导轨，利用液压系统爬升导轨，拆除下层附墙装置
	8	模板架体爬升：调整换向装置，通过液压装置整体爬升模板架体

图 8-9　安装单元划分立面图

3. 外筒钢结构分段吊装

景观塔外筒钢结构分为三部分，第一部分是塔身外筒扭曲斜交钢网格，钢网格在X形吊装单元中心点通过径向钢梁与内筒混凝土结构相连；第二部分是69.21～80.98m标高处的莲花造型观光平台；第三部分是塔顶4根螺旋向上的三角形截面避雷针构件。钢网格主要构件尺寸为ϕ140×10（mm）的Q345B圆管钢管，观光平台梁构件采用H300型钢。

内筒混凝土剪力墙进行液压爬模施工的同时，交叉进行外筒钢结构的安装。景观塔外筒钢结构存在超长、超重、不规则、倾斜弯曲等构件，并且由于塔身在竖直方向截面尺寸的变化，导致钢结构安装难度较大。为确保安装过程的精确性和安全性，根据结构形式对景观塔塔顶避雷针以下钢结构部位采用“划分结构安装单元＋地面拼装＋整体液压同步提升”的安装方法，而塔顶避雷针钢结构工程量仅为25.7t，划分为2个分段构件便可满足施工组织要求，故采用500t塔吊在1个台班内完成吊装工作。

为了进一步优化施工组织，将外筒钢结构自上而下分成8个安装单元以方便吊装，安装单元划分如图8-9所示。外筒钢结构构件运至现场后，先将构件在地面预拼装成X形吊装单元，再利用500t塔吊进行吊装，按照X形吊装单元（侧向支撑)→径向钢梁→X形吊装单元（侧向支撑)→径向钢梁→环向连系梁的顺序完成外筒圆管斜交钢网格的吊装。具体吊装流程如图8-10所示。各安装单元工程量以及安装方法如表8-2所示。

(a) 柱脚锚栓埋设

(b) 第一个X形钢柱及侧向支撑吊装

(c) 第二个X形钢柱及侧向支撑吊装

(d) 安装两个X形钢柱间的连系梁

(e) 完成第一分段外筒圆管斜交网格安装

(f) 吊装第二分段X形单元及钢梁

(g) 完成第二分段外筒圆管斜交网格安装

(h) 依次完成各分段外筒圆管斜交网格安装

图 8-10　景观塔外筒钢网格吊装流程

安装单元工程量以及安装方法 表 8-2

序号	单元编号	数量	重量(t)	安装方法
1	单元1	1	25.7	分段吊装
2	单元2	1	71	液压提升
3	单元3	1	45.8	液压提升
4	单元4	1	39.7	液压提升
5	单元5	1	38.5	液压提升
6	单元6	1	39.8	液压提升
7	单元7	1	43.2	液压提升
8	单元8	1	41.8	液压提升

8.1.4 景观塔外筒钢结构施工全过程仿真模拟

采用MIDAS软件[211] 建立蚌埠体育中心景观塔结构的整体数值模型（图8-11），对景观塔外筒钢结构施工全过程进行数值模拟分析。

该模型由656个节点和385个单元组成，塔身外筒扭曲斜交钢网格中环向连系梁、径向钢梁、竖向钢梁以及塔顶避雷针等构件均采用梁单元建模，材料采用Q345B钢材。

施工全过程模拟主要分析钢结构构件自重在施工阶段对景观塔整体结构产生的应力和位移影响规律。由于景观塔外筒钢结构自上而下被划分为8个安装单元，每个安装单元的施工都会引起其他单元构件的应力和位移情况的变化。根据现行国家标准《钢结构设计标准》GB 50017[228] 的规定，设置了相应预警值：①钢构件的应力限值为305MPa；②钢梁悬挑端与悬挑端根部位移值的差值应小于$2l/250$。

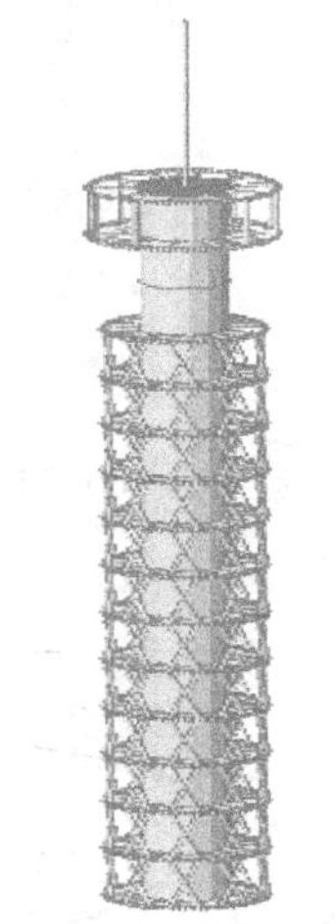

图8-11 景观塔数值模型

通过数值模拟分析可得主要施工工况下景观塔的应力和位移分布（图8-12a和图8-12b），景观塔外筒钢结构在施工过程中的杆件应力最大值为12.34MPa，构件悬挑端与根部位移值最大差值为2.96 mm。验证了景观塔筒中筒结构所采用的施工方法和施工顺序满足设计要求，能够保证结构施工全过程的安全性。

景观塔主要施工工况模拟如图8-12（c）～图8-12（f）所示。在自重荷载作用下，拉应力自上而下逐渐减小，压应力逐渐增大，施工全过程钢结构构件最大应力值为－24.2MPa；整体结构竖向位移值自上而下逐渐减小，施工全过程构件最大竖向位移值为2.96mm。

选取景观塔数值模型第一层X单元中心节点和莲花造型观光平台径向钢梁悬挑端节点，分析两种节点在相同施工工况下的应力和竖向变形模拟结果（图8-13和图8-14）。第一层X单元中心节点在施工过程中的压应力不断增加，最大压应力－13.4MPa；竖向变形不断增加，最大变形1.33mm。莲花造型观光平台径向钢梁悬挑端节点在施工过程中的拉应力逐渐增加，最大拉应力5.34MPa；竖向变形逐渐增加，最大变形2.12mm。施工全过程构件的应力值和竖向变形值均满足现行国家标准《钢结构设计标准》GB 50017[228] 的规定，验证了施工过程的安全性和合理性。

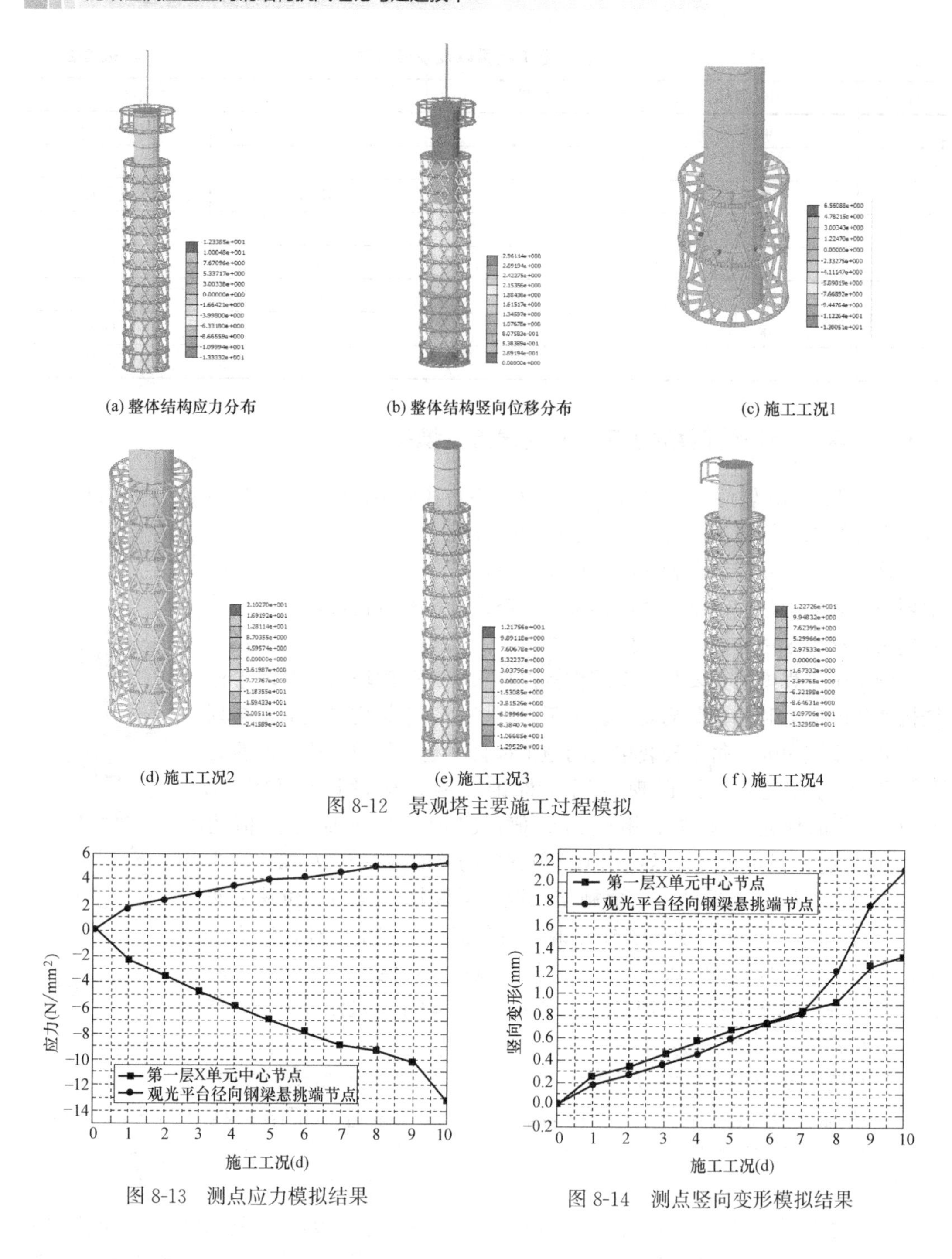

图 8-12　景观塔主要施工过程模拟

图 8-13　测点应力模拟结果

图 8-14　测点竖向变形模拟结果

8.2　体育馆钢结构施工技术

8.2.1　工程概况

体育馆平面形状呈圆形，主体结构采用钢筋混凝土框架-剪力墙结构，局部采用劲性混凝土柱和钢骨梁加强。上部屋盖钢结构体系包括主屋盖、屋盖上部及外围框架结构和外侧飘带（图 8-15a 和图 8-15b）。体育馆主屋盖由纵横交错的正交平面桁架组成，包括南北方向 8 道主桁架，东西方向 6 道次桁架，中间分布的 4 道环形桁架以及四角对称分布的 16 道放射状桁架，桁架上弦设置十字交叉水平支承。体育馆主屋盖桁架杆件截面形式采用无缝圆钢管，节点连接采用焊接球和相贯焊连接，下部采用型钢混凝土柱作为支撑结构，柱顶设置固定万向抗震铰支座。图 8-15（c）为主屋盖平面布置图，其中黑色实心块表示型钢混凝土柱。

(a) 体育馆施工现场

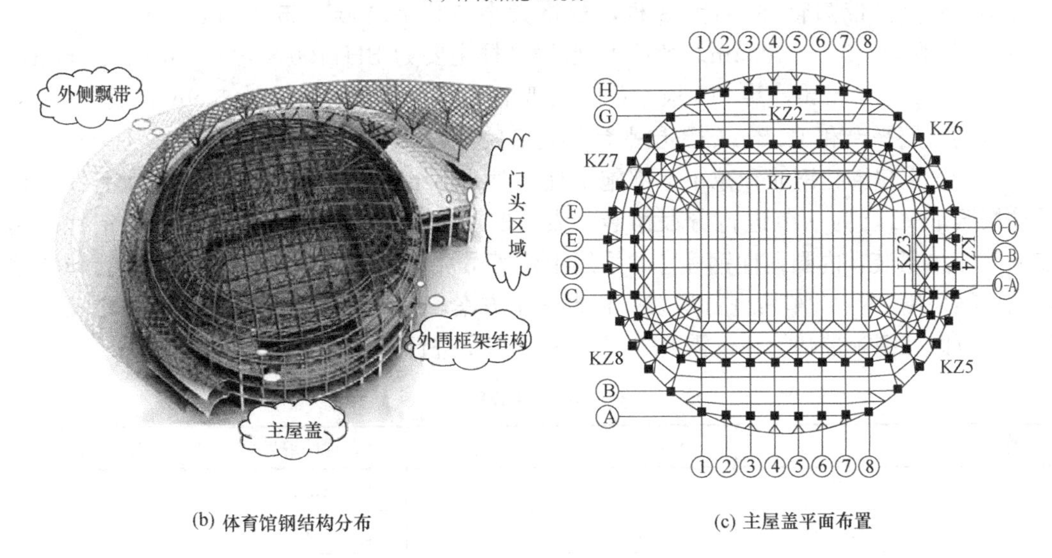

(b) 体育馆钢结构分布　　(c) 主屋盖平面布置

图 8-15 体育馆

外侧飘带为无缝圆钢管组成的网壳结构，单格尺寸约为 2.8m×2.8m。网壳平面宽度由北侧向西侧逐渐减小，其中西侧飘带存在大量下挑立面网格；北侧飘带网壳结构立面近乎斜线，平面网壳下部布置了以钢管混凝土柱为主枝的树杈柱。

8.2.2 体育馆施工技术难点

体育馆钢结构施工主要包括劲性结构施工和屋盖结构施工，根据体育馆钢结构分布图，将屋盖结构施工划分为主屋盖施工、外侧飘带施工和外围框架结构施工三个部分。施工技术难点归纳如下：

（1）劲性钢柱垂直度及标高等质量控制难度大

综合考虑体育馆工程结构特点、现场施工条件以及起吊点布置等关键因素，体育馆劲性钢柱采用合理分段吊装施工方案。吊装过程中，施工扰动以及吊车外力等因素易导致劲性钢柱的柱身垂直度、钢柱扭转度、轴线偏移和柱顶的标高不达标等施工质量问题。本工程中，劲性钢柱构件尺寸较大，主要为 BH1100×400×16×25（mm），数量较多，根据设计要求，钢柱垂直度的绝对偏差不应超过±10mm，钢柱校正工艺难度系数大，要求精度高。

（2）临时支撑分级卸载同步控制精度要求高

由于主屋盖单榀桁架跨度大，吊装前，先在跨中附近布置两排临时支撑，用以减小桁架跨中挠度。临时支撑卸载时，采用分级同步卸载的方案，卸载过程将引起结构刚度的变化，从而产生内力重分配。因此，确定分级卸载行程量对整个卸载过程尤为重要。

8.2.3 体育馆施工关键技术

1. 体育馆劲性结构施工工艺

（1）劲性钢柱分段吊装

体育馆劲性结构主要包括外侧飘带圆管柱和主屋盖下方的劲性 H 型钢骨柱以及 H 型钢骨梁，外侧飘带圆管柱共计 18 根，规格大小包括 ϕ1400×25（mm）和 ϕ1800×35（mm），标高为−9.0～13.5m。劲性 H 型钢骨柱主要为 BH1100×400×16×25（mm），标高为−0.1～18.89m，共 118 根。劲性 H 型钢梁主要布置在标高为 5.9m 的首层平台、11.9m 的二层平台和 15.8m 的三层平台，规格最大为 BH1200×400×14×25（mm）。

为便于土建绑扎钢筋和减小下部施工扰动对上部结构造成较大偏差，将劲性 H 型钢骨柱按照 1～2 层为一节进行分段吊装，表 8-3 为劲性钢柱分段表。外圈劲性钢柱采用 150t 汽车吊吊装，内圈劲性钢柱考虑采用土建塔吊及 250t 履带吊吊装；室外平台位置超长劲性梁采用 250t 汽车吊进行吊装。根据施工方案，将外侧飘带作为一个独立单元进行施工，所以外侧飘带圆管柱仅需要采用 150t 汽车吊进行吊装。

劲性钢骨柱分段表　　表 8-3

序号	构件编号	构件重量(t)	序号	构件编号	构件重量(t)
1	KZ1-1	2.5	4	KZ4-2	4.5
	KZ1-2	2.5	5	KZ5-1	2.3
	KZ1-3	2.5		KZ5-2	3.2
2	KZ2-1	3	6	KZ6-1	2.5
	KZ2-2	3.4		KZ6-2	2.8
3	KZ3-1	2.5	7	KZ7-1	2.4
	KZ3-2	2.5		KZ7-2	2.8
	KZ3-3	2.5	8	KZ8-1	2.3
4	KZ4-1	2.5		KZ8-2	2.8

钢柱的吊装吊耳采用柱上端连接板上的吊装孔。起吊时钢柱的根部垫实，保证在根部不离地的情况下，通过吊钩的起升与变幅及吊臂的回转，逐步将钢柱扶直，待钢柱停止晃

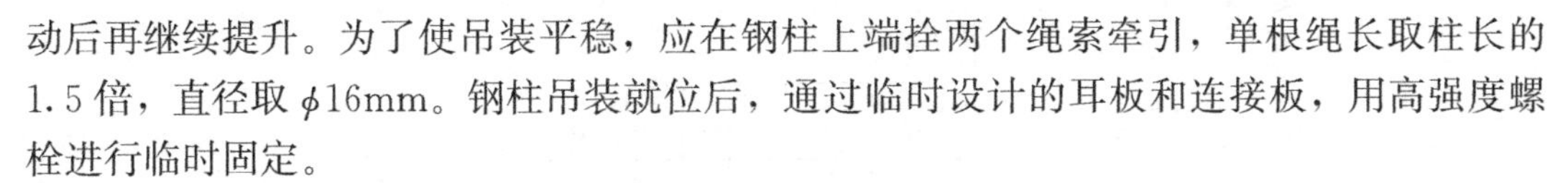

动后再继续提升。为了使吊装平稳，应在钢柱上端拴两个绳索牵引，单根绳长取柱长的1.5倍，直径取 ϕ16mm。钢柱吊装就位后，通过临时设计的耳板和连接板，用高强度螺栓进行临时固定。

（2）劲性钢柱校正

钢柱吊装就位后，按照先调整标高、再调整扭转、最后调整垂直度的顺序，采用相对标高控制方法，利用塔吊、钢楔、垫板、撬棍及千斤顶等工具将钢柱校正准确。

1）标高调整

钢柱吊装就位后，合上连接板，穿入临时高强度螺栓，但不夹紧。通过吊钩起落与撬棍拨动调节上、下柱之间的间隙。量取上柱柱根标高线与下柱柱头标高线之间的距离，符合要求后在上下耳板间隙中打入钢楔，用以限制钢柱下落。正常情况下，标高偏差调整至零。若钢柱制造误差超过5mm，应分次调整，不宜一次调整到位。

2）扭转调整

钢柱的扭转偏差是在制造与安装过程中产生的。在上、下柱耳板的不同侧面夹入一定厚度的垫板，夹紧柱头临时接头的连接板。钢柱的扭转每次调整3mm，若偏差过大则分次调整。塔吊至此可轻微松钩，但不解钩。

3）垂直度调整

在钢柱偏斜方向的同侧锤击钢楔或顶升千斤顶，在保证单节柱垂直度不超标的前提下，将柱顶偏轴线位移校正至零。然后拧紧上、下柱临时接头的高强度螺栓至额定扭矩，吊车解钩。

2. 体育馆主屋盖施工方法

针对体育馆场地条件、大跨度桁架屋盖结构特点以及施工工期紧张等关键因素，采用分段吊装施工方案。在屋盖主桁架下方布置两排格构式临时支撑，同时利用主屋盖下方劲性钢柱将各单元分块固定。主屋盖吊装完成后，采用分级卸载的方式将临时支撑拆除。为验证施工方案的安全性和可靠性，采用MIDAS软件[211]对施工过程中的主要工况进行数值模拟分析，以确保施工过程中各单元分块以及临时支撑的应力和位移符合设计要求。

（1）主屋盖施工单元的划分

根据体育馆主屋盖结构特征，将主屋盖8道主桁架从D轴和E轴跨中部位划分为南北两个吊装分区。在每个分区中，考虑由两片相邻的主桁架及中间次桁架组成一个施工单元，共划分为8个分块单元，分块单元最长达39m，最大单元重量约为70t，每个单元分块按O~C轴南北两侧的劲性钢柱为分段点划分为两次吊装。屋盖主桁架吊装完毕后考虑四角对称分布的16道放射状桁架的吊装，其吊装顺序按照由中间向两边对称安装，如图8-16所示，在吊装过程中要补焊相邻桁架间的连系杆件。

第一个分块单元在吊装完成后，由于无法和相邻单元连接成整体，所以稳定措施十分重要，此处考虑采用在单元两边搭设四道斜向支撑以保证单元的侧向稳定性，混凝土柱端利用混凝土环梁上的预埋钢板，通过预埋件搭设斜向支撑与桁架单元上弦固定；桁架悬挑端通过与相邻临时支撑搭设斜向支撑固定，斜向支撑采用 ϕ203×10（mm）圆钢管。

（2）临时支撑胎架的布置

屋盖主桁架临时支撑胎架主要在分段点位置附近，利用体育馆地下室混凝土柱头，布置两排，每榀桁架设置两个格构式支撑，支撑胎架的布置如图8-16所示。支撑胎架截面

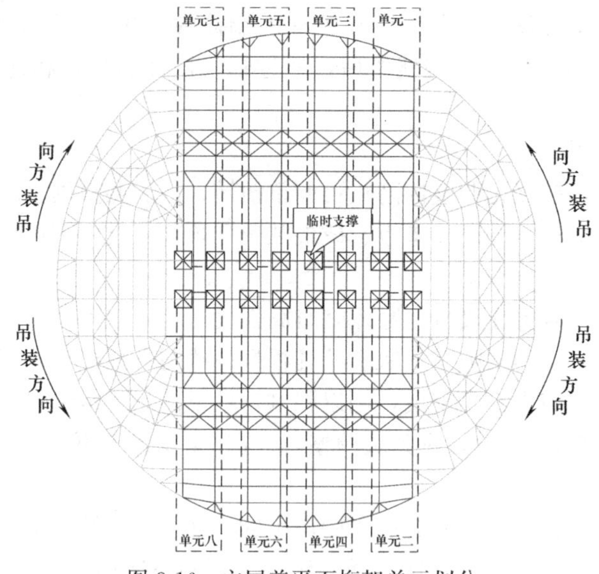

图 8-16　主屋盖平面桁架单元划分

尺寸为 1.5m×1.5m，主肢为 ϕ159×10（mm）圆管，横缀条为 ϕ114×6（mm）圆管，斜缀条为 ϕ76×5（mm）圆管。

格构式支撑胎架高度达 20m，为防止支撑发生侧向失稳，将每两根相邻支撑胎架用连系梁连接，连系梁拉设位置为支撑胎架上部三分之一高度处，规格为 HN250×125×6×9（mm）型钢，每根支撑在安装时，均需拉设 4 根缆风绳，缆风绳采用截面为 ϕ16mm 的钢丝绳。在缆风绳接近地面处设置花篮螺栓，通过转动花篮螺栓实现缆风绳的张紧。体育馆主屋盖吊装流程如图 8-17 所示。

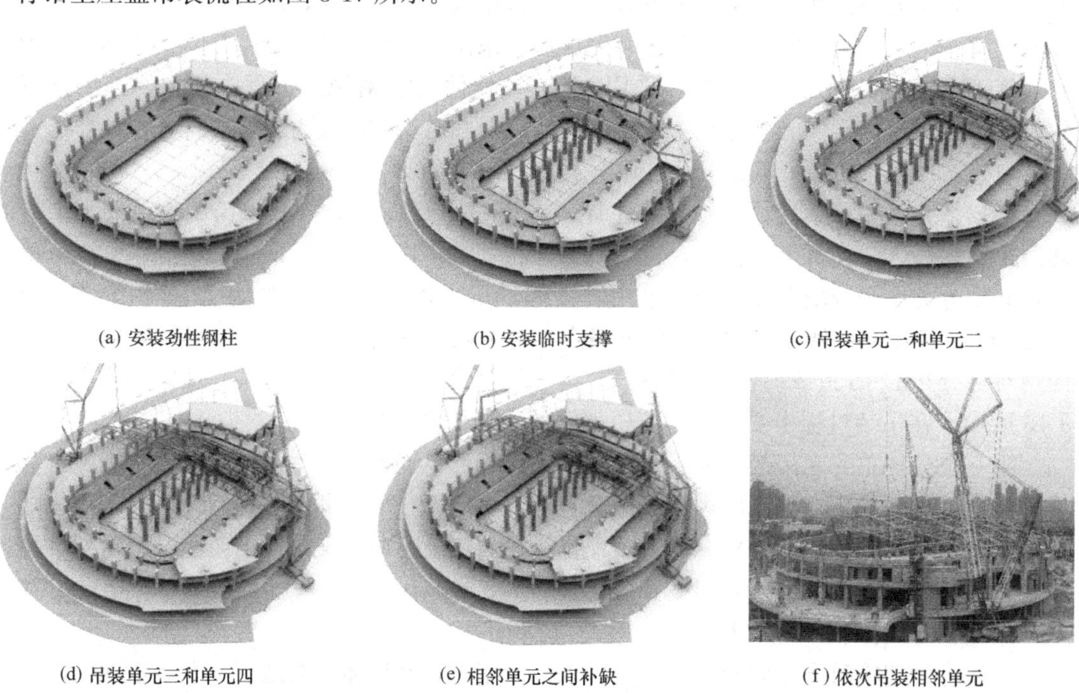
(a) 安装劲性钢柱　(b) 安装临时支撑　(c) 吊装单元一和单元二
(d) 吊装单元三和单元四　(e) 相邻单元之间补缺　(f) 依次吊装相邻单元

图 8-17　体育馆主屋盖吊装流程（一）

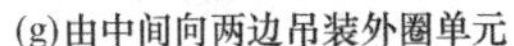

(g)由中间向两边吊装外圈单元

(h)主屋盖吊装后卸载临时支撑

(i)吊装现场

图 8-17　体育馆主屋盖吊装流程（二）

8.2.4　体育馆屋盖钢结构施工全过程仿真模拟

1. 建立模型

为了确定体育馆主屋盖分块吊装方案的可行性，采用 MIDAS 软件[211] 建立了体育馆主屋盖并对其施工全过程进行模拟分析，如图 8-18 所示。

有限元分析模型由 1607 个节点和 3932 个单元组成，除 16 个临时支撑外，各杆件均采用梁单元建模，杆件材料采用 Q345B 钢材，厚度不超过 16mm，钢材强度设计值取 305MPa。本工程非风敏感结构，故施工分析时不考虑风荷载作用；由于施工工期较短，不考虑地震作用，因此吊装过程中的荷载仅考虑各个单元分块的自重作用。

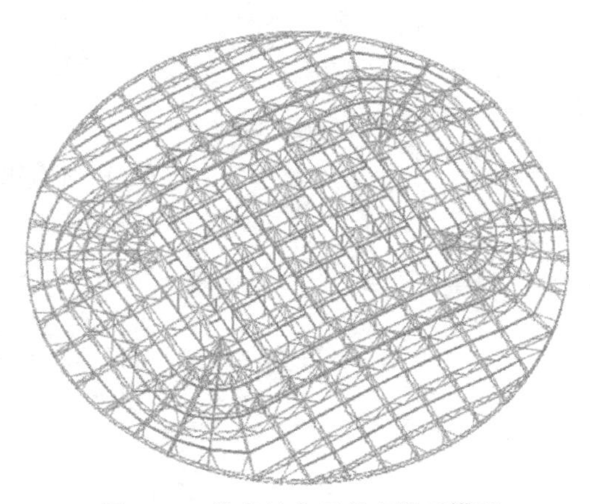

图 8-18　体育馆主屋盖有限元模型

对于临时支撑的模拟，一般采用在支撑点位置施加固定支座的方式，得到竖向反力后，再对临时支撑进行设计。但是对于临时支撑分级同步卸载方案，此方法无法体现支撑与主体结构何时分离，而且在支撑分级卸载过程中，其内力也会发生变化，采用固定支座的方式不易确定最不利状态。

MIDAS 软件[211] 提供的 Gap 间隙单元可以真实模拟临时支撑分级同步卸载的过程，其力学模型如图 8-19 所示。Gap 为间隙单元参数，体现的是接触物体间的距离，其值大于等于 0，单元底部采用固结方式，未开始卸载前，间隙单元参数取 0。

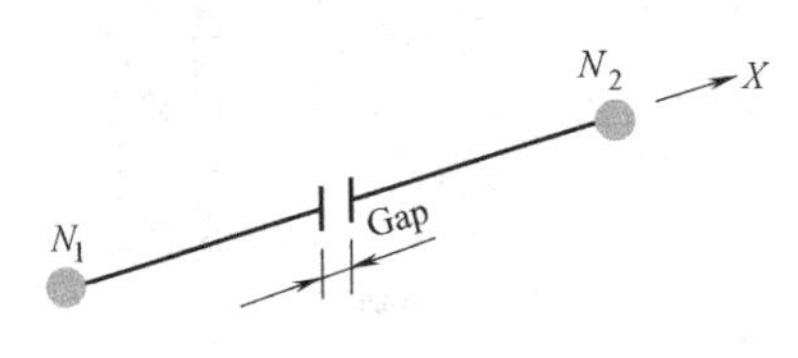

图 8-19　Gap 间隙单元力学模型

2. 主屋盖分块吊装模拟结果

通过模拟分析可以得到主要施工工况下体育馆主屋盖应力和位移的最大值，如图 8-20、图 8-21 和表 8-4 所示。由分析结果可得，主屋盖施工过程中，在临时支撑的作用下，杆件应力最大值为 60.59MPa

<305MPa；最大竖向位移为 8.11mm，符合现行国家标准《钢结构设计标准》GB 50017[228] 中要求的挠度容许值 $l/400$。

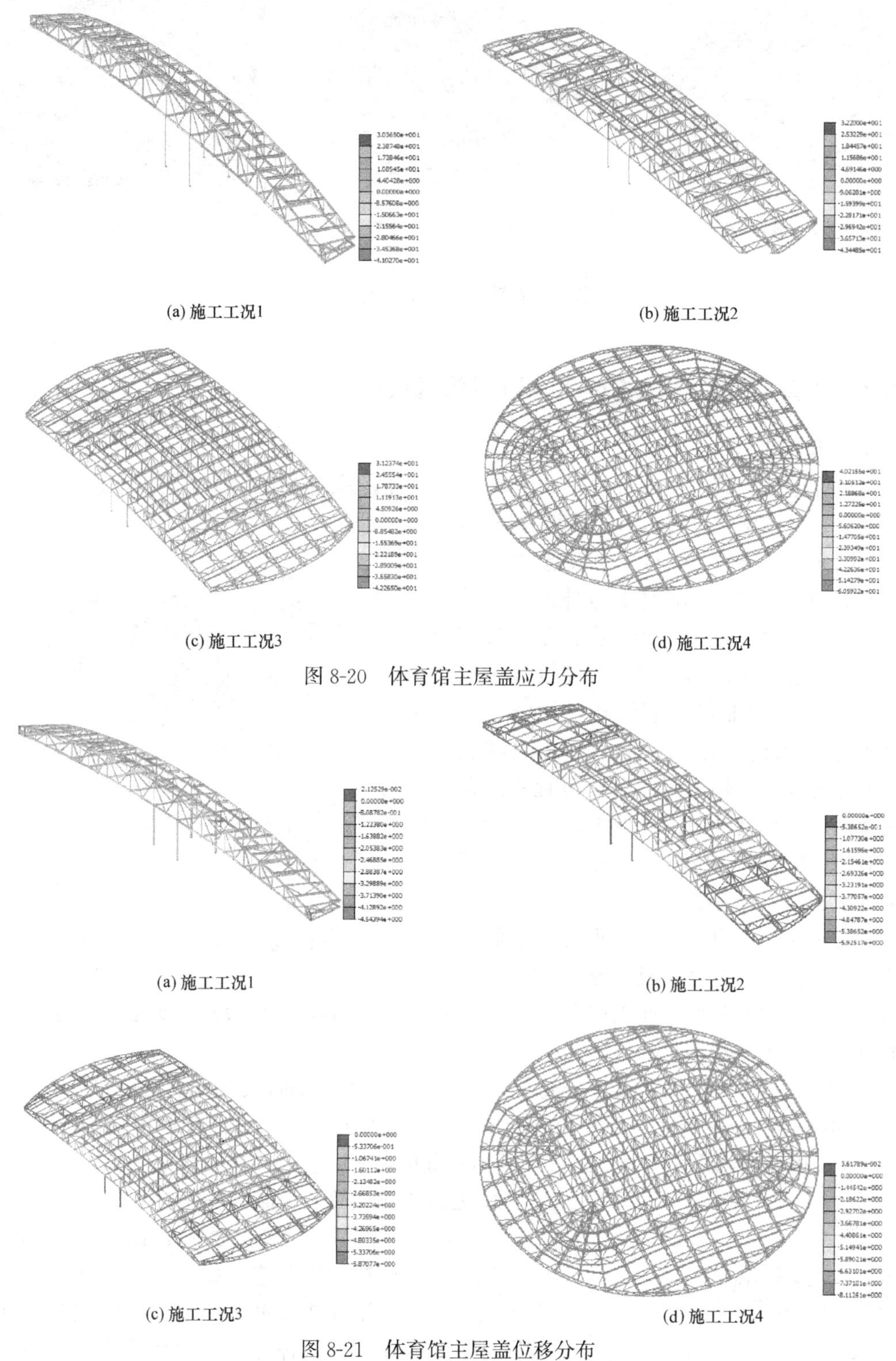

(a) 施工工况1　(b) 施工工况2　(c) 施工工况3　(d) 施工工况4

图 8-20　体育馆主屋盖应力分布

(a) 施工工况1　(b) 施工工况2　(c) 施工工况3　(d) 施工工况4

图 8-21　体育馆主屋盖位移分布

有限元计算结果 表 8-4

主要施工工况	应力最大值(MPa)	竖向位移最大值(mm)
1	−41.03	−4.54
2	−43.45	−5.92
3	−42.27	−5.87
4	−60.59	−8.11

3. 临时支撑卸载结果

体育馆主屋盖整体卸载采用分级等距同步卸载及临时支撑的方式，采用间隙单元对卸载过程进行模拟。为了确定分级卸载每一级的卸载行程量，首先需要预估整体卸载过程的总行程距离。图 8-22（a）为体育馆主屋盖整体一次性卸载的竖向位移云图。屋盖一次性

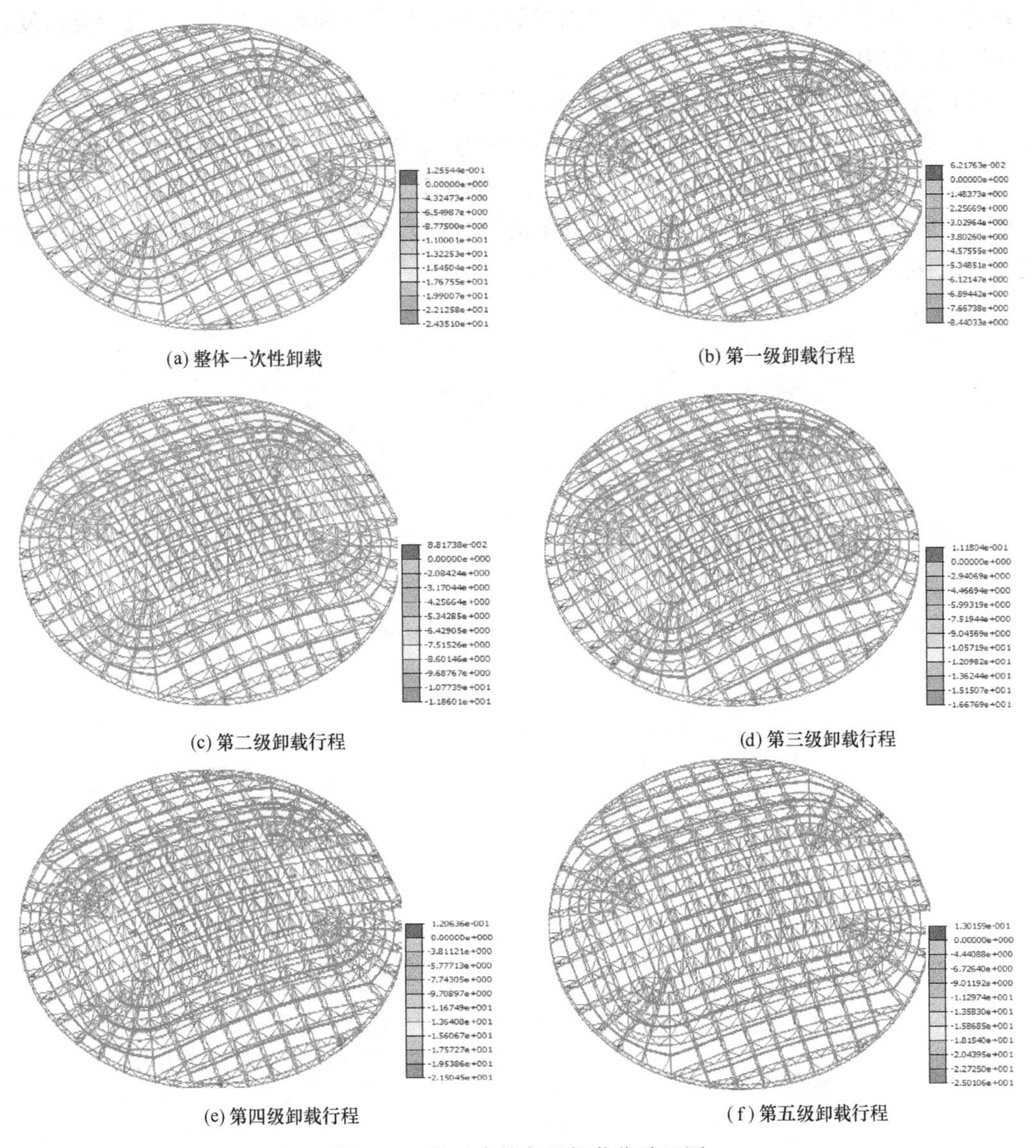

(a) 整体一次性卸载　(b) 第一级卸载行程

(c) 第二级卸载行程　(d) 第三级卸载行程

(e) 第四级卸载行程　(f) 第五级卸载行程

图 8-22　临时支撑各级卸载位移云图

卸载后的最大竖向位移为−24.35mm，预估屋盖整体卸载行程为20～30mm。因此，体育馆主屋盖的分级卸载行程定为5mm，整体卸载划分为5级。

由图8-22可知，第五级卸载与整体一次性卸载发生的位移基本相等，进而验证了Gap间隙单元对模拟临时支撑分级同步卸载的有效性。

8.3 小结

（1）介绍了景观塔下部筏板基础大体积混凝土温度与裂缝控制、上部塔身内筒混凝土剪力墙液压爬模施工以及外筒钢结构框架整体液压提升和安装一系列施工步骤；建立了景观塔计算模型，对外筒钢结构框架施工全过程进行了力学分析和数值模拟，阐述了外筒钢结构施工全过程中构件应力和结构位移的变化规律。工程实践和模拟分析结果均表明，这一系列施工技术高效、合理、安全，可以有效保障工程质量和施工安全，为我国类似复杂筒体塔混合结构施工提供参考依据。

（2）根据体育馆屋盖结构特点、场地条件以及施工工期的限制，采用分段吊装施工方案，对吊装施工全过程进行了模拟分析，模拟结果应力最大值为60.59MPa，远小于规范限值，整个吊装过程安全可靠。采用Gap间隙单元对临时支撑分级同步卸载的过程进行了模拟，验证了临时支撑分级同步卸载方案的可行性，有效防止了卸载过程中主体结构出现较大位移的风险。

参考文献

[1] 郅亮峰. 大型体育赛事策划与运行管理的研究 [D]. 西安：西安建筑科技大学，2011.

[2] 孙建琴. 大跨度空间结构设计 [M]. 北京：科学出版社，2009.

[3] 赵基达，蓝天. 中国空间结构三十年的进展及今后展望 [J]. 工业建筑，2013，43 (4)：131-138.

[4] Emanuel K，Sundararajan R，Williams J. Hurricanes and global warming：Results from down scaling IPCC AR4 simulations [J]. American Meteorological Society，2008，89：347-367.

[5] Yin J，Wu SH，Dai E. Assessment of economic damage risks from typhoon disasters in Guangdong，China [J]. Journal of Resources and Ecology，2012，3 (2)：144-150.

[6] 徐良炎. 我国台风灾害的初步分析 [J]. 气象，1994，10：50-55.

[7] Elliott RJR，Strobl E，Sun PY. The local impact of typhoons on economic activity in China：A view from outer space [J]. Journal of Urban Economics，2015，88：50-66.

[8] 毛怀生. 蚌埠体育中心体育场大跨度预应力钢结构施工新技术研究 [D]. 合肥：合肥工业大学，2019.

[9] 金磊，王静峰，王新乐，等. 蚌埠体育场大悬挑预应力钢罩棚结构施工全过程模拟与监测 [J]. 建筑钢结构进展，2020，22 (1)：110-117.

[10] 徐成荣，胡舜，王静峰，等. 蚌埠奥体中心体育场大悬挑预应力罩棚钢结构施工新技术 [J]. 建筑结构，2020，50 (23)：43-50.

[11] 王新乐. 蚌埠体育中心体育场大悬挑钢结构屋盖风场环境模拟及 MTMD 减振分析 [D]. 合肥：合肥工业大学，2019.

[12] 高翔. 蚌埠体育中心龙鳞金属屋面抗风性能试验及理论分析 [D]. 合肥：合肥工业大学，2019.

[13] 王静峰，高翔，曹冬兵，等. 蚌埠体育中心龙鳞金属屋面板抗风揭、风压性能试验与分析 [J]. 建筑钢结构进展，2020，22 (5)：85-92.

[14] 胡舜，王静峰，王新乐，等. 蚌埠奥体中心景观塔筒中筒混合结构施工关键技术 [J]. 安徽建筑大学学报，2019，27 (4)：36-44.

[15] 黄唯，吴耀华. 金属屋面在我国工程应用中存在的主要问题及分析 [J]. 工业建筑，2013，43 (6)：150-156.

[16] 魏云波，刘浩，吴明超，等. 金属屋面板抗风吸力性能试验装置与试验方法 [C]. 全国钢结构学术年会，2010.

[17] 中华人民共和国建设部，中华人民共和国国家质量监督检验检疫总局. 冷弯薄壁型钢结构技术规范：GB 50018—2002 [S]. 北京：中国标准出版社，2003.

[18] 中华人民共和国住房和城乡建设部. 建筑结构荷载规范：GB 50009—2012 [S]. 北京：中国建筑工业出版社，2012.

[19] 中华人民共和国住房和城乡建设部. 门式刚架轻型房屋钢结构技术规范：GB 51022—2015 [S]. 北京：中国建筑工业出版社，2016.

[20] 中华人民共和国住房和城乡建设部. 采光顶与金属屋面技术规程：JGJ 255—2012 [S]. 北京：中国建筑工业出版社，2012.

[21] 中华人民共和国建设部. 铝合金结构设计规范：GB 50429—2007 [S]. 北京：中国计划出版社，2008.

[22] 潘攀. 大跨屋盖结构开孔风致效应数值模拟研究 [D]. 北京：北京交通大学，2010.

[23] 顾明. 土木结构抗风研究进展及基础科学问题 [C]. 全国风工程和空气动力学学术会议，2006.

[24] 潘吉洪. 现场实测风速风压研究的进展 [J]. 华东交通大学学报，2015，32 (5)：73-86.
[25] Apperley LW，Pitsis NG. Model/full-scale pressure measurements on a grandstand [J]. Journal of Wind Engineering & Industrial Aerodynamics，1986，23：99-111.
[26] Pitsis NG，Apperley LW. Further full-scale and model pressure measurements on a cantilever grandstand [J]. Journal of Wind Engineering & Industrial Aerodynamics，1991，38 (2-3)：439-448.
[27] Yoshida M，Kondo K，Suzuki M . Fluctuating wind pressure measured with tubing system [J]. Journal of Wind Engineering &Industrial Aerodynamics，1992，42 (1-3)：987-998.
[28] 傅继阳，赵若红，徐安，等. 大跨屋盖结构风效应的风洞试验与原型实测研究 [J]. 湖南大学学报（自然科学版），2010，37 (9)：12-18.
[29] Chen FB，Li QS，Wu JR，et al. Wind effects on a long-span beam string roof structure：Wind tunnel test，field measurement and numerical analysis [J]. Journal of Constructional Steel Research，2011，67 (10)：1591-1604.
[30] Kim JY，Yu E，Kim DY，et al. Long-term monitoring of wind-induced responses of a large-span roof structure [J]. Journal of Wind Engineering & Industrial Aerodynamics，2011，99：955-963.
[31] 蔡朋程. 大跨度空间结构风场实测系统研究及应用 [D]. 杭州：浙江大学，2011.
[32] 张志宏，刘中华，董石麟. 强/台风作用下大跨空间索桁体系现场风压风振实测研究 [J]. 上海师范大学学报（自然科学版），2013，42 (5)：546-550.
[33] 李伟杭. 双曲膜结构的风荷载与风振响应实测研究 [D]. 杭州：浙江工业大学，2016.
[34] 周峰，崔理纲，刘凯，等. 大跨度空间结构环境风场特性实测研究 [J]. 结构工程师，2016，32 (1)：92-97.
[35] 王煜成. 基于现场实测的大跨度空间结构表面风荷载特性研究 [D]. 杭州：浙江大学，2018.
[36] Wan HP，Dong GS，Luo Y. Compressive sensing of wind speed data of large-scale spatial structures with dedicated dictionary using time-shift strategy [J]. Mechanical Systems and Signal Processing，2021，157：107685.
[37] 袁子厚，陈明祥，张江霖，等. 电厂长扁圆形烟囱体型系数试验研究 [J]. 四川建筑科学研究，2009，35 (5)：205-209.
[38] Uematsu Y，Yamada M，Inoue A，et al. Wind loads and wind-induced dynamic behavior of a single-layerlatticed dome [J]. Journal of Wind Engineering & Industrial Aerodynamics，1997，66 (3)：227-248.
[39] 陆锋. 大跨度平屋面结构的风振响应和风振系数研究 [D]. 杭州：浙江大学，2001.
[40] Gavanski E，Kordi B，Kopp GA，et al. Wind loads on roof sheathing of houses [J]. Journal of Wind Engineering & Industrail Aerodynamics，2002，90 (7)：755-779.
[41] 傅继阳. 大跨屋盖结构风荷载特性及其气动抗风措施的研究 [D]. 汕头：汕头大学，2002.
[42] 楼文娟，杨毅，庞振钱. 刚性模型风洞试验确定大跨屋盖结构风振系数的多阶模态力法 [J]. 空气动力学学报，2005，23 (2).
[43] 吴海洋，梁枢果，郭必武. 大跨悬挑屋盖结构形式对抗风性能的影响 [J]. 重庆建筑大学学报，2007，29 (3)：97-102.
[44] 叶继红，侯信真. 大跨屋盖脉动风压的非高斯特性研究 [J]. 振动与冲击，2010，29 (7)：9-15.
[45] 钱雪松，胡兆同，艾永明，等. 大跨屋盖结构风压分布特性的风洞试验研究 [J]. 武汉理工大学学报，2010，32 (5)：146-149.
[46] 张明亮，李秋胜. 复杂体型大跨屋盖风荷载特性的风洞试验研究 [J]. 建筑结构，2012，42 (2)：148-153.

[47] 林拥军，宋长江，罗楠，等. 大跨度单层网壳结构风洞试验研究 [J]. 工业建筑，2013，43 (7)：130-134.
[48] 张同亿，王利群，曾庆鹏. 厦门国际会展中心三期大跨屋盖和楼盖结构设计 [J]. 建筑结构，2013，43 (3)：1-4.
[49] 张腾飞，何艳丽，白正仙，等. 大跨屋盖结构风洞试验及风振响应研究 [J]. 工业建筑，2017. 47 (11)：153-159.
[50] 李正良，薛冀桥，刘堃，等. 基于风洞试验的大跨航站楼屋盖风振响应分析 [J]. 科学技术与工程，2017，17 (25)：126-132.
[51] 林拥军，沈艳忱，李明水，等. 大跨翘曲屋盖风压分布的风洞试验与数值模拟 [J]. 西南交通大学学报，2018，53 (2)：226-233.
[52] 贾红英，赵均海，马乾瑛. 大跨扁球壳屋面结构风荷载试验与力学分析 [J]. 华中科技大学学报（自然科学版），2018，46 (1)：115-119.
[53] 徐晓明，崔家春，史炜洲，等. 上海浦东足球场风洞试验和风振响应分析 [J]. 建筑结构，2020，50 (18)：22-25.
[54] 周家俊. 杭州亚运轮滑馆复合曲面大跨屋盖风荷载特性研究 [D]. 杭州：浙江大学，2020.
[55] 李鸿基. 体育馆大跨度悬挑屋盖结构的风荷载数值模拟 [D]. 南宁：广西大学，2012.
[56] Uematsu Y，Yamada M，Sasaki A. Wind-induced dynamic response and resultant load estimation for a flat Long-span roof [J]. Journal of Wind Engineering & Industrial Aerodynamics，1996，65 (1)：155-166.
[57] Uematsu Y，Moteki T，Hongo T. Model of wind pressure field on circular flat roofs and its application to load estimation [J]. Journal of Wind Engineering & Industrial Aerodynamics，2008，96 (6)：1003-1014.
[58] Yasui H，Marukawa H，Katagiri J，et al. Study of wind-induced response of long-span structure [J]. Journal of Wind Engineering & Industrial Aerodynamics，1999，83 (1-3)：277-288.
[59] 顾明，黄鹏，杨伟，等. 上海铁路南站平均风荷载的风洞试验和数值模拟 [J]. 建筑结构学报，2004，25 (5)：43-47.
[60] 汪丛军，黄本才，张昕，等. 越南国家体育场屋盖平均风压及风环境影响数值模拟 [J]. 空间结构，2004，10 (2)：35-39.
[61] 刘继生，陈水福. 井冈山机场航站楼屋盖表面风压的数值模拟及试验研究 [J]. 工程力学，2005，22 (4)：96-100.
[62] 刘辉志，姜瑜君，梁彬，等. 城市高大建筑群周围风环境研究 [J]. 中国科学：地球科学，2005，35 (S1)：84-96.
[63] Chen B，Wu Y，Shen SZ. A new method for wind-induced response analysis of long span roofs [J]. International Journal of Space Structures，2006，21 (2)：93-101.
[64] 顾磊，齐宏拓，刘红军，等. 奥运网球中心赛场风荷载和风环境数值模拟分析 [J]. 建筑结构学报，2009，30 (3)：134-143.
[65] 卢旦，李承铭. 上海世博会日本馆风荷载特性的数值模拟研究 [J]. 建筑结构，2009，39 (S1)：840-844.
[66] 田玉基，杨庆山. 北京奥林匹克公园网球中心赛场悬挑钢屋盖结构风振响应分析 [J]. 建筑结构学报，2009，30 (3)：126-133.
[67] 卢春玲，李秋胜，黄生洪，等. 大跨度屋盖风荷载的大涡模拟研究 [J]. 湖南大学学报（自然科学版），2010，37 (10)：7-12.
[68] Rossi R，Lazzari M，Vitaliani R. Wind field simulation for structural engineering purposes [J]. In-

ternational Journal for Numerical Methods in Engineering，2010，61（5）：738-763.
[69] 卢春玲，李秋胜，黄生洪，等. 大跨度复杂屋盖结构风荷载的大涡模拟［J］. 土木工程学报，2011，44（1）：1-10.
[70] 杨庆山，陈波，武岳. 基于Ritz-POD的大跨屋盖结构风振响应分析和风效应静力等效方法［J］. 建筑结构学报，2011，32（12）：127-136.
[71] 陈波，葛家琪，王科，等. 多风向多目标等效静风荷载分析方法及应用［J］. 建筑结构学报，2013，34（6）：54-59.
[72] Wu D，Yang QS，Tamura Y. Estimation of internal forces in cladding support components due to wind-induced overall behaviors of long-span roof structure [J]. Journal of Wind Engineering & Industrial Aerodynamics，2015，142：15-25.
[73] 聂少锋，孙玉金，毛路，等. 弧形内凹大跨屋盖结构风荷载特性的风洞试验与数值模拟［J］. 西安建筑科技大学学报（自然科学版），2016，48（5）：669-675.
[74] Chen B，Wu T，Yang YL，et al. Wind effects on a cable-suspended roof：Full-scale measurements and wind tunnel based predictions [J]. Journal of Wind Engineering & Industrial Aerodynamics，2016，155：159-173.
[75] 张虎跃. 空间矩形管桁架风致性能分析与现场荷载试验研究［D］. 兰州：兰州理工大学，2017.
[76] 于敬海，蒋智宇，韩凤清，等. 大跨弦支穹顶复杂体型屋面风压分布规律［J］. 天津大学学报（自然科学与工程技术版），2017，50（S1）：159-165.
[77] Liu C，Deng X，Zheng Z. Nonlinear wind-induced aerodynamic stability of orthotropic saddle membrane structures [J]. Journal of Wind Engineering & Industrial Aerodynamics，2017，164：119-127.
[78] 李正良，刘堃，薛冀桥. 大跨度多肢屋盖风荷载特性试验与模拟研究［J］. 防灾减灾工程学报，2018，38（1）：30-38.
[79] Su N，Cao ZG，Wu Y. Fast frequency-domain algorithm for estimating the dynamic wind-induced response of large-span roofs based on cauchy' s residue theorem [J]. International Journal of Structural Stability and Dynamics，2018，18（3）：1850037-1-22.
[80] Su N，Peng S，Hong N. Analyzing the background and resonant effects of wind-induced responses on large-span roofs [J]. Journal of Wind Engineering & Industrial Aerodynamics，2018，183：114-126.
[81] Liu M，Li QS，Huang SH，et al. Evaluation of wind effects on a large span retractable roof stadium by wind tunnel experiment and numerical simulation [J]. Journal of Wind Engineering & Industrial Aerodynamics，2018，179：39-57.
[82] 石俊阳，秦玮峰，杨肖悦，等. 空间结构等效静力风荷载求算的通用方法［J］. 空间结构，2020，26（3）：16-23.
[83] Sun WY，Zhang QH. Universal equivalent static wind loads of fluctuating wind loads on large-span roofs based on compensation of structural frequencies and modes [J]. Structures，2020，26：92-104.
[84] 李玉学，冯励睿，李海云，等. 大跨屋盖结构脉动风振响应特性预测方法研究［J］. 工程力学，2021，38（7）：159-182.
[85] Sun WY，Zhang QH. Geometrically nonlinear wind-induced responses of prestressed cable-suspended roof [J]. Structures，2021，29：883-898.
[86] 李婷婷. 基于调谐质量阻尼器的大跨楼板振动控制［D］. 大连：大连理工大学，2012.
[87] 余钱华，胡世德，范立础. 具有单个和多个调谐质量阻尼器结构受控振型的频率响应方程［J］.

世界地震工程，2000，16（4）：53-57.
[88] 李创第，王磊石，邹万杰，等. 广义Maxwell阻尼器高层结构随机风振响应解析法［J］. 广西大学学报（自然科学版），2016，41（4）：953-963.
[89] 胡继军，黄金枝，李春祥，等. 网壳-TMD风振控制分析［J］. 建筑结构学报，2001，22（3）：31-35.
[90] 黄瑞新，李爱群，张志强，等. 北京奥林匹克中心演播塔TMD风振控制［J］. 东南大学学报（自然科学版），2009，39（3）：519-524.
[91] 孙文彬，孙芳锦. 大跨度屋盖风振控制的遗传算法研究［J］. 郑州大学学报（工学版），2012，33（1）：40-42.
[92] 陈永祁，曹铁柱. 迪拜梅丹赛马场抗风TMD系统设计、加工和测试［J］. 建筑结构，2012，42（3）：49-53.
[93] 陈宇峰，王浩亮，刘伟庆，等. 风振控制中的MTMD最优参数［J］. 南京工业大学学报（自然科学版），2013，35（3）：16-19.
[94] 林勇建. 大跨屋盖结构MTMD风振控制研究［D］. 上海：同济大学，2013.
[95] 周晅毅，林勇建，顾明. 大跨屋盖结构MTMD风振控制最优性能研究［J］. 振动工程学报，2015，28（2）：277-284.
[96] 梁海彤，张毅刚，吴金志. 采用阻尼杆件的双层柱面网壳减震控制研究［C］//中国土木工程学会. 第十届空间结构学术会议论文集，2002.
[97] 梁海彤，吴金志，张毅刚. 替换阻尼杆件的双层柱面网壳被动控制振动台试验研究［J］. 地震工程与工程振动，2003，23（4）：178-182.
[98] 李楠. 大跨度空间结构风荷载数值模拟及风振控制研究［D］. 天津：天津大学，2005.
[99] 丁阳，赵奕程. 大跨度空间钢管桁架结构的风振响应和风振控制研究［J］. 湖南大学学报（自然科学版），2006，33（3）：17-21.
[100] 宋延杰. 体育场挑篷结构风荷载数值模拟及风振控制研究［D］. 北京：北京工业大学，2007.
[101] 刘纯，周云，张季超，等. 广东科学中心典型区域的风振响应及风振控制［J］. 振动与冲击，2009，28（9）：60-64.
[102] 邵辉. 不同阻尼体系的大跨屋盖结构风振控制研究及MTMD阻尼体系的优化［D］. 厦门：厦门大学，2016.
[103] 韩淼，李双池，杜红凯，等. 设置粘滞阻尼器网架结构的风振响应分析［J］. 工程抗震与加固改造，2020，42（1）：45-50.
[104] 李路川. 大跨度场馆上金属屋面系统抗风性能研究［D］. 天津：天津大学，2014.
[105] 黎嘉勇. 基于Logistic混沌量子粒子群算法的大跨屋盖结构抗风优化方法［D］. 广州：广州大学，2020.
[106] 张长虹. 大跨柱面网壳结构风荷载以及荷载响应特性试验研究［D］. 郑州：郑州大学，2020.
[107] 许秋华，万恬，刘凯. 直立锁缝金属屋面加强抗风揭能力的优化设计［J］. 工程力学，2020，37（7）：17-26.
[108] Gene F. Sirca J，Hojjat A. Neural network model for uplift load capacity of metal roof panels［J］. Journal of structural engineering，2001，127：1276-1285.
[109] 陈以一，陈建兴，陈扬骥，等. CLP屋面板抗风承载力试验研究［J］. 轻钢结构，2003，2（18）：12-15.
[110] Farquhar S，Kopp GA，Surry D. Wind tunnel and uniform pressure tests of a standing seam metal roof model［J］. Journal of Structural Engineering，2005，131：650-659.
[111] 程明，石永久，王元清，等. 国家大剧院屋面系统承载性能试验研究［J］. 建筑结构，2005，35

(2)：3-5.
[112] Baskaran A，Ham H，Lei W. New design procedure for wind uplift resistance of architectural metal roofing systems [J]. Journal of Architectural Engineering，2006，12：168-177.
[113] Surry D，Sinno RR，Nail B，et al. Structurally effective static wind loads for roof panels [J]. Journal of Structural Engineering，2007，133 (6)：871-885.
[114] 董震，张其林. 铝镁锰合金屋面板的试验研究及设计分析 [J]. 建筑结构，2008，38 (3)：69-72.
[115] 董震，张其林. 铝合金面板试验研究和设计建议 [J]. 建筑钢结构进展，2008，10 (1)：22-28.
[116] 刘浩，魏云波，吴明超，等. MR24 压型屋面板抗风吸性能的试验研究 [C] //中国钢结构协会. 2009 全国钢结构学术年会论文集，2009：518-521.
[117] Morrison MJ，Kopp GA. Analisis of wind-induced clip loads on standing seam metal roofs [J]. Journal of Structural Engineering，2010，36：334-337.
[118] 魏云波，刘波，侯兆欣，等. 直立锁边铝镁锰合金屋面板抗风吸力设计方法及工程应用 [C] //中国钢结构协会. 2010 全国钢结构学术年会论文集，2010，10：425-434.
[119] 魏云波，刘浩，吴明超，等. 金属屋面板抗风吸力性能试验装置与试验方法 [C] //中国钢结构协会. 2010 全国钢结构学术年会论文集，2010，10：931-934.
[120] 邵峰. 压型钢板和拉条对檩条稳定性的影响研究 [D]. 杭州：浙江大学，2010.
[121] 尹军，张浩. 轻型房屋浮动钢屋面板力学行为分析 [J]. 金属屋面，2010，11：19-22.
[122] 朱晓华，高敏杰. 中美屋面系统抗风揭对比试验及结果分析 [J]. 中国建筑防水屋面工程，2011，19：6-12.
[123] 宋晓辉，孙伟. 新型墙面压型钢板系统承载力试验研究和设计 [J]. 山西建筑，2011，37 (22)：39-40.
[124] 徐春丽. 某国际机场航站楼屋面板抗风承载能力试验研究 [J]. 结构工程师，2011，27 (3)：107-113.
[125] 邵雷. 风吸荷载下某工程蜂窝铝屋面板破坏原因分析 [J]. 结构工程师，2011，27 (6)：84-88.
[126] Baskaran A，Molleti S，Ko S，et al. Wind uplift performance of composite metal roof assemblies [J]. Journal of Architectural Engineering，2012，18：2-15.
[127] 马福宪，闫海. 驻马店西高铁站台雨篷金属屋面抗风揭试验研究 [J]. 施工技术，2013，42 (22)：81-83.
[128] Murray TM. Investigation of single span Z-section purlins supporting standing seam roof systems considering distortional buckling [J]. International Journal of Rock Mechanics & Mining Sciences，2013，41 (3)：466-466.
[129] Farquhar S，Kopp GA，Surry D. Wind tunnel and uniform pressure tests of a standing seam metal roof model [J]. Journal of Structural Engineering，2005，131 (4)：650-659.
[130] 王静峰，王海涛，陆健伟，等. 大跨度敞开式金属屋面板抗风揭模拟试验研究 [J]. 建筑钢结构进展，2015，17 (6)：9-15.
[131] 于敬海，李路川，盖力，等. 直立锁边金属屋面系统抗风承载力节点试验研究 [J]. 建筑结构，2015，45 (17)：83-86.
[132] Habte F，Mooneghi MA，Chowdhury AG，et al. Full-scale testing to evaluate the performance of standing seam metal roofs under simulated wind loading [J]. Engineering Structures，2015，105：231-248.
[133] 秦国鹏，张晓旭，孙超. 铝合金屋面系统抗风揭性能试验研究及数值分析 [J]. 工业建筑，2016，46 (10)：169-173.

[134] 陶照堂，惠存，陈国超，等. 超大风压作用下金属屋面受力性能试验研究 [J]. 钢结构，2016，31 (10)：12-14.
[135] Myuran K，Mahendran M. New test and design methods for steel roof battens subject to fatigue pull-through failures [J]. Thin-Walled Structures，2017，119：558-571.
[136] Myuran K，Mahendran M. Unified static-fatigue pull-through capacity equations for cold-formed steel roof battens [J]. Journal of Constructional Steel Research，2017，139：135-148.
[137] 王宏斌，贾占坤，冯绍攀，等. 直立锁边铝镁锰板屋面系统抗风揭试验研究 [J]. 工业建筑，2018，48 (9)：176-180.
[138] 余志敏. 直立锁边金属屋面系统动态抗风揭试验及抗风性能研究 [D]. 哈尔滨：哈尔滨工业大学，2019.
[139] 任志宽，胡金，常好诵，等. 金属屋面系统抗风性能动态试验方法对比 [J]. 钢结构（中英文），2019，8 (34)：27-31.
[140] 王明明，辛志勇，区彤，等. 直立锁边铝合金屋面系统温度效应试验研究初探 [J]. 工业建筑，2021，1-18.
[141] 黄宏，方旭，陈杰，等. 昌北机场直立锁边金属屋面板抗风揭试验研究 [J]. 工业建筑，2021，51 (3)：110-114.
[142] 刘军进，崔忠乾，李建辉，等. 铝镁锰直立锁边金属屋面抗风揭性能试验研究与理论分析 [J]. 建筑结构学报，2021，42 (5)：19-31.
[143] 舒新玲，周岱，王泳芳. 风荷载测试与模拟技术的回顾及展望 [J]. 振动与冲击，2002，21 (3)：6-10.
[144] Damatty AAE，Rahman M，Ragheb O. Component testing and finite element modeling of standing seam roofs [J]. Thin-walled Structures，2003，41：1053-1072.
[145] Hosam MA，Senseny PE. Models for standing seam roofs [J]. Journal of Wind Engineering & Industrial Aerodynamics，2003，91：1689-1702.
[146] 罗永峰，肖兵波，刘松. 常用压型钢板屋面及连接件承载力能力分析 [J]. 建筑钢结构进展，2006，8 (6)：1-5.
[147] 梁炜宇，赵滇生，郎一红. 暗扣式屋面板扣件抗风性能分析 [J]. 浙江工业大学学报，2007，35 (4)：460-463.
[148] 石景，张其林，董震. 铝合金屋面板承载力的数值模拟及试验研究 [J]. 建筑结构，2006，36 (4)：97-100.
[149] 周文元. 大跨 Z 形檩条风吸力作用下稳定承载力的计算方法 [D]. 北京：北京交通大学，2010.
[150] 慕光波，贾进松. 金属拱形波纹屋盖受力特性及倒塌分析 [J]. 山西建筑，2012，38 (19)：35-36.
[151] 叶志雄，邱剑. 直立锁边金属屋面对檩条侧向稳定的影响分析 [J]. 钢结构，2012，27 (11)：20-22.
[152] 郑祥杰. 轻型屋面板及其连接件承载能力研究 [D]. 上海：同济大学，2012.
[153] 吴春华，张宪彬. 浅谈金属屋面系统抗风性能的增强 [J]. 科技专论，2012：335-337.
[154] 陈玉. 直立锁边屋面系统抗风承载能力研究 [D]. 北京：北京交通大学，2015.
[155] 范亚娟. 金属屋面系统抗风吸力的静力性能和疲劳性能研究 [D]. 北京：北京交通大学，2016.
[156] Zhang G. Analysis of the wind uplift strengthening methods of the standing seam metal roof in large-scale public buildings [J]. Construction & Design for Engineering，2017，21：28-32.
[157] 李颖. 金属屋面 T 形连接构件受力性能分析 [J]. 钢结构，2018，33 (6)：48-51.
[158] 关伟梁. 典型金属屋面板的抗风承载能力研究 [D]. 广州：华南理工大学，2019.

[159] 王辉，刘敏，胡正生，等. 群集建筑中大跨裙摆屋盖风荷载特性的数值模拟研究 [J]. 应用力学学报，2020，37 (1)：351-358.
[160] 王辉，张鑫，胡正生，等. 大跨裙摆屋盖脉动风荷载特性数值模拟研究 [J]. 应用力学学报，2020，37 (5)：1965-1971.
[161] 郑文杰. 钛锌板金属屋面工程设计方法 [J]. 建筑钢结构，2005，4：30-32.
[162] 李正健，肖亚明，张化. 轻型钢结构围护系统漏水原因探索及防治 [J]. 结构设计与研究应用，2007，3：77-79.
[163] 王宏伟，张智勇. 广州新白云国际机场航站楼铝合金屋面施工技术 [J]. 施工技术，2007，36 (10)：11-13.
[164] 王鑫. 国家会议中心工程金属屋面系统介绍 [J]. 奥运工程防水技术，2008：8-10.
[165] 毛杰，苟金瑞，彭其兵. 直立锁边铝镁锰合金屋面施工技术 [J]. 施工技术，2008，37 (7)：69-71.
[166] 苗泽献. 轻钢结构新型金属屋面板系统的改进和防渗措施 [J]. 钢结构，2008，12 (23)：64-68.
[167] 史育童，邓建明. 国家体育馆金属屋面施工技术 [J]. 建筑技术，2008，39 (3)：204-207.
[168] 陈成意，宋修海，路殿成. 青岛体育馆屋面设计与施工技术 [J]. 施工技术，2009，38 (7)：90-93.
[169] 房海，王明艳，周义宝. 潍坊市奥体中心体育场金属屋面施工技术 [J]. 施工技术，2009，38 (11)：24-28.
[170] 邓卫宁. 国外金属屋面系统分析 [J]. 四川建筑科学研究，2009，35 (1)：90-93.
[171] 张勇，刘钰镔，刘德鹏. 金属屋面及直立锁边屋面系统 [J]. 金属屋面，2010，28 (2)：26-32.
[172] 萧俭广. 大面积金属屋面板系统的构造与施工 [J]. 建筑技术，2008：8-10.
[173] 朱志远. 从首都机场 T3 航站楼部分屋面被风揭看屋面抗风揭试验的重要性 [J]. 金属屋面，2011：34 .
[174] 王彦刚，查恩明，刘祥众，等. 直立锁边金属屋面的特点与应用 [J]. 金属屋面，2011，23：6-9.
[175] 尚德智，刘原平. 浅析金属屋面施工技术 [J]. 科技情报开发与经济，2011，21 (20)：224-228.
[176] 包福满. 铝镁锰合金屋面板在铁路站房工程中的应用 [J]. 施工技术，2011，40 (7)：95-96.
[177] 吴经德，董剑. 金属屋面的渗漏及维修 [J]. 金属屋面，2012，15：1-6.
[178] 孙菁丽. 论直立锁边铝镁锰金属屋面系统 [J]. 广东建材，2012，5：20-21.
[179] 邵昱群. 厦门理工学院体育馆压型钢板屋面的加固修复 [J]. 福建建筑，2012，6：89-90.
[180] 杨东，宋敏，朱治国. 太湖游客中心铝镁锰合金马鞍形屋面板施工技术 [J]. 施工技术，2014，43 (8)：83-86.
[181] 王凤起，杨凯，郑光升，等. 直立锁边金属屋面扇形板搭接后加大肋施工技术 [J]. 施工技术，2018，47 (3)：50-52.
[182] 文常娟，彭德坤，朱发东，等. 超大自由曲面屋盖系统安装技术 [J]. 工业建筑，2020，50 (5)：186-192.
[183] 莫涛涛，张原. 大型直立锁边金属屋面抗风性能——港珠澳大桥珠海口岸旅检大楼工程实践 [J]. 清华大学学报（自然科学版），2020，60 (1)：69-78.
[184] 王建明，张静，周学军，等. 金属拱形波纹屋面的整体稳定性分析与极限承载力计算 [J]. 山东工业大学学报，2000，30 (5)：423-428.
[185] 田玉基，杨庆山，范重，等. 国家体育场大跨度屋盖结构风振系数研究 [J]. 建筑结构学报，2007，28 (2)：26-32.
[186] 樊廷福，王隽，王召新. 北京大学体育馆双曲形铝合金屋面施工技术 [J]. 施工技术，2009，38 (5)：104-107.

[187] Mahaarachchi D, Mahendran M. A strain criterion for pull-through failures in crest-fixed steel claddings [J]. Engineering Structures, 2009, 31 (2): 498-506.

[188] Mahaarachchi. D, Mahendran M. Wind uplift strength of trapezoidal steel cladding with closely spaced ribs [J]. Journal of Wind Engineering & Industrial Aerodynamics. 2009, 97 (3): 140-150.

[189] Baskaran BA. A novel approach to estimate the wind uplift resistance of roofing systems [J], Building and Environment. 2009, 44: 723-735.

[190] 崔忠乾. 直立锁边金属屋面抗风揭性能研究 [D]. 北京：中国建筑科学研究院，2019.

[191] 宣颖，谢壮宁. 大跨度金属屋面风荷载特性和抗风承载力研究进展 [J]. 建筑结构学报，2019，40 (3)：41-49.

[192] 许秋华，万恬，刘凯. 直立锁缝金属屋面加强抗风揭能力的优化设计 [J]. 工程力学，2020，37 (7)：17-26.

[193] 梁云东，李腾，李滇，等. 直立锁边金属屋面抗风设计研究 [J]. 建筑科学，2021，37 (5)：122-126.

[194] 姚志东，卢炜，刘明奇. 基于风荷载数值模拟和抗风揭试验相结合的既有金属屋面抗风性能评估方法 [J]. 建筑结构，2021，51 (S1)：1738-1741.

[195] 刘学军，黄真，周岱. 上海新国际博览中心大跨度钢结构工程施工技术研究 [J]. 钢结构，2005，20 (3)：70-73.

[196] 曾志斌，张玉玲. 国家体育场大跨度钢结构在卸载过程中的应力监测 [J]. 土木工程学报，2008，41 (3)：1-6.

[197] 史凯庆. 大跨度空间拱桁架钢屋盖结构提升施工关键技术 [D]. 广州：华南理工大学，2020.

[198] 陈安英，王静峰，郑海堂，等. 大跨度异形钢管拱桁架空间结构施工技术 [J]. 施工技术，2013，42 (2)：13-16.

[199] 邢文彬，王静峰，方继，等. 大跨度拱形管桁刚架空间网格钢结构施工阶段结构分析 [J]. 建筑钢结构进展，2015，17 (1)：56-64.

[200] 范峰，王兆勋，王化杰，等. 杭州国际博览中心飘带网架结构分块吊装分析 [J]. 建筑结构学报，2014，35 (S1)，35：77-82.

[201] 鲍广，徐联明，王煦. 深圳机场扩建航站楼屋盖钢桁架滑移施工 [J]. 施工技术，1998，27 (6)：8-10.

[202] 黄明鑫，钱卫军，黄开龙，等. 哈尔滨国际会展体育中心大跨张弦桁架结构的安装技术 [J]. 工业建筑，2007，37 (9)：41-44.

[203] 孙关富，杨文柱，陈志江，等. 国家数字图书馆二期钢结构工程现场拼装技术 [J]. 安装，2006，11：20-23.

[204] 苏杭，王静峰，丁仕洪，等. 基于云监测的大跨度空间异形曲面钢桁架结构多点不对称整体提升技术研究 [J]. 工业建筑，2020，50 (8)：105-115.

[205] 郑砚国. 秦山核电二期工程安全壳结构整体性试验 [J]. 核工程研究与设计，2002，41：44-48.

[206] 孙永明. 大跨度复杂空间钢结构施工全过程受力分析与监测 [D]. 合肥：安徽建筑大学，2015.

[207] 翁凯. 大跨度钢管桁架结构的施工技术研究 [D]. 天津：天津大学，2012.

[208] 卞若宁，吴欣之. 上海浦东国际机场一、二期航站楼大型钢结构施工方案的创新和发展 [J]. 建筑施工，2007，29 (8)：600-603.

[209] 李胜兵，杨立国，何连华. 大跨度屋盖结构站房风洞试验研究 [J]. 钢结构，2017，32 (10)：30-33+114.

[210] 张守峰，何相宇，王奇，等. 东营会展中心风洞试验研究 [J]. 建筑结构，2009，39 (7)：85-87.

[211] MIDAS FEA. Nonlinear FE analysis software. MIDAS Information Technology Co，CSP FEA；2018.

[212] 毛建飞. 体育场主看台大跨悬挑屋盖的风压特性与气动优化 [D]. 杭州：浙江工业大学，2014.

[213] 中华人民共和国住房和城乡建设部. 建筑工程风洞试验方法标准：JGJ/T 338—2014 [S]. 北京：中国建筑工业出版社，2014.

[214] Launder BE，Kato M. Modeling fow-induced oscillations in turbulent fow around square cylinder [C]. ASME Fluid Engineering Conference，1993.

[215] Gluck M，Breuer M，Durst F，et al. Computation of fluid-structure interaction on lightweight structures [J]. Journal of Wind Engineering & Industrial Aerodynamics，2001，89（14）：1351-1368.

[216] 奉远财. 中望3D三维设计实例教程 [M]. 北京：电子工业出版社，2014.

[217] ANSYS. ANSYS Software Documentation：Version 14.5. ANSYS，Canonsburg，PA，2016.

[218] 林斌. 悬挑屋盖的风荷载模拟与气动控制研究 [D]. 哈尔滨：哈尔滨工业大学，2010.

[219] 陈颖，陈小兵，何微. 脉动风荷载时程数值模拟研究 [J]. 建材技术与应用，2014，5：5-8.

[220] MATLAB. Version 8.6.0（R2015b）. Natick，Massachusetts，UnitedStates：The Math Works，Inc，2015.

[221] 张吉. 典型空间网格结构风振响应和抗风设计 [D]. 杭州：浙江工业大学，2012.

[222] 刘毛方. 大跨度屋盖结构脉动风特性及风振响应计算方法的研究 [D]. 杭州：浙江大学，2006.

[223] 陈树学. LabVIEW实用工具详解 [M]. 北京：电子工业出版社，2014.

[224] AISS Standard. North American Specification for the Design of Cold-Formed Steel Structural Members. 2016.

[225] 王奕修. Grasshopper入门&晋级必备手册 [M]. 北京：清华大学出版社，2013.

[226] 潘皇波. Rhino 3D从入门到专业 [M]. 成都：四川师范大学电子出版社，2010.

[227] 中华人民共和国国家质量监督检验检疫总局，中国国家标准化管理委员会. 金属材料 拉伸试验 第1部分：室温试验方法：GB/T 228.1—2010 [S]. 北京：中国标准出版社，2011.

[228] 中华人民共和国住房和城乡建设部. 钢结构设计标准：GB 50017—2017 [S]. 北京：中国建筑工业出版社，2017.